中国气象局成都高原气象研究所基本科研业务费专项资助
项目名称：西南低涡年鉴的研编
项目编号：BROP201932

2018 西南低涡年鉴

中国气象局成都高原气象研究所
中国气象学会高原气象学委员会 编著

李跃清 闵文彬 彭 骏 徐会明 肖递祥 向朔育 张虹娇

科 学 出 版 社
北 京

内 容 简 介

西南低涡是影响我国灾害性天气的重要天气系统。本年鉴根据对2018年西南低涡的系统分析，得出该年西南低涡的编号、名称、日期对照表、概况、影响简表、影响地区分布表、中心位置资料表及活动路径图，计算得出该年影响降水的各次西南低涡过程的总降水量图、总降水日数图。

本年鉴可供气象、水文、水利、农业、林业、环保、航空、军事、地质、国土、民政、高原山地等方面的科技人员参考，也可作为相关专业教师、研究生、本科生的基本资料。

审图号：GS(2019)5545号

图书在版编目(CIP)数据

西南低涡年鉴. 2018 / 中国气象局成都高原气象研究所，中国气象学会高原气象学委员会编著. -- 北京：科学出版社，2020.3

ISBN 978-7-03-063988-2

I. ①西… II. ①中… ②中… III. ①低涡 - 天气图 - 西南地区 - 2018 - 年鉴 IV. ①P447-54

中国版本图书馆CIP数据核字(2019)第288185号

责任编辑：罗 吉 沈 旭 洪 弘 / 责任校对：张小霞
责任印制：师艳茹 / 封面设计：许 瑞

科 学 出 版 社 出版
北京东黄城根北街16号
邮政编码：100717
http://www.sciencep.com

中国科学院印刷厂 印刷

科学出版社发行 各地新华书店经销
*
2020年3月第 一 版 开本：A4 (880 × 1230)
2020年3月第一次印刷 印张：12 1/4
字数：320 000

定价：598.00元

（如有印装质量问题，我社负责调换）

前　言

西南低涡（简称西南涡）是在青藏高原特殊地形影响下，我国西南地区生成的特有的天气系统。其发生、发展和移动常常伴随暴雨、洪涝等气象灾害，并且，我国夏季多发泥石流、滑坡等地质灾害，在很大程度上也与西南低涡的发展、东移密切相关。西南低涡不仅影响我国西南地区，而且东移影响我国青藏高原以东广大地区，是我国主要的灾害性天气系统，它造成的暴雨强度、频次、范围仅次于台风及残余低压。

中华人民共和国成立以来，随着观测站网的建立，卫星资料的应用，以及我国第一、第二次青藏高原大气科学试验的开展，尤其是中国气象局成都高原气象研究所近几年实施的西南低涡加密观测科学试验，关于西南低涡的科研工作也取得了一些新的成果，使我国西南低涡的科学研究、业务预报水平不断提升，在气象服务中做出了显著的贡献。

为了进一步适应经济社会发展、人民生活生产的需要，满足广大气象、农业、水利、国防、经济等部门科研、业务和教学的要求，更好地掌握西南低涡的演变规律，系统地认识西南低涡发生、发展的基本特征，提高科学研究水平和预报技术能力，做好气象灾害的防御工作，由中国气象局成都高原气象研究所负责，四川省气象台等单位参加，组织人员，开展了西南低涡年鉴的研编工作。

经过项目组的共同努力，以及有关省、市、自治区气象局的大力协助，西南低涡年鉴顺利完成。它的整编出版，将为我国西南低涡研究和应用提供基础性保障，推动我国灾害性天气研究与业务的深入发展，发挥对国家防灾减灾、环境保护、公共安全的气象支撑作用。

本年鉴由中国气象局成都高原气象研究所李跃清、闵文彬、彭骏、向朔育，四川省气象台肖递祥，成都市气象台徐会明，四川省气象服务中心张虹娇完成。

本册《西南低涡年鉴2018》的内容主要包括西南低涡概况、路径以及西南低涡引起的降水等资料图表。

Foreword

As a unique weather system, the Southwest China Vortex (SCV) is originated in Southwest China due to the terrain effect of Tibetan Plateau. Rain storms, floods and other meteorological disasters are usually caused by the generation, development and movement of SCV, frequently resulting in the natural disasters such as mud-rock flow and landslide in summer. The moving SCV could bring strong rainfall over the vast areas east of Tibetan Plateau stretching from Southwest China to Central-Eastern China. As a severe weather system, the SCV is known just to be inferior to the typhoon and its residual low in respect of intensity, periods and areas of rainfall in China.

After the foundation of P. R. China, the enormous advances of scientific research and operational prediction on the SCV have been made along with the establishment of meteorological monitoring network and the application of satellite data. The achievements from the First and the Second Tibetan Plateau Experiment of Atmospheric Sciences, especially the intensive observation scientific experiment of SCV organized by Institute of Plateau Meteorology, China Meteorological Administration, Chengdu (IPM) during recent years, have already benefited the scientific research of SCV, its operational weather prediction and the meteorological service in disaster prevention and the public safety.

To further adapt to the economic social development with the people life and production requirements and to meet the demands of research, teaching and professional work in meteorological agricultural, hydrological, military, and economic sectors, the characterizations of SCV generation and evolution should be better and comprehensively understood, improving the scientific level and forecast capacity of SCV for more efficient disaster prevention. Therefore, IPM organized to compile the SCV Yearbook with the participation of Sichuan Provincial Meteorological Observatory (SPMO) and the other groups.

With the joint efforts of all research groups and the great support from related meteorological bureaus of provinces, autonomous regions and cities, this *SCV Yearbook* has been completed successfully. It provides the basis summary for the SCV research and the application, promoting our scientific research and operational forecast of hazardous weather. And it could be useful to the natural disaster prevention, environment protection and public safety service in China.

The *SCV Yearbook* has been accomplished by Li Yueqing, Min Wenbin, Peng Jun and Xiang Shuoyu of IPM, Xiao Dixiang of SPMO, Xu Huiming of Chengdu Municipal Meteorological Observatory and Zhang Hongjiao of Sichuan Meteorological Service Center .

The *SCV Yearbook 2018* is mainly composed of figures, tables and data of SCV-survey, -tracks and -rainfall.

说 明

本年鉴主要整编西南低涡生成的位置、路径及西南低涡引起的降水量、降水日数等基本资料。

西南低涡是指700hPa等压面上反映的生成于青藏高原背风坡(99°~109°E、26°~33°N)，连续出现两次或者只出现一次但伴有云涡，有闭合等高线的低压或有三个站风向呈气旋式环流的低涡。

冬半年指1~4月和11~12月，夏半年指5~10月。

本年鉴所用时间一律为北京时间。

● 西南低涡概况

西南低涡根据低涡生成区域可以分为九龙低涡、四川盆地低涡(简称盆地涡)、小金低涡。

九龙低涡是指生成于99°E 以东至＜104°E、26°N以北至≤30.5°N范围内的低涡。

小金低涡是指生成于99°E以东至＜104°E、30.5°N以北至≤33°N范围内的低涡。

四川盆地低涡是指生成于104°E 以东至109°E、26°N以北至33°N范围内的低涡。

西南低涡移出是指九龙低涡、四川盆地低涡、小金低涡移出其生成的区域。

西南低涡编号是以“D”字母开头，按年份的后二位数与当年低涡顺序三位数组成。

西南低涡移出几率是指某月西南低涡移出个数与该年西南低涡个数的百分比。

西南低涡月移出率是指某月西南低涡移出个数与该年西南低涡移出个数的百分比。

西南低涡当月移出率是指某月西南低涡移出个数与该月西南低涡个数的百分比。

九龙低涡或四川盆地低涡或小金低涡移出几率是指某月移出其生成区域的低涡个数与该年其生成区域低涡个数的百分比。

九龙低涡或四川盆地低涡或小金低涡月移出率是指某月移出其生成区域的低涡个数与该年移出其生成区域低涡个数的百分比。

九龙低涡或四川盆地低涡或小金低涡当月移出率是指某月移出其生成区域的低涡个数与该月其生成的区域低涡个数的百分比。

西南低涡中心位势高度最小值频率分布指按各时次西南低涡700hPa等压面上位势高度（单位：位势什米）最小值统计的频率分布。

说　明

● 西南低涡中心位置资料表

“中心强度”指在700hPa等压面上低涡中心位势高度，单位：位势什米。

● 西南低涡纪要表

1.“发现点”指不同涡源的西南低涡活动路径的起始点，由于资料所限，此点不一定是真正的源地。

2.西南低涡活动的发现点、移出涡源的地点，一般准确到县、市。

3.“转向”指路径总的趋向由向某一个方向移动转为向另一个方向移动。

4.“移出涡源区”指西南低涡移出其发现点所属的低涡(九龙低涡或四川盆地低涡或小金低涡)生成的范围。

● 西南低涡降水及移动路径

1.降水量统计使用的是12小时雨量资料。

2.西南低涡和其他天气系统共同造成的降水，仍列入整编。

3.“总降水量及移动路径图”指一次西南低涡活动过程的移动路径和在我国引起的总降水量分布图。总降水量一般按0.1mm、10mm、25mm、50mm、100mm等级，以色标示出，绘出降水区外廓线，标注出中心最大的总降水量数值。

4.“总降水日数图”指一次西南低涡活动过程在我国引起的总降水量≥0.1mm的降水日数区域分布图。

目 录 Contents

目录 Contents

目录

Contents

目 录 Contents

Contents 目 录

2018年 西南低涡概况

2018年发生在西南地区的低涡共有73个，其中在四川九龙附近生成的低涡有33个，在四川盆地生成的低涡有34个，在四川小金附近生成的低涡有6个（表1~表4）。

2018年西南低涡最早生成在1月初，最迟生成在12月底。虽然每月都有西南低涡生成，但生成个数存在较大差异，6月生成最多，是11个，3月和4月次之，是10个，这三个月生成的低涡个数占到全年的42.47%，7月西南低涡生成个数最少，只有1个，占全年的1.37%（表1）。

2018年九龙低涡最早生成在1月上旬，最迟生成在12月中旬，九龙低涡6月生成个数最多，为8个，占全年的24.24%；3月和4月生成个数较多，分别是5个和6个，共11个，占全年的33.33%，其他各月均有九龙低涡生成（表2）。四川盆地低涡最早生成在1月初，最迟生成在12月下旬，11月生成个数最多，有5个，占全年的14.71%，3月、5月、9月和12月生成个数较多，均是4个，共16个，占全年的47.06%，除7月外其他各月均有盆地涡生成（表3）。小金低涡最早生成在3月下旬，最迟生成在12月底，4月和12月生成个数最多，各有2个，占全年的66.67%，全年只有3月、4月、11月和12月有小金低涡生成（表4）。

2018年移出的西南低涡共有14个（表5），其中九龙低涡移出6个，四川盆地低涡移出5个，小金低涡移出3个（表6~表8）。西南低涡移出的地点分布于四川、陕西、重庆、贵州、云南、湖北和湖南7个省市，其中四川8个，陕西、重庆、贵州、云南、湖北和湖南各1个（表9）。九龙低涡移出的地点分布于四川和云南2个省，分别为5个和1个（表10）。四川盆地低涡移出的地点分布于陕西、重庆、贵州、湖北和湖南5个省市，其中各省市均为1个（表11）。小金低涡移出的地点分布于四川省，为3个（表12）。

2018年西南低涡中心位势高度最小值在304～311位势什米范围内最多，占78.08%（表13）。夏半年的西南低涡，其中心位势高度最小值在

304～311位势什米范围内最多，占81.36%（表14）。冬半年的西南低涡，其中心位势高度最小值在304～311位势什米范围内最多，占75.86%（表15）。

2018年西南低涡偏南风最大风速在4～12m/s的频率最多，占91.09%（表16）。夏半年，西南低涡偏南风最大风速在4～12m/s的频率最多，占91.52%（表17）。冬半年，西南低涡偏南风最大风速在4～12m/s范围内的频率最多，占90.80%（表18）。

2018年的73次西南低涡过程，全部造成了明显的降水。西南低涡过程降水量在100mm以上的有12次，200mm以上有4次，其对应的西南低涡编号是D18025、D18041、D18044和D18048，造成最大过程降水量分别是湖北宜都246.9mm、陕西镇巴200.8mm、广西靖西222.9mm和四川梓潼214.2mm，降水日数分别为2天、2天、2天和5天。

就西南低涡造成的过程降水量、影响范围和持续时间而言，D18025和D18048号西南低涡较为突出。D18025号盆地低涡是本年度单站过程降水量最大、对我国降水影响最大也是对我国长江流域降水影响范围最大的西南低涡，生成于重庆綦江，历时2天。该低涡于4月22日08时生成，中心强度为306位势什米，生成后向东移动，4月22日20时移出盆地至湖南慈利，中心强度为307位势什米，之后继续向东移动，4月23日08时移至江西九江，中心强度维持在307位势什米，之后减弱消失。受其影响，在低涡的移动路径上造成长江流域大范围降水，其分布区域主要在四川省盆地地区中、南部，重庆，湖北、安徽大部，贵州、福建北部，云南东北部，湖南中、北部，江西西、北部，河南南部，江苏中、南部，上海和浙江北、西、南部地区。其中湖北、湖南、安徽、江西、江苏、上海和浙江有成片降水量大于50mm的区域，有四个降水中心，分别是湖北宜都246.9mm，降水日数2天；湖北赤壁163.2mm，降水日数2天；江西安义125.8mm，降水日数1天；安徽屯溪109.5mm，降水日数1天。

D18048号九龙低涡是本年度历时最长、对四川盆地影响最大并且过程降水量超过100mm的站点个数最多的西南低涡，生成于四川汉源，历时5天。该低涡生成于7月2日08时，中心强度为303位势什米，生成后低涡向东移动；2日20时低涡移出源地至四川威远，中心强度为303位势什米，之后继续向东移动；3日08时，低涡移至四川安岳，中心强度为304位势什米，之后转为向西移动；3日20时，低涡位于四川资阳，中心强度增强至302位势什米，之后再次转向东北方向移动；4日08时，低涡位于四川盐亭，中心强度为303位势什米，之后转为南行；4日20时，低涡再次回到四川安岳，中心强度为304位势什米，之后开始东北行；5日08时，低涡移至四川南部，中心强度为305位势什米，之后低涡移动缓慢；5日20时，低涡依旧位于四川南部，中心强度减弱至307位势什米，之后低涡位置依旧维持稳定；6日08时，低涡位于四川南充，中心强度为308位势什米，之后减弱消失。受其影响，四川盆地地区发生高强度降水，其分布区域主要在四川、重庆大部，甘肃、陕西南部，湖北西部，贵州北部和云南东北部地区，降水日数为1～5天。其中四川、重庆、陕西、贵州和云南有成片降水量大于50mm的区域，有三个降水中心，分别是四川梓潼214.2mm，降水日数5天；重庆垫江158.1mm，降水日数4天；贵州赤水123.8mm，降水日数3天。

表1　2018年西南低涡出现频次

	1月	2月	3月	4月	5月	6月	7月	8月	9月	10月	11月	12月	全年
次数	4	6	10	10	6	11	1	3	5	3	7	7	73
频率 / %	5.48	8.22	13.70	13.70	8.22	15.07	1.37	4.11	6.85	4.11	9.59	9.59	100

表2　2018年九龙低涡出现频次

	1月	2月	3月	4月	5月	6月	7月	8月	9月	10月	11月	12月	全年
次数	1	3	5	6	2	8	1	2	1	2	1	1	33
频率 / %	3.03	9.09	15.15	18.18	6.06	24.24	3.03	6.06	3.03	6.06	3.03	3.03	100

表3　2018年四川盆地低涡出现频次

	1月	2月	3月	4月	5月	6月	7月	8月	9月	10月	11月	12月	全年
次数	3	3	4	2	4	3	0	1	4	1	5	4	34
频率 / %	8.82	8.82	11.76	5.88	11.76	8.82	0.00	2.94	11.76	2.94	14.71	11.76	100

表4　2018年小金低涡出现频次

	1月	2月	3月	4月	5月	6月	7月	8月	9月	10月	11月	12月	全年
次数	0	0	1	2	0	0	0	0	0	0	1	2	6
频率 / %	0.00	0.00	16.67	33.33	0.00	0.00	0.00	0.00	0.00	0.00	16.67	33.33	100

表5 2018年西南低涡移出源地次数

	1月	2月	3月	4月	5月	6月	7月	8月	9月	10月	11月	12月	全年
次数	0	2	3	3	1	2	1	1	0	0	0	1	14
移出几率 / %	0.00	2.74	4.11	4.11	1.37	2.74	1.37	1.37	0.00	0.00	0.00	1.37	19.18
月移出率 / %	0.00	14.29	21.43	21.43	7.14	14.29	7.14	7.14	0.00	0.00	0.00	7.14	100
当月移出率 / %	0.00	33.33	30.00	30.00	16.67	18.18	100.00	33.33	0.00	0.00	0.00	14.29	/

表6 2018年九龙低涡移出源地次数

	1月	2月	3月	4月	5月	6月	7月	8月	9月	10月	11月	12月	全年
次数	0	1	1	1	0	1	1	1	0	0	0	0	6
移出几率 / %	0.00	3.03	3.03	3.03	0.00	3.03	3.03	3.03	0.00	0.00	0.00	0.00	18.18
月移出率 / %	0.00	16.67	16.67	16.67	0.00	16.67	16.67	16.67	0.00	0.00	0.00	0.00	100
当月移出率 / %	0.00	33.33	20.00	16.67	0.00	12.50	100.00	50.00	0.00	0.00	0.00	0.00	/

表7 2018年四川盆地低涡移出源地次数

	1月	2月	3月	4月	5月	6月	7月	8月	9月	10月	11月	12月	全年
次数	0	1	1	1	1	1	0	0	0	0	0	0	5
移出几率 / %	0.00	2.94	2.94	2.94	2.94	2.94	0.00	0.00	0.00	0.00	0.00	0.00	14.71
月移出率 / %	0.00	20.00	20.00	20.00	20.00	20.00	0.00	0.00	0.00	0.00	0.00	0.00	100
当月移出率 / %	0.00	33.33	25.00	50.00	25.00	33.33	00.00	00.00	0.00	0.00	0.00	0.00	/

表8　2018年小金低涡移出源地次数

	1月	2月	3月	4月	5月	6月	7月	8月	9月	10月	11月	12月	全年
次数	0	0	1	1	0	0	0	0	0	0	0	1	3
移出几率 / %	0.00	0.00	16.67	16.67	0.00	0.00	0.00	0.00	0.00	0.00	0.00	16.67	50.00
月移出率 / %	0.00	0.00	33.33	33.33	0.00	0.00	0.00	0.00	0.00	0.00	0.00	33.33	100
当月移出率 / %	0.00	0.00	100.00	50.00	0.00	0.00	0.00	0.00	0.00	0.00	0.00	50.00	/

表9　2018年西南低涡移出源地的地区分布

	四川	陕西	重庆	贵州	云南	湖北	湖南	甘肃	安徽	河南	合计
次数	8	1	1	1	1	1	1	0	0	0	14
出源地率 / %	57.14	7.14	7.14	7.14	7.14	7.14	7.14	0.00	0.00	0.00	100

表10　2018年九龙低涡移出源地的地区分布

	四川	陕西	重庆	贵州	云南	湖北	湖南	甘肃	安徽	河南	合计
次数	5	0	0	0	1	0	0	0	0	0	6
出源地率 / %	83.33	0.00	0.00	0.00	16.67	0.00	0.00	0.00	0.00	0.00	100

表11 2018年四川盆地低涡移出源地的地区分布

	四川	陕西	重庆	贵州	云南	湖北	湖南	甘肃	安徽	河南	合计
次数	0	1	1	1	0	1	1	0	0	0	5
出源地率 / %	0.00	20.00	20.00	20.00	0.00	20.00	20.00	0.00	0.00	0.00	100

表12 2018年小金低涡移出源地的地区分布

	四川	陕西	重庆	贵州	云南	湖北	湖南	甘肃	安徽	河南	合计
次数	3	0	0	0	0	0	0	0	0	0	3
出源地率 / %	100.00	0.00	0.00	0.00	0.00	0.00	0.00	0.00	0.00	0.00	100

表13 2018年西南低涡中心强度频率分布

位势高度 / 位势什米	315 | 312	311 | 308	307 | 304	303 | 300	299 | 296	295 | 292	291 | 288	287 | 284	283 | 280
频率 / %	5.48	37.67	40.41	13.70	2.74				

表14 2018年夏半年西南低涡中心强度频率分布

位势高度 / 位势什米	315 | 312	311 | 308	307 | 304	303 | 300	299 | 296	295 | 292	291 | 288	287 | 284	283 | 280
频率 / %	8.47	37.29	44.07	10.17					

表15　2018年冬半年西南低涡中心强度频率分布

位势高度 / 位势什米	315 | 312	311 | 308	307 | 304	303 | 300	299 | 296	295 | 292	291 | 288	287 | 284	283 | 280
频率 / %	3.45	37.93	37.93	16.09	4.60				

表16　2018年西南低涡偏南风最大风速频率分布

最大风速 / (m/s)	2	4	6	8	10	12	14	16	18	20	22	24
频率 / %	3.42	20.55	22.60	19.86	14.38	13.70	3.42	1.37	0.00	0.68	0.00	0.00

表17　2018年夏半年西南低涡偏南风最大风速频率分布

最大风速 / (m/s)	2	4	6	8	10	12	14	16	18	20	22	24
频率 / %	6.78	27.12	25.42	18.64	10.17	10.17	1.69	0.00	0.00	0.00	0.00	0.00

表18　2018年冬半年西南低涡偏南风最大风速频率分布

最大风速 / (m/s)	2	4	6	8	10	12	14	16	18	20	22	24
频率 / %	1.15	16.09	20.69	20.69	17.24	16.09	4.60	2.30	0.00	1.15	0.00	0.00

2018年西南低涡纪要表

序号	编号	中英文名称	起止日期（月/日）	中心最小位势高度/位势什米	发现点经纬度	移出涡源的地点	移出涡源的时间（月/日时）	移出涡源中心位势高度/位势什米	路径趋向
1	D18001	南部，Nanbu	1/2～1/3	305	105.79°E,31.42°N				东北行
2	D18002	丽江，Lijiang	1/10	309	100.31°E,27.21°N				源地生消
3	D18003	遂宁，Suining	1/15	301	105.45°E,30.53°N				源地生消
4	D18004	南部，Nanbu	1/28	301	106.28°E,31.33°N				源地生消
5	D18005	木里，Muli	2/1～2/2	302	100.92°E,28.60°N				西南行
6	D18006	德江，Dejiang	2/4	304	108.05°E,28.55°N				源地生消
7	D18007	营山，Yingshan	2/9～2/10	299	106.60°E,31.16°N				西北行转东北行
8	D18008	九龙，Jiulong	2/12	311	101.92°E,29.14°N				源地生消
9	D18009	巴中，Bazhong	2/18～2/19	303	106.56°E,31.74°N	宝鸡	2/18[20]	303	东北行
10	D18010	康定，Kangding	2/27～3/1	302	101.60°E,29.84°N	平武	2/28[20]	302	源地附近活动后转东北行再转东行
11	D18011	松潘，Songpan	3/3～3/4	297	103.70°E,32.35°N	西充	3/4[08]	299	东南行转东北行
12	D18012	石柱，Shizhu	3/13～3/14	305	108.18°E,30.20°N	房县	3/14[08]	305	东北行
13	D18013	巴中，Bazhong	3/18	304	106.84°E,31.94°N				东北行

2018年西南低涡纪要表（续-1）

序号	编号	中英文名称	起止日期（月/日）	中心最小位势高度/位势什米	发现点经纬度	移出涡源的地点	移出涡源的时间（月/日^{时}）	移出涡源中心位势高度/位势什米	路径趋向
14	D18014	盐边, Yanbian	3/21	310	101.59°E,27.30°N				源地生消
15	D18015	德昌, Dechang	3/22	307	102.29°E,27.16°N				源地生消
16	D18016	盐边, Yanbian	3/25	312	101.60°E,27.27°N				源地生消
17	D18017	木里, Muli	3/26～3/27	310	100.60°E,28.11°N				东南行转南行
18	D18018	资中, Zizhong	3/28～3/29	307	105.02°E,29.81°N				东南行转稳定少动
19	D18019	南充, Nanchong	3/30	309	106.31°E,30.70°N				源地生消
20	D18020	康定, Kangding	3/30～4/1	305	101.14°E,29.38°N	岳池	$3/31^{20}$	311	东北行
21	D18021	平武, Pingwu	4/4～4/5	303	104.00°E,32.59°N				东南行
22	D18022	九龙, Jiulong	4/10～4/11	304	101.21°E,29.07°N				东北行
23	D18023	雅江, Yajiang	4/13～4/14	305	101.14°E,29.88°N	南充	$4/13^{20}$	307	东北行
24	D18024	丹巴, Danba	4/20～4/21	299	101.91°E,30.90°N				源地附近活动
25	D18025	綦江, Qijiang	4/22～4/23	306	106.77°E,29.10°N	慈利	$4/22^{20}$	307	东行
26	D18026	丹巴, Danba	4/23～4/25	309	101.90°E,30.99°N	南充	$4/23^{20}$	310	东行移出源地后稳定少动再转东北行

2018年西南低涡纪要表（续-2）

序号	编号	中英文名称	起止日期（月/日）	中心最小位势高度/位势什米	发现点经纬度	移出涡源的地点	移出涡源的时间（月/日时）	移出涡源中心位势高度/位势什米	路径趋向
27	D18027	木里，Muli	4/25	307	101.36°E,28.39°N				源地生消
28	D18028	盐源，Yanyuan	4/27	312	100.79°E,27.81°N				源地生消
29	D18029	九龙，Jiulong	4/28～4/29	307	101.24°E,29.19°N				源地附近活动
30	D18030	九龙，Jiulong	4/30	307	101.43°E,29.26°N				源地生消
31	D18031	通江，Tongjiang	5/5～5/6	305	107.42°E,31.96°N				东行
32	D18032	雅江，Yajiang	5/11	305	100.95°E,29.30°N				源地生消
33	D18033	荥经，Yingjing	5/15	303	102.85°E,29.75°N				源地生消
34	D18034	渠县，Quxian	5/17～5/18	307	107.01°E,31.00°N				源地附近活动
35	D18035	南充，Nanchong	5/25～5/26	306	105.92°E,30.64°N				东北行
36	D18036	蓬安，Peng'an	5/30～5/31	310	106.52°E,30.84°N	巫溪	$5/30^{20}$	310	东北行转东南行
37	D18037	木里，Muli	6/1	310	100.69°E,28.43°N				源地生消
38	D18038	木里，Muli	6/3	309	100.93°E,28.14°N				源地生消
39	D18039	康定，Kangding	6/7	304	101.11°E,29.30°N				源地生消

2018年西南低涡纪要表（续-3）

序号	编号	中英文名称	起止日期 (月/日)	中心最小位势高度 /位势什米	发现点 经纬度	移出涡源 的地点	移出涡源 的时间 (月/日^{时})	移出涡源中心位势高度 /位势什米	路径趋向
40	D18040	桐梓, Tongzi	6/12	306	106.58°E,28.05°N				源地生消
41	D18041	三台, Santai	6/17～6/18	304	104.98°E,31.16°N				东行转东北行
42	D18042	木里, Muli	6/18	304	100.41°E,27.99°N				源地生消
43	D18043	九龙, Jiulong	6/21	307	101.72°E,29.11°N				西南行
44	D18044	遵义, Zunyi	6/22～6/24	307	107.33°E,27.74°N	关岭	$6/23^{08}$	308	西南行转东北行再转西南行
45	D18045	木里, Muli	6/23～6/24	302	100.71°E,28.30°N				东北行转西南行
46	D18046	康定, Kangding	6/26	306	101.07°E,29.17°N				源地生消
47	D18047	九龙, Jiulong	6/29～6/30	305	101.23°E,28.93°N	乐至	$6/30^{08}$	307	东北行
48	D18048	汉源, Hanyuan	7/2～7/6	303	102.45°E,29.71°N	威远	$7/2^{20}$	303	东行后稳定少动转东北行转南行再转东北行后稳定少动
49	D18049	木里, Muli	8/2～8/3	306	100.60°E,28.60°N	晋宁	$8/3^{20}$	306	东南行
50	D18050	黔西, Qianxi	8/7	311	106.20°E,27.21°N				源地生消
51	D18051	维西, Weixi	8/25	308	99.48°E,27.50°N				源地生消
52	D18052	乡城, Xiangcheng	9/12	309	99.70°E,28.99°N				源地附近活动

2018年西南低涡纪要表（续-4）

序号	编号	中英文名称	起止日期(月/日)	中心最小位势高度/位势什米	发现点经纬度	移出涡源的地点	移出涡源的时间(月/日时)	移出涡源中心位势高度/位势什米	路径趋向
53	D18053	南部，Nanbu	9/12	310	106.24°E,31.19°N				源地附近活动
54	D18054	万源，Wanyuan	9/20	310	108.01°E,31.86°N				源地生消
55	D18055	遂宁，Suining	9/24	312	105.63°E,30.39°N				源地生消
56	D18056	广安，Guang'an	9/25～9/26	309	106.67°E,30.70°N				东南行转西北行
57	D18057	盐源，Yanyuan	10/2	312	100.87°E,27.87°N				源地生消
58	D18058	九龙，Jiulong	10/22	312	101.24°E,28.96°N				源地生消
59	D18059	南部，Nanbu	10/23	313	106.06°E,31.21°N				源地生消
60	D18060	九龙，Jiulong	11/4	310	101.27°E,28.99°N				源地生消
61	D18061	旺苍，Wangcang	11/5～11/7	309	106.16°E,32.10°N				东南行转东北行转西南行再转东北行
62	D18062	西充，Xichong	11/11	310	105.98°E,31.08°N				源地生消
63	D18063	彭水，Pengshui	11/21	311	108.14°E,29.51°N				源地生消
64	D18064	南岸，Nan'an	11/24	311	106.66°E,29.52°N				源地生消
65	D18065	茂县，Maoxian	11/28～11/29	311	103.88°E,31.86°N				西南行

2018年西南低涡纪要表（续-5）

序号	编号	中英文名称	起止日期(月/日)	中心最小位势高度/位势什米	发现点经纬度	移出涡源的地点	移出涡源的时间(月/日^时^)	移出涡源中心位势高度/位势什米	路径趋向
66	D18066	蓬溪,Pengxi	11/30	309	105.35°E,30.56°N				南行
67	D18067	阆中,Langzhong	12/2	304	106.03°E,31.62°N				源地生消
68	D18068	松潘,Songpan	12/5	305	103.98°E,32.73°N				源地生消
69	D18069	蓬安,Peng'an	12/11	308	106.45°E,31.02°N				源地生消
70	D18070	汉源,Hanyuan	12/18	307	102.61°E,29.34°N				源地生消
71	D18071	江油,Jiangyou	12/21	304	104.72°E,31.78°N				源地生消
72	D18072	剑阁,Jian'ge	12/24～12/25	302	105.46°E,32.08°N				东南行
73	D18073	松潘,Songpan	12/27	304	103.79°E,32.56°N	安岳	12/27[20]	305	东南行

2018年西南低涡对我国降水影响简表

序号	编号	简述活动的情况	西南低涡对我国降水的影响		
			时间（月/日）	概况	极值
1	D18001	盆地低涡东北行	1/2～1/3	主要降水区域有四川盆地地区、重庆大部和甘肃、陕西南部地区，降水日数为1～2天	重庆沙坪坝 10.7mm（1天）
2	D18002	九龙低涡源地生消	1/10	主要降水区域有四川攀西地区个别地方、云南东部和贵州西部地区，降水日数为1天	云南太华山 0.8mm（1天）
3	D18003	盆地低涡源地生消	1/15～1/16	主要降水区域有四川盆地地区，陕西南部，重庆大部，云南东北部个别地方和贵州西北、北部地区，降水日数为1～2天	四川合江 7.0mm（2天）
4	D18004	盆地低涡源地生消	1/28	主要降水区域有四川盆地地区南、西北部和重庆南、中部地区，降水日数为1天	贵州赤水 4.2mm（1天）
5	D18005	九龙低涡西南行	2/1～2/2	主要降水区域有川西高原东南部、攀西地区大部、四川盆地地区西南部和云南北、东部地区，降水日数为1～2天	四川宁南 3.4mm（1天）
6	D18006	盆地低涡源地生消	2/4	主要降水区域有四川盆地地区南部，云南东北部和贵州西、北、中南部地区，降水日数为1天	四川高县 2.2mm（1天）
7	D18007	盆地低涡西北行转东北行	2/9～2/10	主要降水区域有川西高原东北部、四川盆地地区、重庆大部、陕西南部、湖北西部地区，降水日数为1～2天	四川射洪 8.4mm（2天）
8	D18008	九龙低涡源地生消	2/12	主要降水区域有四川盆地地区西南部、攀西地区个别地方和云南东北部地区，降水日数为1天	四川洪雅和云南鲁甸 0.2mm（1天）
9	D18009	盆地低涡东北行	2/18～2/19	主要降水区域有四川地区西、东北部、攀西地区个别地方，宁夏、甘肃、陕西、山西南部，河南西部，湖北西北部和重庆西南、中、东北部地区，降水日数为1～2天	重庆巫山 14.8mm（1天）
10	D18010	九龙低涡源地附近活动后转东北行再转东行	2/27～3/1	主要降水区域有四川盆地地区东北部、攀西地区东部，陕西南部，重庆中、东北部，湖北西北部个别地方和云南西北部地区，降水日数为1天	重庆巫溪 6.9mm（1天）

2018年西南低涡对我国降水影响简表（续-1）

序号	编号	简述活动的情况	西南低涡对我国降水的影响		
			时间（月/日）	概况	极值
11	D18011	小金低涡东南行转东北行	3/3～3/5	主要降水区域有四川盆地地区北部、西南部个别地方，重庆大部，甘肃、陕西南部和湖北、湖南西部地区，降水日数为1～3天	重庆巫溪 85.5mm（2天）
12	D18012	盆地低涡东北行	3/13～3/15	主要降水区域有四川盆地地区东北、南部，重庆大部，陕西南部个别地方，湖北西、中、东部，河南南部，安徽北部，湖南西、北部和贵州北、东部地区，降水日数为1～3天	重庆巫山 31.8mm（2天）
13	D18013	盆地低涡东北行	3/18～3/19	主要降水区域有四川盆地地区北、中部，甘肃、陕西南部，湖北西部和重庆西南、中、东北部地区，降水日数为1～2天	重庆开县 26.2mm（2天）
14	D18014	九龙低涡源地生消	3/21	主要降水区域有攀西地区北、中部，贵州西北部和云南东北部地区，降水日数为1天	贵州大方 3.6mm（1天）
15	D18015	九龙低涡源地生消	3/22～3/23	主要降水区域有川西高原东南部，攀西地区东部，四川盆地地区西、中、南部，重庆西南部，贵州中南、西、北部和云南东北部地区，降水日数为1～2天	四川甘洛 18.4mm（1天）
16	D18016	九龙低涡源地生消	3/25	主要降水区域有川西高原西南部、攀西地区东部，贵州西部和云南东部地区，降水日数为1天	贵州册亨 20.1mm（1天）
17	D18017	九龙低涡东南行转南行	3/26～3/28	主要降水区域有川西高原南部、攀西地区、四川盆地地区西、南部，贵州中、西部和云南北、东部地区，降水日数为1～3天	四川昭觉 43.2mm（3天）
18	D18018	盆地低涡东南行转稳定少动	3/28～3/30	主要降水区域有四川盆地地区东北、中、南部，重庆、贵州大部，湖北、湖南西部，广西北部和云南东北部地区，降水日数为1～3天	贵州正安 42.2mm（2天）
19	D18019	盆地低涡源地生消	3/30	主要降水区域有四川盆地地区大部，重庆南部和湖北、湖南西部地区，降水日数为1天	湖南古丈 12.6mm（1天）
20	D18020	九龙低涡东北行	3/30～4/1	主要降水区域有川西高原东、南部，攀西地区北、东部，四川省盆地地区，重庆，陕西南部，湖北西部，贵州北部和云南东北部地区，降水日数为1～2天	重庆巫山 38.7mm（1天）

2018年西南低涡对我国降水影响简表（续-2）

序号	编号	简述活动的情况	西南低涡对我国降水的影响		
			时间（月/日）	概况	极值
21	D18021	盆地低涡东南行	4/4～4/5	主要降水区域有四川盆地地区中、北部，甘肃、陕西南部，重庆和湖北、湖南西部，降水日数为1～2天	四川高坪区 77.6mm（1天）
22	D18022	九龙低涡东北行	4/10～4/11	主要降水区域有川西高原南部、攀西地区北部和四川盆地地区西南部，降水日数为1天	四川美姑 2.4mm（1天）
23	D18023	九龙低涡东北行	4/13～4/14	主要降水区域有川西高原东南部、四川盆地地区，重庆，陕西南部，湖北西部，贵州北部和云南东北部地区，降水日数为1～2天	重庆丰都 53.0mm（2天）
24	D18024	小金低涡源地附近活动	4/20～4/21	主要降水区域有川西高原北、东南部，攀西地区东部，四川盆地地区西、南部和云南东北部地区，降水日数为1～2天	四川筠连 44.3mm（1天）
25	D18025	盆地低涡东行	4/22～4/23	主要降水区域有四川盆地地区中、南部，重庆，湖北、安徽大部，贵州、福建北部，云南东北部，湖南中、北部，江西西、北部，河南南部，江苏中、南部，上海和浙江北、西、南部地区，降水日数为1～2天。其中，湖北、湖南、安徽、江西、江苏、上海和浙江有成片降水量大于50mm的区域，有四个降水中心，分别位于湖北宜都、湖北赤壁、江西安义和安徽屯溪，降水量分别为246.9mm、163.2mm、125.8mm和109.5mm	湖北宜都 246.9mm（2天）
26	D18026	小金低涡东行移出源地后稳定少动再转东北行	4/23～4/25	主要降水区域有四川大部、重庆、陕西南部、湖北西部和贵州北部，降水日数为1～3天。其中，四川和重庆有成片降水量大于50mm的区域，降水中心位于四川高坪区，降水量为131.9mm	四川高坪区 131.9mm（3天）
27	D18027	九龙低涡源地生消	4/25～4/26	主要降水区域有川西高原南部、攀西地区东部和四川盆地地区西南部地区，降水日数为1～2天	四川康定 7.8mm（1天）
28	D18028	九龙低涡源地生消	4/27～4/28	主要降水区域有川西高原南部、攀西地区和云南北部地区，降水日数为1～2天	四川康定 8.5mm（2天）
29	D18029	九龙低涡源地附近活动	4/28～4/29	主要降水区域有川西高原南部、攀西地区和四川盆地西南部地区，降水日数为1～2天	四川冕宁 19.3mm（2天）

2018年西南低涡对我国降水影响简表（续-3）

序号	编号	简述活动的情况	西南低涡对我国降水的影响		
			时间（月/日）	概况	极值
30	D18030	九龙低涡源地生消	4/30～5/1	主要降水区域有川西高原南部、攀西地区和四川盆地西南部地区，降水日数为1～2天	四川德昌 15.4mm（1天）
31	D18031	盆地低涡东行	5/5～5/6	主要降水区域有四川盆地地区东北部，陕西南部，重庆西南、中、东北部，湖北西部和湖南西北部地区，降水日数为1～2天。其中，重庆和湖北有成片降水量大于50mm的区域，降水中心位于湖北建始，降水量为118.3mm	湖北建始 118.3mm（2天）
32	D18032	九龙低涡源地生消	5/11～5/12	主要降水区域有川西高原南部、攀西地区东部和四川盆地地区西部，降水日数为1～2天	四川康定 4.1mm（2天）
33	D18033	九龙低涡源地生消	5/15	主要降水区域有川西高原南部个别地方和攀西地区西、北部地区，降水日数为1天	四川石棉 8.8mm（1天）
34	D18034	盆地低涡源地附近活动	5/17～5/18	主要降水区域有川西高原东部、四川盆地地区、攀西地区东部，陕西南部，湖北西部，重庆，贵州北部和云南东北部地区，降水日数为1～2天	四川仪陇 64.2mm（2天）
35	D18035	盆地低涡东北行	5/25～5/27	主要降水区域有四川盆地地区东、中、南部，陕西南部，湖北、湖南西部，重庆和贵州北部地区，降水日数为1～3天。其中，湖南和重庆有成片降水量大于50mm的区域，降水中心位于湖南保靖，降水量为125.5mm	湖南保靖 125.5mm（3天）
36	D18036	盆地低涡东北行转东南行	5/30～5/31	主要降水区域有四川盆地东北部、边缘山地地区，湖北大部，陕西、河南南部，湖南北部和重庆大部地区，降水日数为1～2天。其中，湖北有成片降水量大于50mm的区域，降水中心位于湖北监利，降水量为71.6mm	湖北监利 71.6mm（2天）
37	D18037	九龙低涡源地生消	6/1～6/2	主要降水区域有川西高原南部、攀西地区东部，贵州西部个别地方和云南北、东部地区，降水日数为1～2天	云南宣威 133.5mm（1天）
38	D18038	九龙低涡源地生消	6/3～6/4	主要降水区域有川西高原南部、攀西地区，贵州西部和云南北部地区，降水日数为1～2天	云南宣威 94.5mm（1天）

2018年西南低涡对我国降水影响简表（续-4）

序号	编号	简述活动的情况	西南低涡对我国降水的影响		
			时间（月/日）	概况	极值
39	D18039	九龙低涡源地生消	6/7～6/8	主要降水区域有川西高原大部、攀西地区北部、四川盆地地区中、西部地区，降水日数为1～2天	四川邛崃 67.7mm（1天）
40	D18040	盆地低涡源地生消	6/12	主要降水区域有四川盆地地区东、中、南部，重庆大部，湖北、湖南西部，贵州和云南东北部地区，降水日数为1天	贵州织金 48.1mm（1天）
41	D18041	盆地低涡东行转东北行	6/17～6/18	主要降水区域有四川盆地地区大部，甘肃、陕西南部，重庆西南、中、东北部，湖北西部和贵州北部个别地方，降水日数为1～2天。其中，陕西、湖北、重庆和四川有成片降水量大于50mm的区域，有两个降水中心，分别位于陕西镇巴和四川宣汉，降水量分别为200.8mm和125.4mm	陕西镇巴 200.8mm（2天）
42	D18042	九龙低涡源地生消	6/18～6/19	主要降水区域有川西高原南部和攀西地区东部，降水日数为1～2天	四川喜德 27.4mm（1天）
43	D18043	九龙低涡西南行	6/21～6/22	主要降水区域有川西高原南部、攀西地区、四川盆地地区西南部和云南北部地区，降水日数为1～2天	四川米易 141.6mm（2天）
44	D18044	盆地低涡西南行转东北行再转西南行	6/22～6/24	主要降水区域有四川盆地地区南、东北部，重庆中、南部，湖南西部，贵州，广西西、中、东北部和云南中、东部地区，降水日数为1～3天。其中，云南、贵州和广西有成片降水量大于50mm的区域，有三个降水中心，分别位于广西靖西、云南泸西和贵州织金，降水量分别为222.9mm、173.8mm和114.3mm	广西靖西 222.9mm（2天）
45	D18045	九龙低涡东北行转西南行	6/23～6/24	主要降水区域有川西高原中、南部、攀西地区、四川盆地地区西南部和云南西北部地区，降水日数为1～2天	四川丹棱 82.1mm（1天）
46	D18046	九龙低涡源地生消	6/26	主要降水区域有川西高原南部、攀西地区和四川盆地地区西南部地区，降水日数为1天	四川峨眉 94.5mm（1天）
47	D18047	九龙低涡东北行	6/29～7/1	主要降水区域有川西高原南部、攀西地区、四川盆地地区，重庆西南、中、东北部，陕西南部，湖北中、西部，贵州北部个别地方和云南北部地区，降水日数为1～2天。其中，四川和湖北有成片降水量大于50mm的区域，有三个降水中心，分别位于四川屏山、四川中江和湖北荆门，降水量分别为126.5mm、103.8mm和63.4mm	四川屏山 126.5mm（1天）

2018年西南低涡对我国降水影响简表（续-5）

序号	编号	简述活动的情况	西南低涡对我国降水的影响		
			时间（月/日）	概况	极值
48	D18048	九龙低涡东行后稳定少动转东北行转南行再转东北行后稳定少动	7/2～7/6	主要降水区域有四川、重庆大部，甘肃、陕西南部，湖北西部，贵州北部和云南东北部地区，降水日数为1～5天。其中，四川、重庆、陕西、贵州和云南有成片降水量大于50mm的区域，有三个降水中心，分别位于四川梓潼、重庆垫江和贵州赤水，降水量分别为214.2mm、158.1mm和123.8mm	四川梓潼 214.2mm（5天）
49	D18049	九龙低涡东南行	8/2～8/4	主要降水区域有川西高原中、南部，攀西地区，四川盆地地区西南部，贵州、广西西部和云南，降水日数为1～3天。其中，四川和云南有成片降水量大于50mm的区域，四川盐边为降水中心，降水量为87.0mm	四川邛崃 104.5mm（1天）
50	D18050	盆地低涡源地生消	8/7	主要降水区域有重庆东南部，湖南西部，贵州和广西北部地区，降水日数为1天。其中，贵州有成片降水量大于50mm的区域，贵州凯里为降水中心，降水量为105.8mm	贵州凯里 105.8mm（1天）
51	D18051	九龙低涡源地生消	8/25～8/26	主要降水区域有川西高原西南部、攀西地区南部和云南西、中、北部地区，降水日数为1～2天	云南隆阳 75.4mm（1天）
52	D18052	九龙低涡源地附近活动	9/12～9/13	主要降水区域有川西高原中、南部，攀西地区和四川盆地地区西、南部，贵州西部和云南中、北部地区，降水日数为1～2天	四川会东 42.8mm（2天）
53	D18053	盆地低涡源地附近活动	9/12～9/13	主要降水区域有四川盆地地区，重庆，湖北西部和贵州北部地区，降水日数为1～2天	重庆武隆 21.0mm（1天）
54	D18054	盆地低涡源地生消	9/20	主要降水区域有四川盆地地区中、东部，重庆西南、中、东北部，陕西南部和湖北西部地区，降水日数为1天。其中，四川、重庆和湖北有成片降水量大于50mm的区域，四川大竹为降水中心，降水量为95.4mm	四川大竹 95.4mm（1天）
55	D18055	盆地低涡源地生消	9/24	主要降水区域有四川盆地地区北、中部，重庆大部和湖北西部地区，降水日数为1天	重庆沙坪坝 70.6mm(1天)

2018年西南低涡对我国降水影响简表（续-6）

序号	编号	简述活动的情况	西南低涡对我国降水的影响		
			时间（月/日）	概况	极值
56	D18056	盆地低涡东南行转西北行	9/25～9/27	主要降水区域有四川盆地地区大部，重庆，陕西南部，湖北、湖南西部和贵州北、东部地区，降水日数为1～3天	贵州务川 67.0mm（2天）
57	D18057	九龙低涡源地生消	10/2～10/3	主要降水区域有川西高原南部，攀西地区，贵州西部和云南中、北部地区，降水日数为1～2天	四川雅江 40.4mm（2天）
58	D18058	九龙低涡源地生消	10/22	主要降水区域有川西高原东部，四川盆地地区中、西部和云南东北部地区，降水日数为1天	四川沐川 6.2mm（1天）
59	D18059	盆地低涡源地生消	10/23	主要降水区域有四川盆地地区，陕西南部，湖北西部，重庆西南、中、东北部和贵州北部个别地方，降水日数为1天	四川资阳 6.3mm（1天）
60	D18060	九龙低涡源地生消	11/4	主要降水区域有攀西地区东部、四川盆地地区西南部和云南东北、西北部地区，降水日数为1天	四川峨眉山 2.8mm（1天）
61	D18061	盆地低涡东南行转东北行转西南行再转东北行	11/5～11/7	主要降水区域有四川盆地地区大部，重庆，陕西南部，湖北、湖南西部和贵州北部地区，降水日数为1～3天。其中，重庆有成片降水量大于50mm的区域，重庆万州为降水中心，降水量为63.4mm	重庆万州 63.4mm（3天）
62	D18062	盆地低涡源地生消	11/11～11/12	主要降水区域有四川盆地地区东北部，陕西南部，重庆东北、中、东南部，湖北西部和贵州北部地区，降水日数为1～2天	重庆奉节 11.9mm（2天）
63	D18063	盆地低涡源地生消	11/21	主要降水区域有四川盆地地区北、南部，重庆大部，湖北、湖南西部和贵州北部地区，降水日数为1天	重庆黔江 9.5mm（1天）

2018年西南低涡对我国降水影响简表（续-7）

序号	编号	简述活动的情况	西南低涡对我国降水的影响		
			时间（月/日）	概况	极值
64	D18064	盆地低涡源地生消	11/24	主要降水区域有四川盆地地区西南部，重庆大部，湖北、湖南西部和贵州大部地区，降水日数为1天	贵州赤水 4.8mm（1天）
65	D18065	小金低涡西南行	11/28～11/29	主要降水区域有攀西地区东部和四川盆地地区西、中部地区，降雨日数为1～2天	四川沐川 2.1mm（2天）
66	D18066	盆地低涡南行	11/30～12/1	主要降水区域有四川盆地地区西、北、南部，陕西南部，重庆中、南部和贵州北部地区，降水日数为1～2天	重庆合川 5.3mm（1天）
67	D18067	盆地低涡源地生消	12/2～12/3	主要降水区域有四川盆地地区北部，甘肃、陕西南部，重庆西南、中、东北部和湖北西部个别地方，降水日数为1～2天	重庆万州 13.9mm（1天）
68	D18068	小金低涡源地生消	12/5～12/6	主要降水区域有四川盆地地区东北部和甘肃、陕西南部地区，降水日数为1～2天	四川遂宁 2.1mm（1天）
69	D18069	盆地低涡源地生消	12/11	主要降水区域有四川盆地地区西北、中部和重庆西南部地区，降水日数为1天	重庆南川 0.3mm（1天）
70	D18070	九龙低涡源地生消	12/18～12/19	主要降水区域有川西高原西南部、攀西地区南部、四川盆地地区西南部和云南西北部地区，降水日数为1～2天	云南贡山 73.8mm（2天）
71	D18071	盆地低涡源地生消	12/21～12/22	主要降水区域有四川盆地地区东北部，甘肃、陕西南部和重庆中、东北部地区，降水日数为1～2天	重庆奉节 5.8mm（2天）

2018年西南低涡对我国降水影响简表（续-8）

序号	编号	简述活动的情况	西南低涡对我国降水的影响		
			时间（月/日）	概况	极值
72	D18072	盆地低涡东南行	12/24～12/25	主要降水区域有四川盆地地区北、中部，甘肃、陕西南部和重庆西南、中、东北部地区，降水日数为1～2天	重庆荣昌 2.8mm（1天）
73	D18073	小金低涡东南行	12/27～12/28	主要降水区域有川西高原东部、四川盆地地区大部，甘肃、陕西南部和重庆西南、中、东北部地区，降水日数为1～2天	四川北川 17.6mm(2天)

2018年西南低涡编号、名称、日期对照表

未移出源地的九龙低涡			移出源地的九龙低涡
② D18002丽江，Lijiang	㉚ D18030九龙，Jiulong	(52) D18052乡城，Xiangcheng	⑩ D18010康定，Kangding
1/10	4/30	9/12	2/27～3/1
⑤ D18005木里，Muli	㉜D18032雅江，Yajiang	(57) D18057盐源，Yanyuan	⑳ D18020康定，Kangding
2/1～2/2	5/11	10/2	3/30～4/1
⑧D18008九龙，Jiulong	㉝ D18033荥经，Yingjing	(58) D18058九龙，Jiulong	㉓ D18023雅江，Yajiang
2/12	5/15	10/22	4/13～4/14
⑭ D18014盐边，Yanbian	㊲ D18037木里，Muli	(60) D18060九龙，Jiulong	㊼ D18047九龙，Jiulong
3/21	6/1	11/4	6/29～6/30
⑮ D18015德昌，Dechang	㊳D18038木里，Muli	(70) D18070汉源，Hanyuan	㊽ D18048汉源，Hanyuan
3/22	6/3	12/18	7/2～7/6
⑯D18016盐边，Yanbian	㊴ D18039康定，Kangding		㊾ D18049木里，Muli
3/25	6/7		8/2～8/3
⑰ D18017木里，Muli	㊷ D18042木里，Muli		
3/26～3/27	6/18		
㉒ D18022九龙，Jiulong	㊸ D18043九龙，Jiulong		
4/10～4/11	6/21		
㉗ D18027木里，Muli	㊺ D18045木里，Muli		
4/25	6/23～6/24		
㉘ D18028盐源，Yanyuan	㊻D18046康定，Kangding		
4/27	6/26		
㉙ D1829九龙，Jiulong	(51) D18051维西，Weixi		
4/28～4/29	8/25		

2018年西南低涡编号、名称、日期对照表（续-1）

未移出源地的小金低涡	移出源地的小金低涡
㉔ D18024丹巴，Danba	⑪ D18011松潘，Songpan
4/20～4/21	3/3~3/4
㊅ D18065茂县，Maoxian	㉖ D18026丹巴，Danba
11/28~11/29	4/23~4/25
㊈ D18068松潘，Songpan	㊃ D18073松潘，Songpan
12/5	12/27

2018年西南低涡编号、名称、日期对照表（续-2）

未移出源地的四川盆地低涡			移出源地的四川盆地低涡
① D18001南部，Nanbu	㉞ D18034渠县，Quxian	㉑ D18061旺苍，Wangcang	⑨ D18009巴中，Bazhong
1/2～1/3	5/17～5/18	11/5～11/7	2/18～2/19
③ D18003遂宁，Suining	㉟ D18035南充，Nanchong	㉒ D18062西充，Xichong	⑫ D18012石柱，Shizhu
1/15	5/25～5/26	11/11	3/13～3/14
④ D18004南部，Nanbu	㊵ D18040桐梓，Tongzi	㉓ D18063彭水，Pengshui	㉕ D18025綦江，Qijiang
1/28	6/12	11/21	4/22～4/23
⑥ D18006德江，Dejiang	㊶ D18041三台，Santai	64 D18064南岸，Nan'an	㊱ D18036蓬安，Peng'an
2/4	6/17～6/18	11/24	5/30～5/31
⑦ D18007营山，Yingshan	㊿ D18050黔西，Qianxi	66 D18066蓬溪，Pengxi	㊹ D18044遵义，Zunyi
2/9～2/10	8/7	11/30	6/22～6/24
⑬ D18013巴中，Bazhong	53 D18053南部，Nanbu	67 D18067阆中，Langzhong	
3/18	9/12	12/2	
⑱ D18018资中，Zizhong	54 D18054万源，Wanyuan	69 D18069蓬安，Peng'an	
3/28～3/29	9/20	12/11	
⑲ D18019南充，Nanchong	55 D18055遂宁，Suining	71 D18071江油，Jiangyou	
3/30	9/24	12/21	
㉑ D18021平武，Pingwu	56 D18056广安，Guang'an	72 D18072剑阁，Jian'ge	
4/4～4/5	9/25～9/26	12/24～12/25	
㉛ D18031通江，Tongjiang	59 D18059南部，Nanbu		
5/5～5/6	10/23		

西南低涡降水及移动路径资料

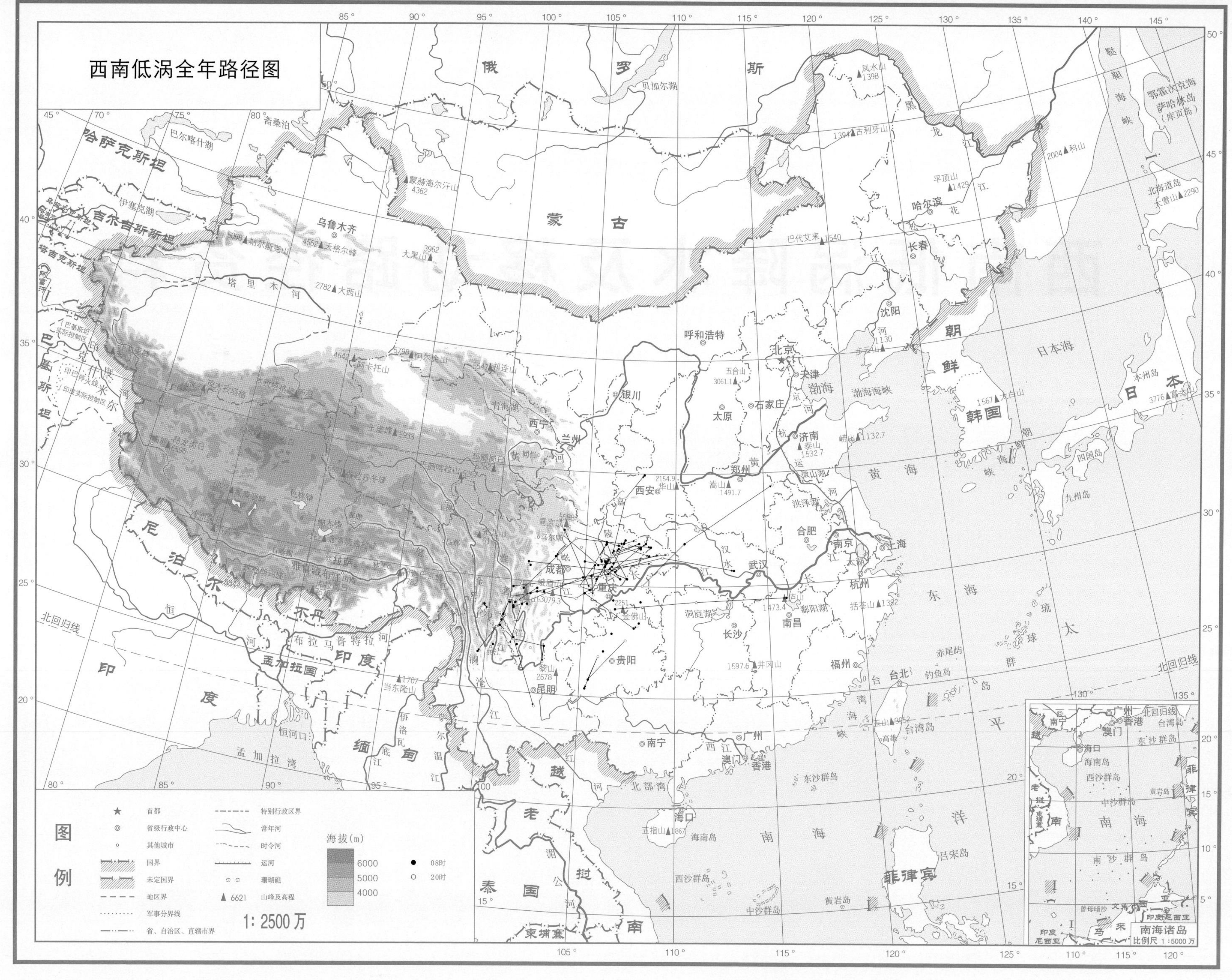
西南低涡全年路径图
图例
首都
省级行政中心
其他城市
国界
未定国界
地区界
军事分界线
省、自治区、直辖市界
特别行政区界
常年河
时令河
运河
珊瑚礁
6621 山峰及高程
海拔(m)
6000
5000
4000
08时
20时
1:2500万
南海诸岛
比例尺 1:5000万

九龙低涡全年路径图

D18002	D18028	D18043
D18005	D18029	D18045
D18008	D18030	D18046
D18014	D18032	D18051
D18015	D18033	D18052
D18016	D18037	D18057
D18022	D18038	D18058
D18023	D18039	D18060
D18027	D18042	D18070

D18020 D18010
D18047
D18048
D18017
D18049

图例

★ 首都
◎ 省级行政中心
○ 其他城市
国界
未定国界
地区界
军事分界线
省、自治区、直辖市界
特别行政区界
常年河
时令河
运河
珊瑚礁
▲ 6621 山峰及高程

海拔(m)
6000
5000
4000

● 08时
○ 20时

1：2500 万

南海诸岛
比例尺 1：5000 万

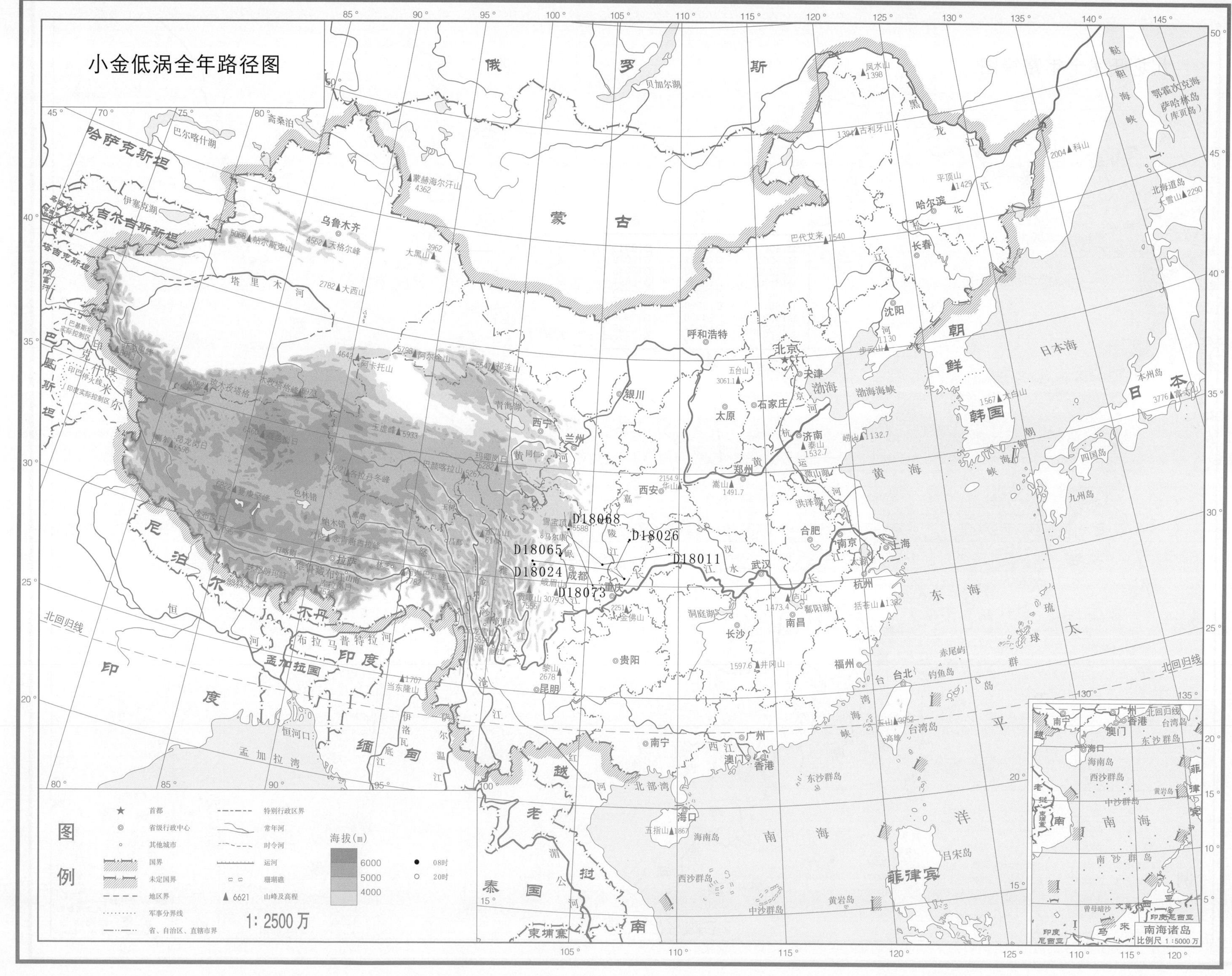
小金低涡全年路径图
D18068
D18026
D18065
D18011
D18024
D18073
图例
首都
省级行政中心
其他城市
国界
未定国界
地区界
军事分界线
省、自治区、直辖市界
特别行政区界
常年河
时令河
运河
珊瑚礁
山峰及高程
海拔(m)
6000
5000
4000
08时
20时
1: 2500万
南海诸岛
比例尺 1:5000万

四川盆地低涡全年路径图

D18001	D18021	D18053	D18063
D18003	D18031	D18054	D18064
D18004	D18034	D18055	D18066
D18006	D18035	D18056	D18067
D18007	D18040	D18059	D18069
D18013	D18041	D18061	D18071
D18019	D18050	D18062	D18072

D18009

D18012

D18036

D18025

D18018

D18044

图例

★ 首都

◎ 省级行政中心

○ 其他城市

国界

未定国界

地区界

军事分界线

省、自治区、直辖市界

特别行政区界

常年河

时令河

运河

珊瑚礁

▲6621 山峰及高程

海拔(m)

6000

5000

4000

● 08时

○ 20时

1: 2500 万

南海诸岛

比例尺 1:5000 万

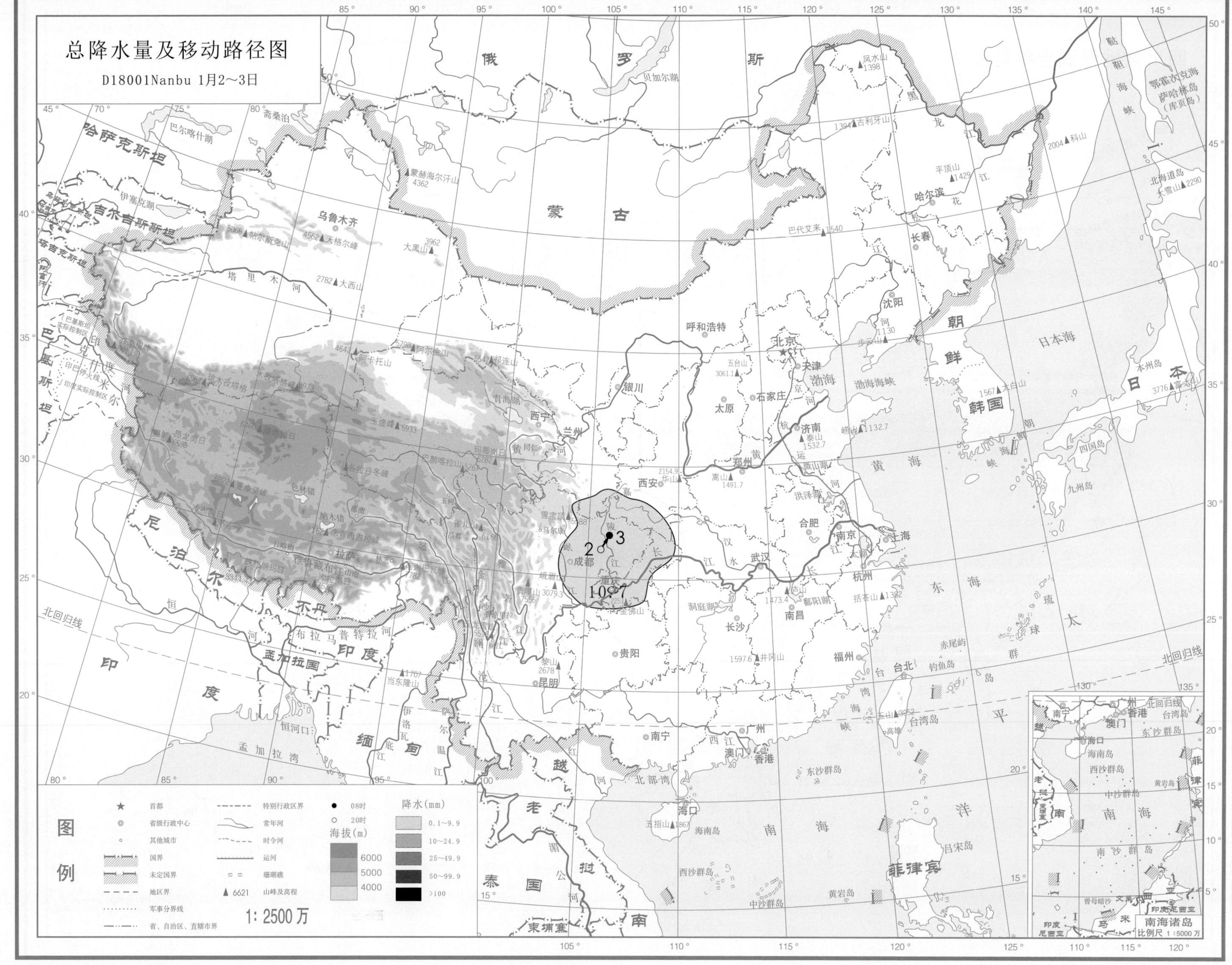
总降水量及移动路径图
D18001Nanbu 1月2～3日
图例
首都
省级行政中心
其他城市
国界
未定国界
地区界
军事分界线
省、自治区、直辖市界
特别行政区界
常年河
时令河
运河
珊瑚礁
山峰及高程
08时
20时
降水(mm)
0.1～9.9
10～24.9
25～49.9
50～99.9
>100
海拔(m)
6000
5000
4000
1：2500万
南海诸岛
比例尺 1：5000万

总降水日数图

D18001Nanbu 1月2～3日

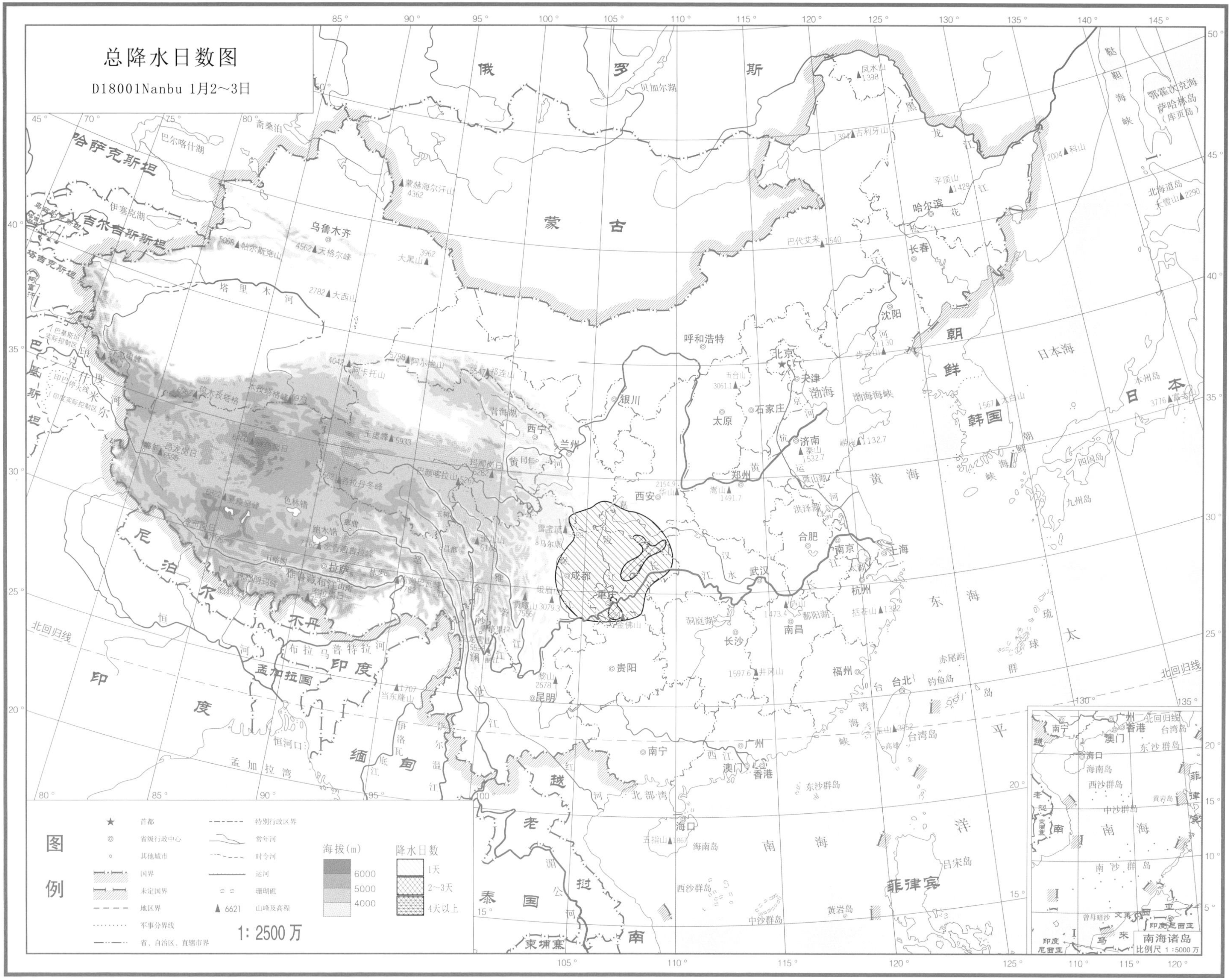

图例
首都
省级行政中心
其他城市
国界
未定国界
地区界
军事分界线
特别行政区界
常年河
时令河
运河
珊瑚礁
6621 山峰及高程
省、自治区、直辖市界
海拔(m)
6000
5000
4000
降水日数
1天
2～3天
4天以上
1：2500万
南海诸岛
比例尺 1：5000万
俄罗斯
蒙古
哈萨克斯坦
吉尔吉斯斯坦
塔吉克斯坦
巴基斯坦
尼泊尔
不丹
孟加拉国
印度
缅甸
老挝
泰国
越南
柬埔寨
朝鲜
韩国
日本
菲律宾
北京
天津
石家庄
太原
呼和浩特
沈阳
长春
哈尔滨
上海
南京
杭州
合肥
福州
南昌
济南
郑州
武汉
长沙
广州
南宁
海口
成都
重庆
贵阳
昆明
拉萨
西安
兰州
西宁
银川
乌鲁木齐
台北
香港
澳门
渤海
黄海
东海
南海
日本海
北回归线

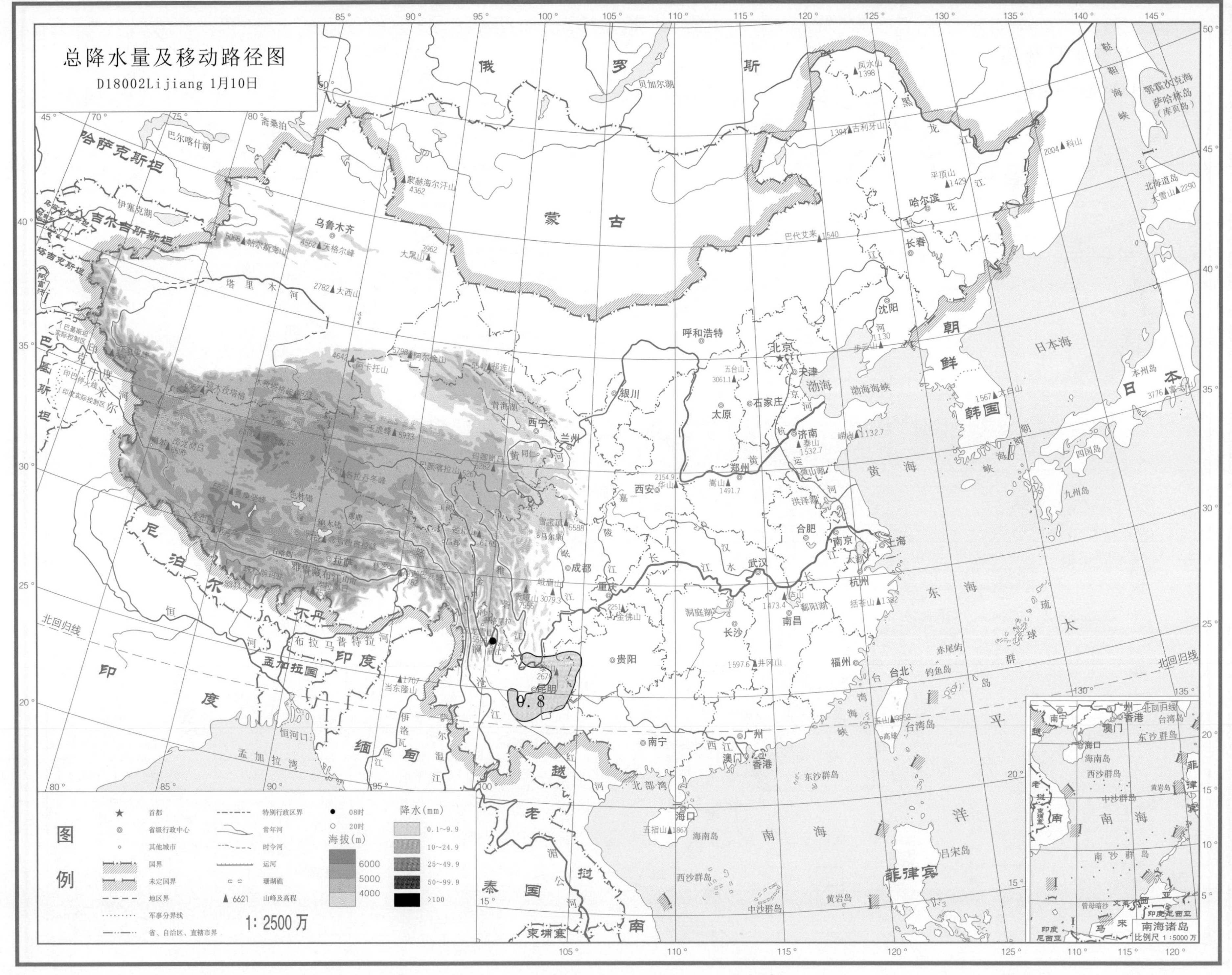
总降水量及移动路径图
D18002Lijiang 1月10日
0.8
图例
首都
省级行政中心
其他城市
国界
未定国界
地区界
军事分界线
省、自治区、直辖市界
特别行政区界
常年河
时令河
运河
珊瑚礁
6621 山峰及高程
08时
20时
海拔(m)
6000
5000
4000
降水(mm)
0.1~9.9
10~24.9
25~49.9
50~99.9
>100
1: 2500万
南海诸岛
比例尺 1:5000万

总降水日数图

D18002Lijiang 1月10日

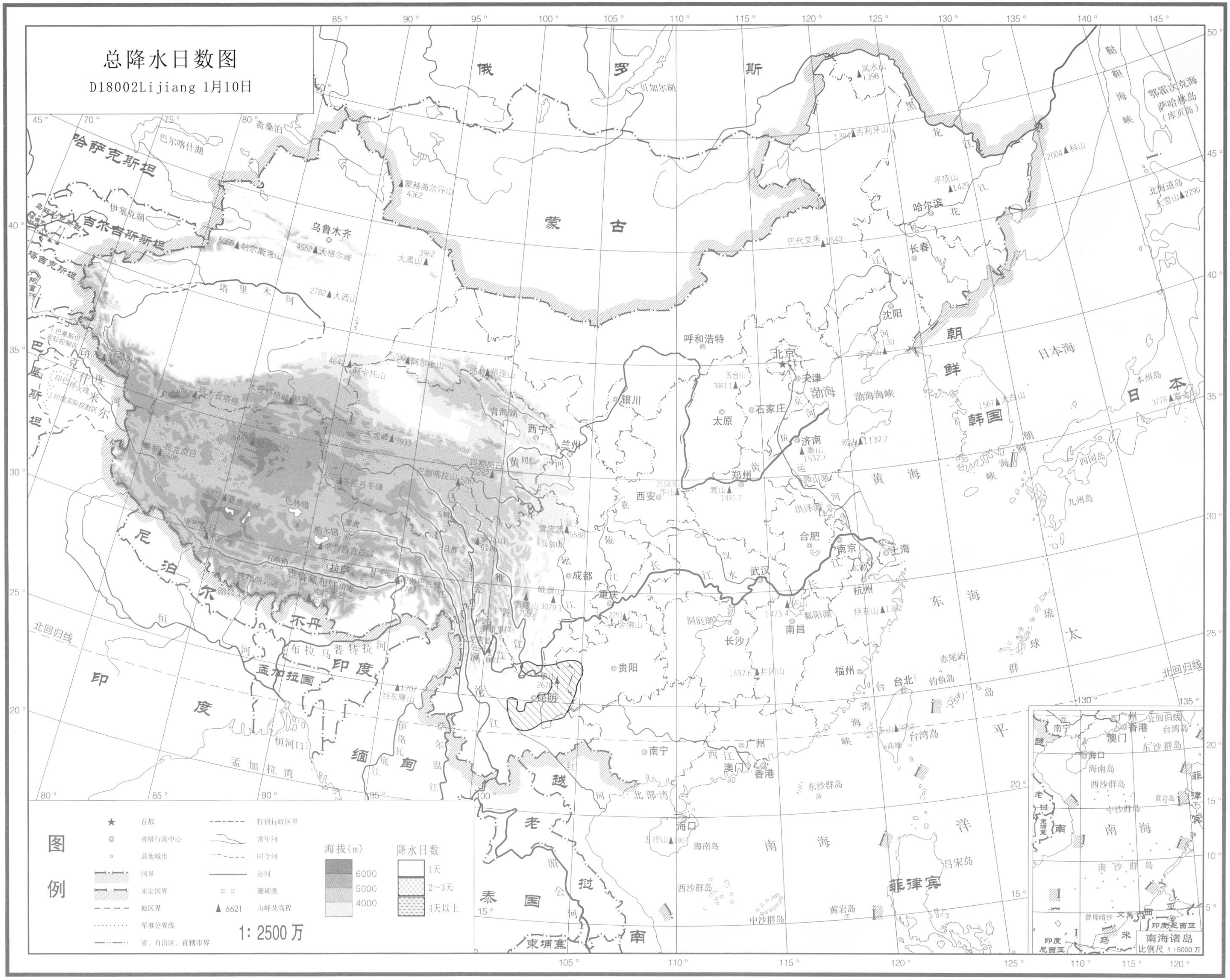

图例

★ 首都
◎ 省级行政中心
○ 其他城市
国界
未定国界
地区界
军事分界线
省、自治区、直辖市界
特别行政区界
常年河
时令河
运河
珊瑚礁
▲ 6621 山峰及高程

海拔(m)
6000
5000
4000

降水日数
1天
2~3天
4天以上

1：2500万

南海诸岛
比例尺 1：5000万

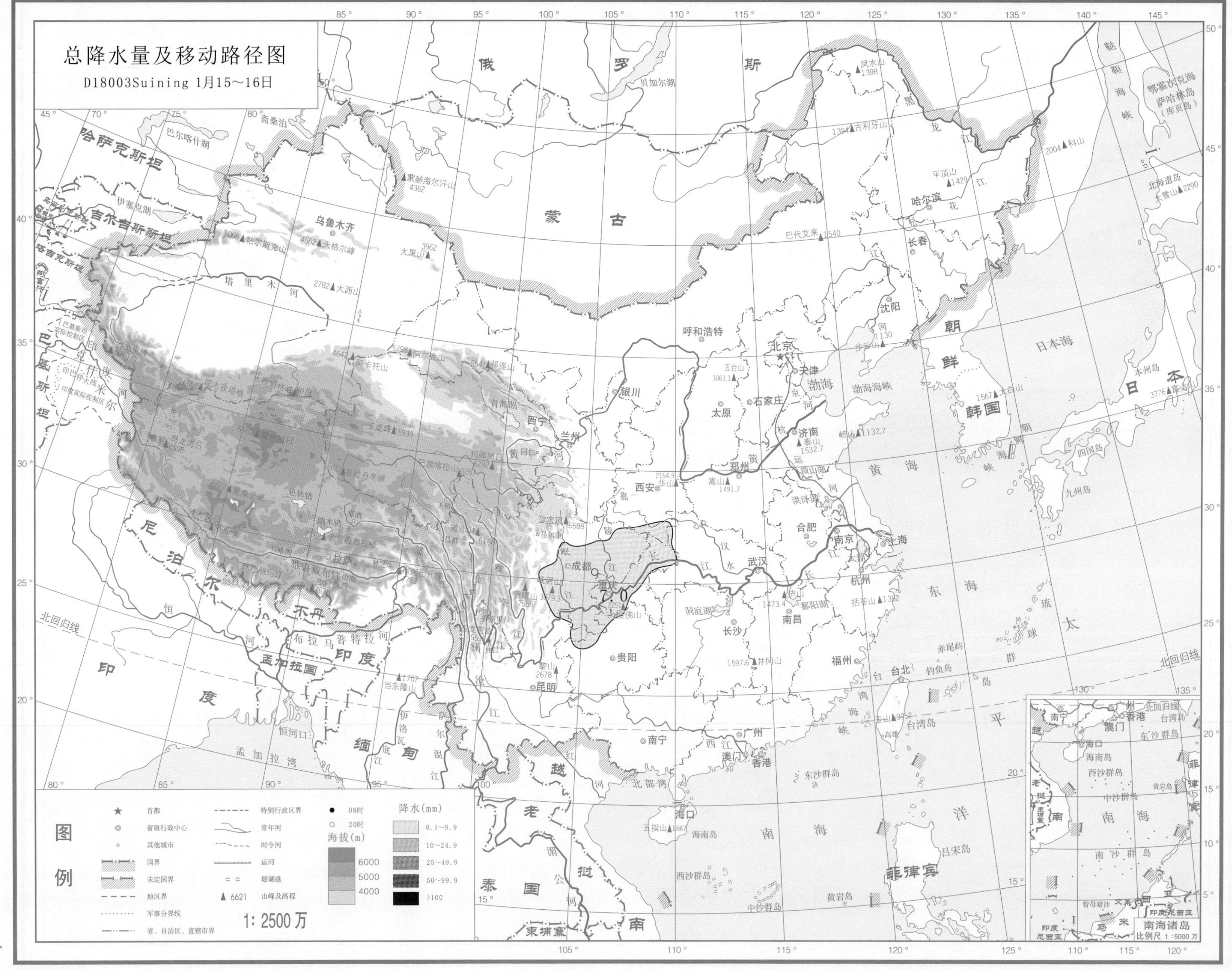
总降水量及移动路径图
D18003Suining 1月15～16日
俄 罗 斯
蒙 古
哈萨克斯坦
吉尔吉斯斯坦
塔吉克斯坦
巴基斯坦
印 度
尼 泊 尔
不丹
孟加拉国
缅 甸
老 挝
泰 国
越 南
柬埔寨
朝 鲜
韩国
日 本
菲律宾
乌鲁木齐
呼和浩特
北京
天津
石家庄
太原
济南
银川
西宁
兰州
西安
郑州
合肥
南京
上海
杭州
武汉
成都
重庆
贵阳
昆明
长沙
南昌
福州
台北
南宁
广州
澳门
香港
海口
拉萨
沈阳
长春
哈尔滨
黄 海
东 海
南 海
日本海
渤海
太 平 洋
南海诸岛
比例尺 1:5000万
图例
首都
省级行政中心
其他城市
国界
未定国界
地区界
军事分界线
省、自治区、直辖市界
特别行政区界
常年河
时令河
运河
珊瑚礁
6621 山峰及高程
08时
20时
海拔(m)
6000
5000
4000
降水(mm)
0.1～9.9
10～24.9
25～49.9
50～99.9
>100
1: 2500 万

总降水日数图

D18003Suining 1月15~16日

图例

- ★ 首都
- ◎ 省级行政中心
- ○ 其他城市
- 国界
- 未定国界
- 地区界
- 军事分界线
- 省、自治区、直辖市界
- 特别行政区界
- 常年河
- 时令河
- 运河
- 珊瑚礁
- ▲6621 山峰及高程

海拔(m)

- 6000
- 5000
- 4000

降水日数

- 1天
- 2~3天
- 4天以上

1: 2500万

南海诸岛 比例尺 1:5000万

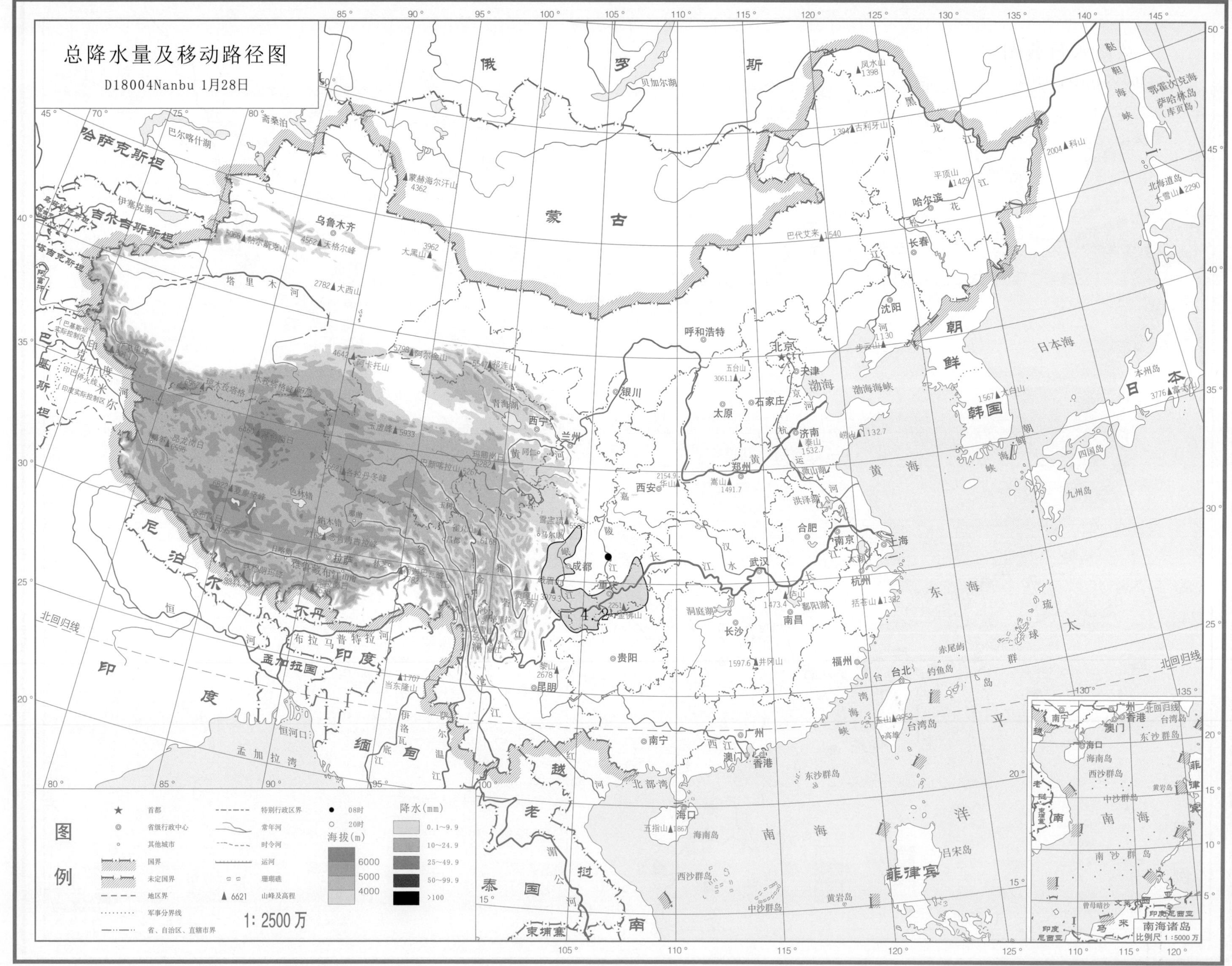
总降水量及移动路径图
D18004Nanbu 1月28日
图例
首都
省级行政中心
其他城市
国界
未定国界
地区界
军事分界线
省、自治区、直辖市界
特别行政区界
常年河
时令河
运河
珊瑚礁
6621 山峰及高程
08时
20时
海拔(m)
6000
5000
4000
降水(mm)
0.1~9.9
10~24.9
25~49.9
50~99.9
>100
1: 2500 万
4.2
成都
重庆
贵阳
昆明
南海诸岛
比例尺 1:5000 万

总降水日数图

D18004Nanbu 1月28日

图例

- ★ 首都
- ◎ 省级行政中心
- ○ 其他城市
- 国界
- 未定国界
- 地区界
- 军事分界线
- 省、自治区、直辖市界
- 特别行政区界
- 常年河
- 时令河
- 运河
- 珊瑚礁
- ▲ 6621 山峰及高程

海拔(m)

- 6000
- 5000
- 4000

降水日数

- 1天
- 2~3天
- 4天以上

1：2500万

南海诸岛

比例尺 1：5000万

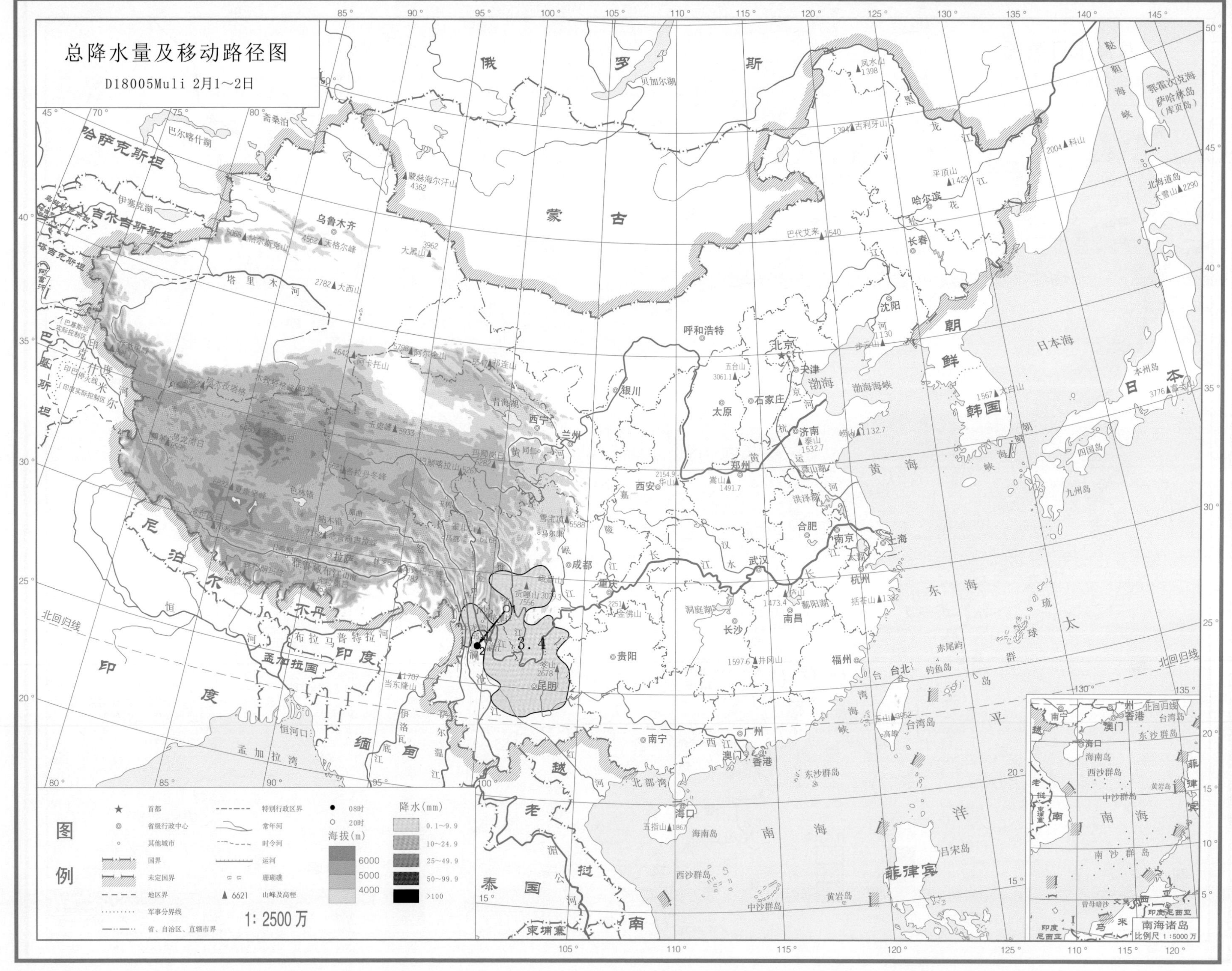
总降水量及移动路径图
D18005Muli 2月1～2日
图例
首都
省级行政中心
其他城市
国界
未定国界
地区界
军事分界线
省、自治区、直辖市界
特别行政区界
常年河
时令河
运河
珊瑚礁
6621 山峰及高程
1: 2500万
08时
20时
海拔(m)
6000
5000
4000
降水(mm)
0.1～9.9
10～24.9
25～49.9
50～99.9
>100
3.4
俄罗斯
蒙古
哈萨克斯坦
吉尔吉斯斯坦
塔吉克斯坦
巴基斯坦
印度
尼泊尔
不丹
孟加拉国
缅甸
老挝
泰国
越南
柬埔寨
朝鲜
韩国
日本
菲律宾
乌鲁木齐
拉萨
西宁
兰州
银川
成都
重庆
贵阳
昆明
南宁
广州
海口
长沙
武汉
南昌
福州
台北
杭州
上海
南京
合肥
济南
郑州
西安
太原
石家庄
北京
天津
呼和浩特
沈阳
长春
哈尔滨
香港
澳门
北回归线
渤海
黄海
东海
南海
日本海
南海诸岛
比例尺 1:5000万

总降水日数图

D18005Muli 2月1～2日

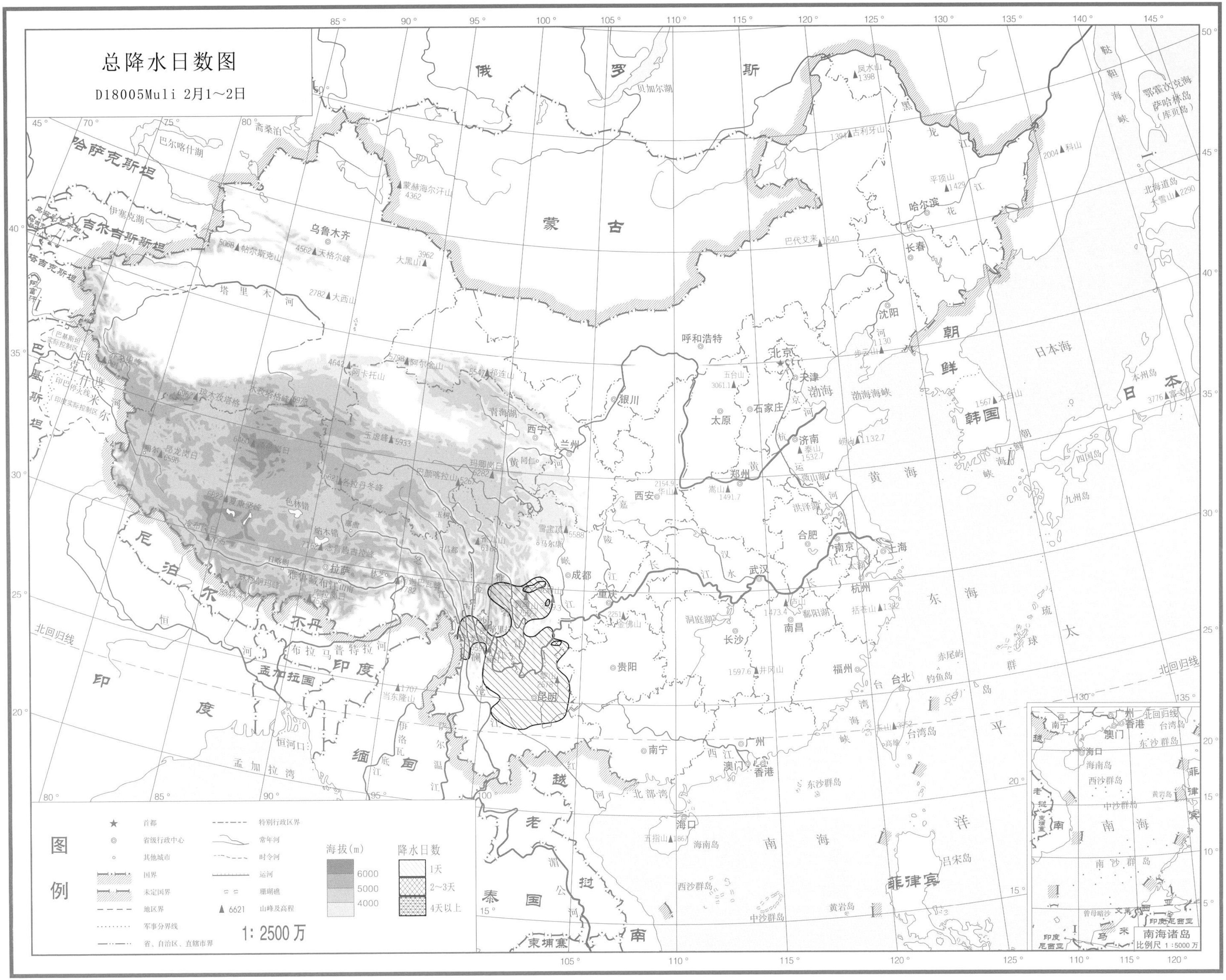

图例

★ 首都
◎ 省级行政中心
○ 其他城市
国界
未定国界
地区界
军事分界线
省、自治区、直辖市界
特别行政区界
常年河
时令河
运河
珊瑚礁
▲ 6621 山峰及高程

海拔(m)
6000
5000
4000

降水日数
1天
2～3天
4天以上

1：2500万

南海诸岛
比例尺 1：5000万

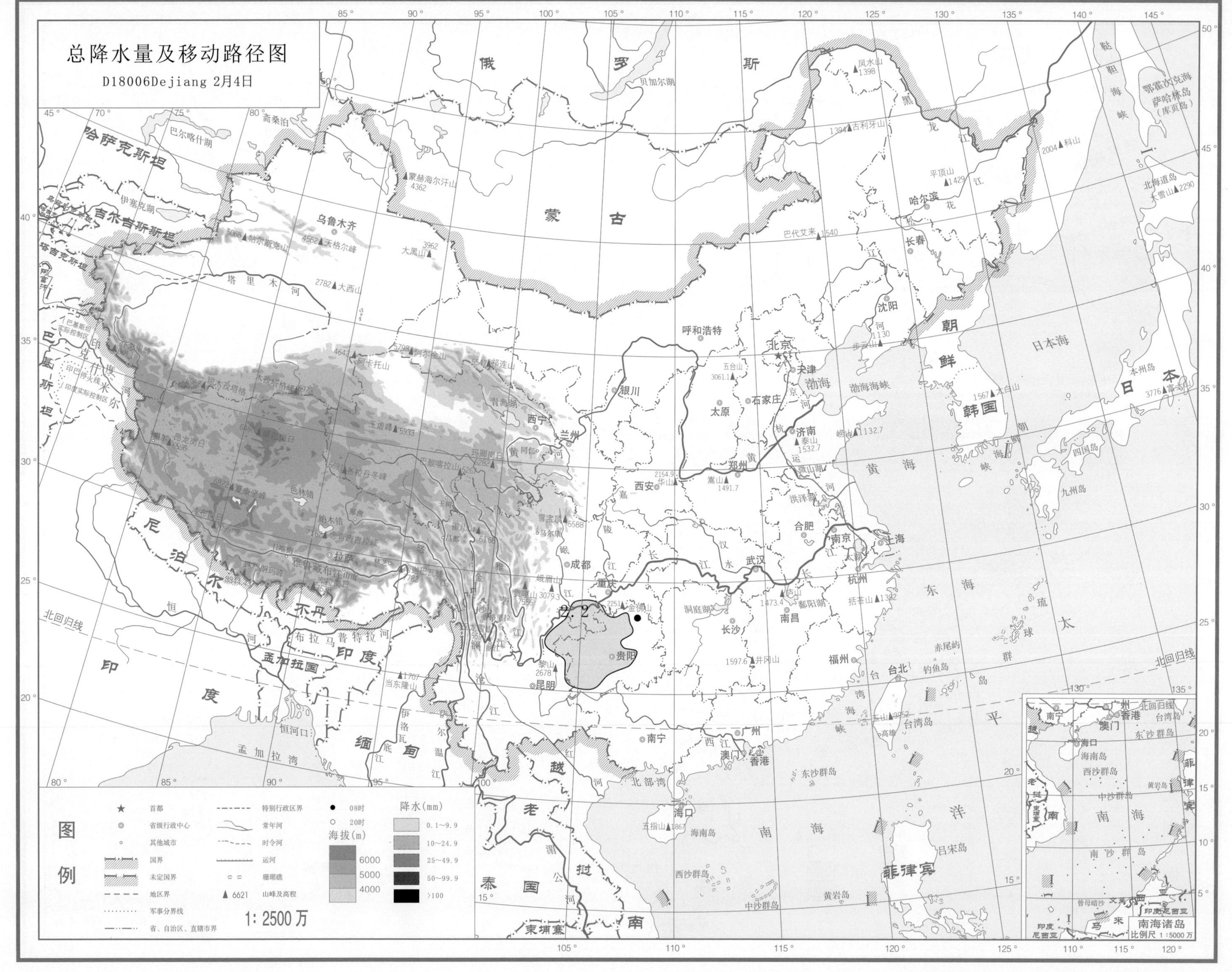
总降水量及移动路径图
D18006Dejiang 2月4日
2.2
贵阳
重庆
成都
昆明
南宁
长沙
武汉
北京
上海
图例
首都
省级行政中心
其他城市
国界
未定国界
地区界
军事分界线
省、自治区、直辖市界
特别行政区界
常年河
时令河
运河
珊瑚礁
山峰及高程
08时
20时
海拔(m)
6000
5000
4000
降水(mm)
0.1~9.9
10~24.9
25~49.9
50~99.9
>100
1:2500万
南海诸岛
比例尺 1:5000万

总降水日数图

D18006Dejiang 2月4日

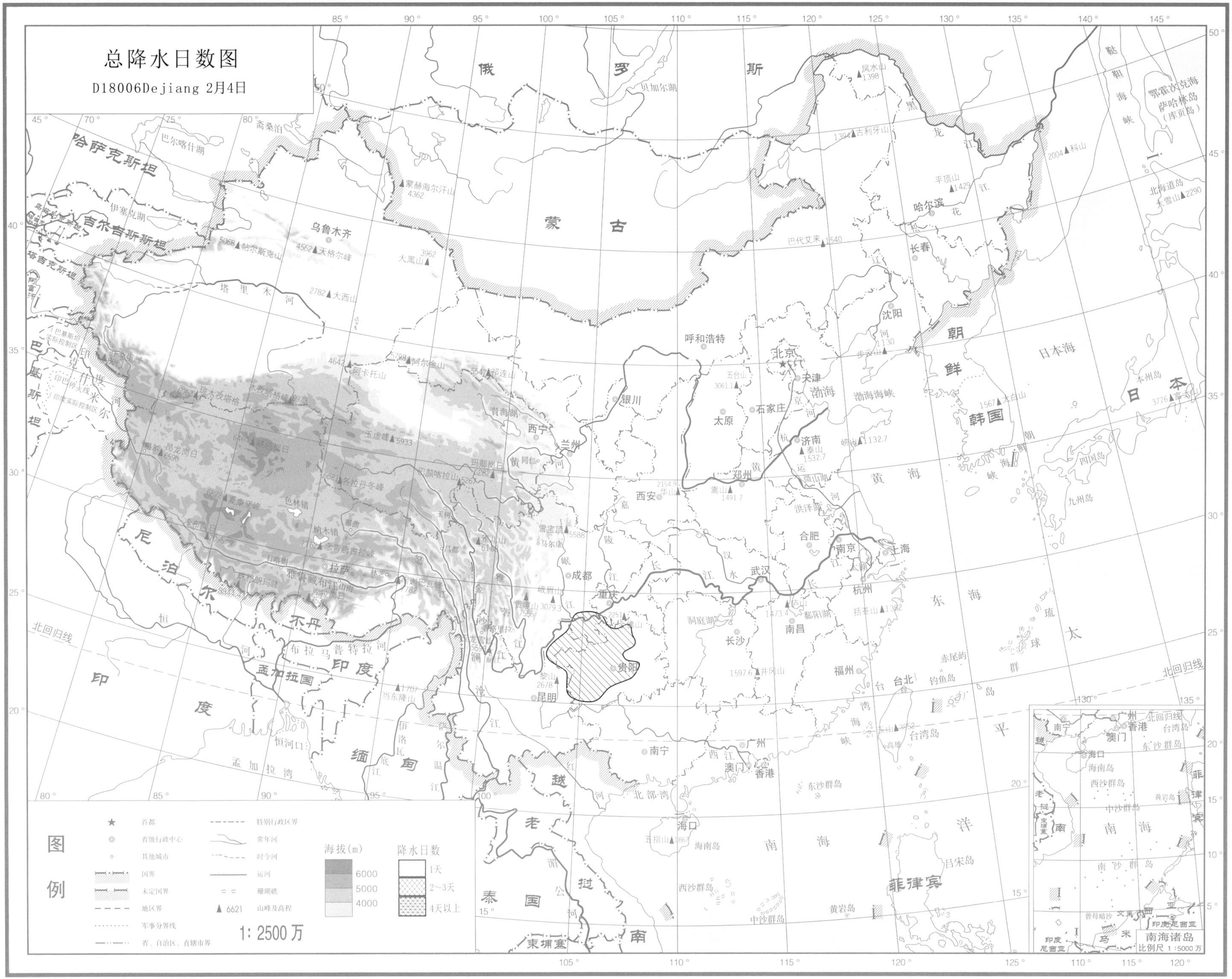

俄罗斯
蒙古
哈萨克斯坦
吉尔吉斯斯坦
塔吉克斯坦
巴基斯坦
印度
尼泊尔
不丹
孟加拉国
缅甸
老挝
泰国
越南
柬埔寨
朝鲜
韩国
日本
菲律宾
日本海
黄海
东海
南海
太平洋
渤海
北京
天津
石家庄
太原
呼和浩特
沈阳
长春
哈尔滨
济南
郑州
西安
银川
兰州
西宁
乌鲁木齐
拉萨
成都
重庆
贵阳
昆明
南宁
广州
长沙
武汉
南昌
合肥
南京
上海
杭州
福州
台北
香港
澳门
海口
北回归线
南海诸岛
比例尺 1:5000万
图例
首都
省级行政中心
其他城市
国界
未定国界
地区界
军事分界线
省、自治区、直辖市界
特别行政区界
常年河
时令河
运河
珊瑚礁
6621 山峰及高程
海拔(m)
6000
5000
4000
降水日数
1天
2~3天
4天以上
1: 2500万

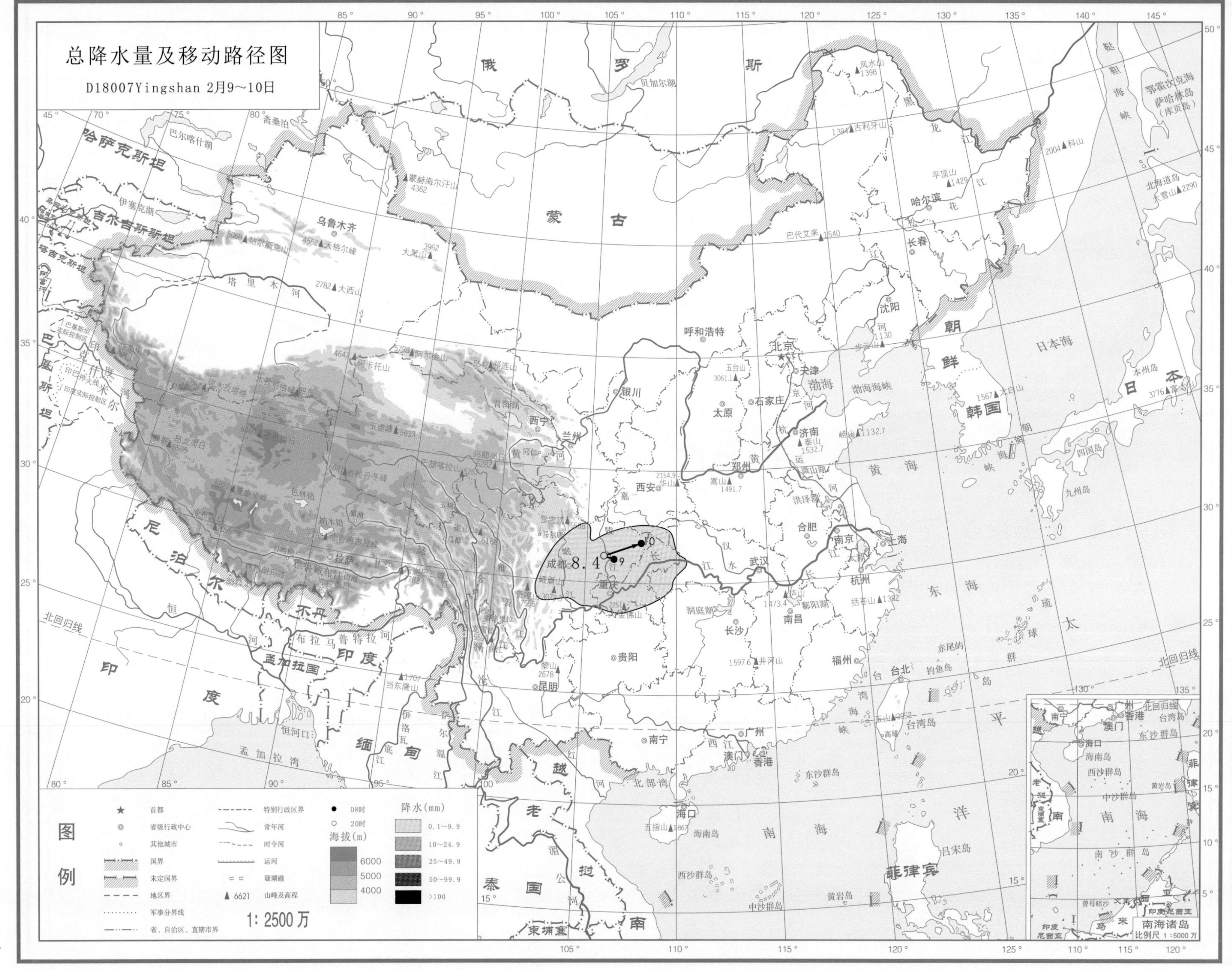
总降水量及移动路径图
D18007Yingshan 2月9～10日
8.4
图例
首都
省级行政中心
其他城市
国界
未定国界
地区界
军事分界线
省、自治区、直辖市界
特别行政区界
常年河
时令河
运河
珊瑚礁
6621 山峰及高程
08时
20时
海拔(m)
6000
5000
4000
降水(mm)
0.1～9.9
10～24.9
25～49.9
50～99.9
>100
1: 2500 万
南海诸岛
比例尺 1:5000 万

总降水日数图

D18007Yingshan 2月9～10日

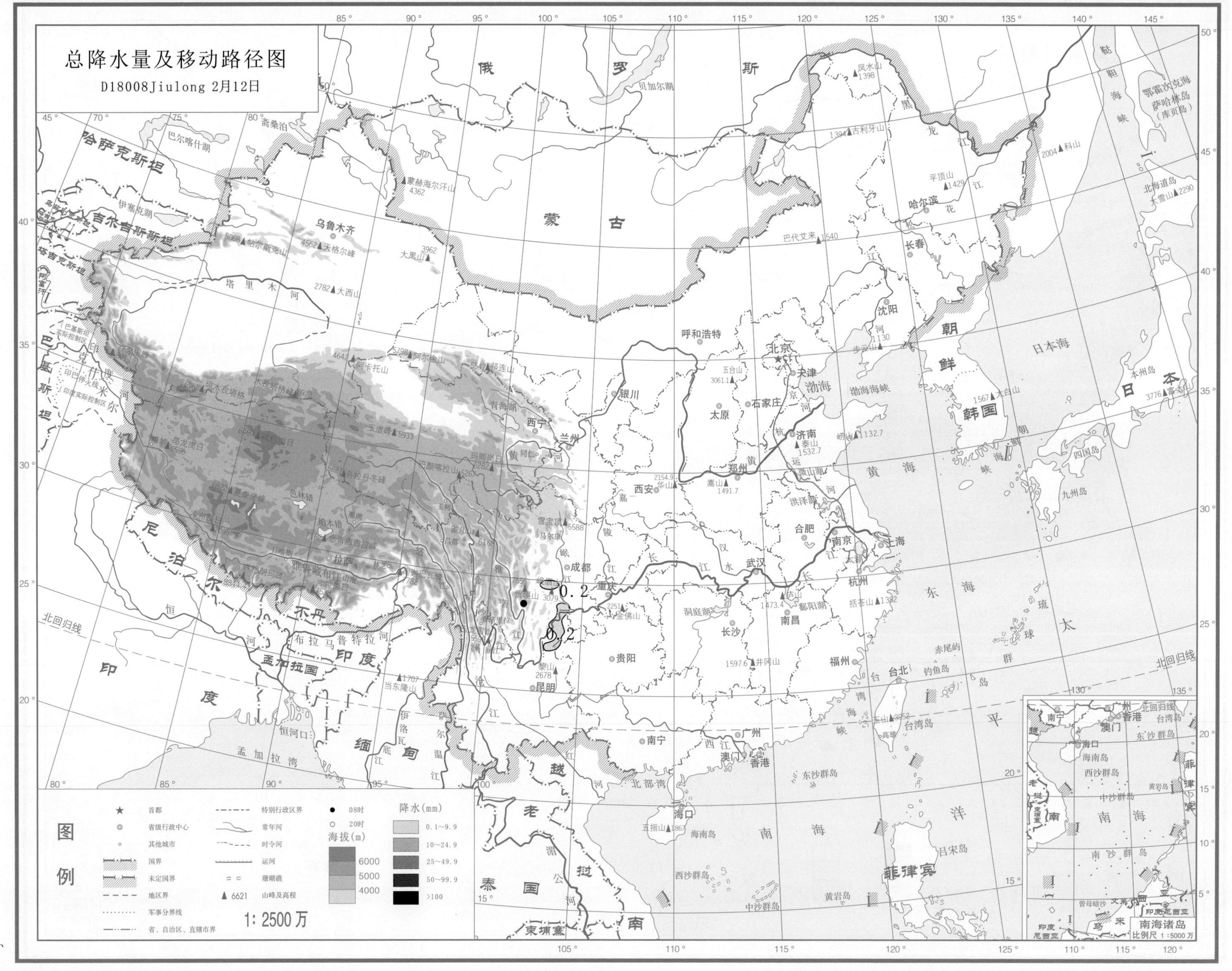
总降水量及移动路径图
D18008Jiulong 2月12日
0.2
0.2
图例
首都
省级行政中心
其他城市
国界
未定国界
地区界
军事分界线
省、自治区、直辖市界
特别行政区界
常年河
时令河
运河
珊瑚礁
6621 山峰及高程
08时
20时
海拔(m)
6000
5000
4000
降水(mm)
0.1~9.9
10~24.9
25~49.9
50~99.9
>100
1: 2500万
南海诸岛
比例尺 1:5000万

总降水日数图

D18008Jiulong 2月12日

图例

符号	说明	符号	说明
★	首都		特别行政区界
◎	省级行政中心		常年河
○	其他城市		时令河
	国界		运河
	未定国界		珊瑚礁
	地区界	▲ 6621	山峰及高程
	军事分界线		
	省、自治区、直辖市界		

海拔(m)：6000、5000、4000

降水日数：1天、2~3天、4天以上

1:2500万

南海诸岛 比例尺 1:5000万

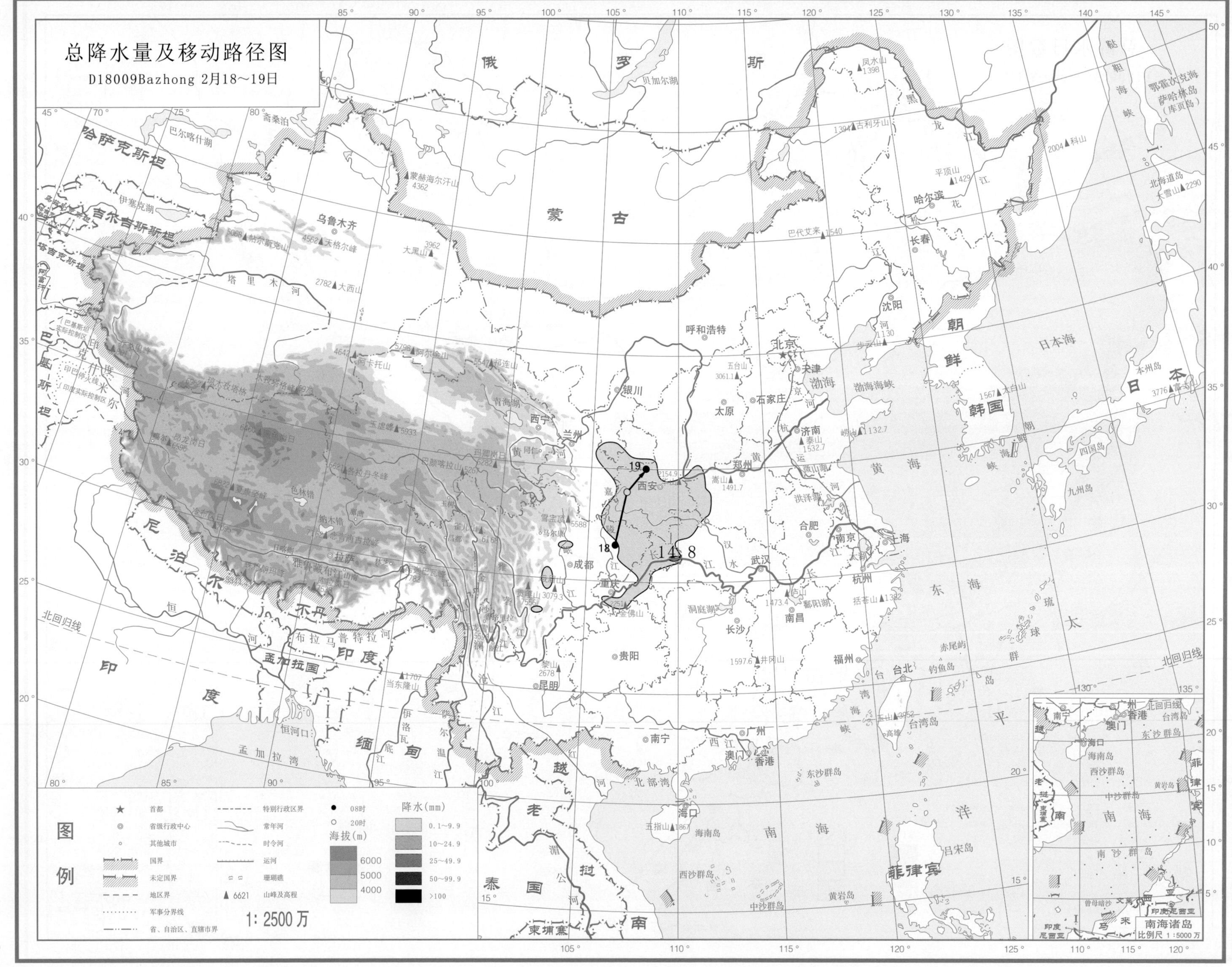
总降水量及移动路径图
D18009Bazhong 2月18～19日
18
19
14.8
图例
首都
省级行政中心
其他城市
国界
未定国界
地区界
军事分界线
省、自治区、直辖市界
特别行政区界
常年河
时令河
运河
珊瑚礁
山峰及高程
08时
20时
海拔(m)
6000
5000
4000
降水(mm)
0.1～9.9
10～24.9
25～49.9
50～99.9
>100
1: 2500 万
南海诸岛
比例尺 1:5000 万

总降水日数图

D18009Bazhong 2月18～19日

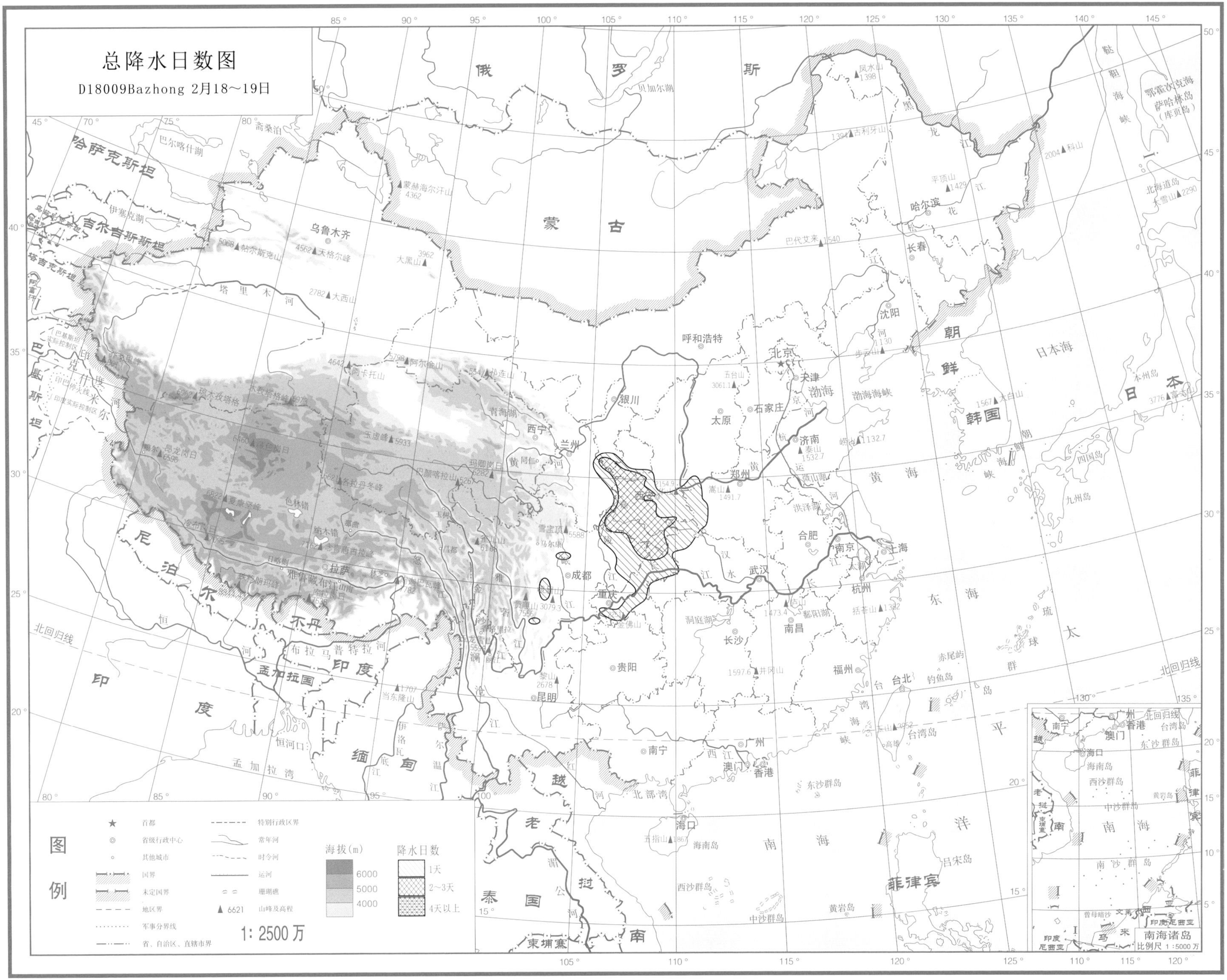

图例

- ★ 首都
- ◎ 省级行政中心
- ○ 其他城市
- 国界
- 未定国界
- 地区界
- 军事分界线
- 省、自治区、直辖市界
- 特别行政区界
- 常年河
- 时令河
- 运河
- 珊瑚礁
- ▲ 6621 山峰及高程

海拔(m)：6000、5000、4000

降水日数：1天、2～3天、4天以上

1：2500万

南海诸岛 比例尺 1：5000 万

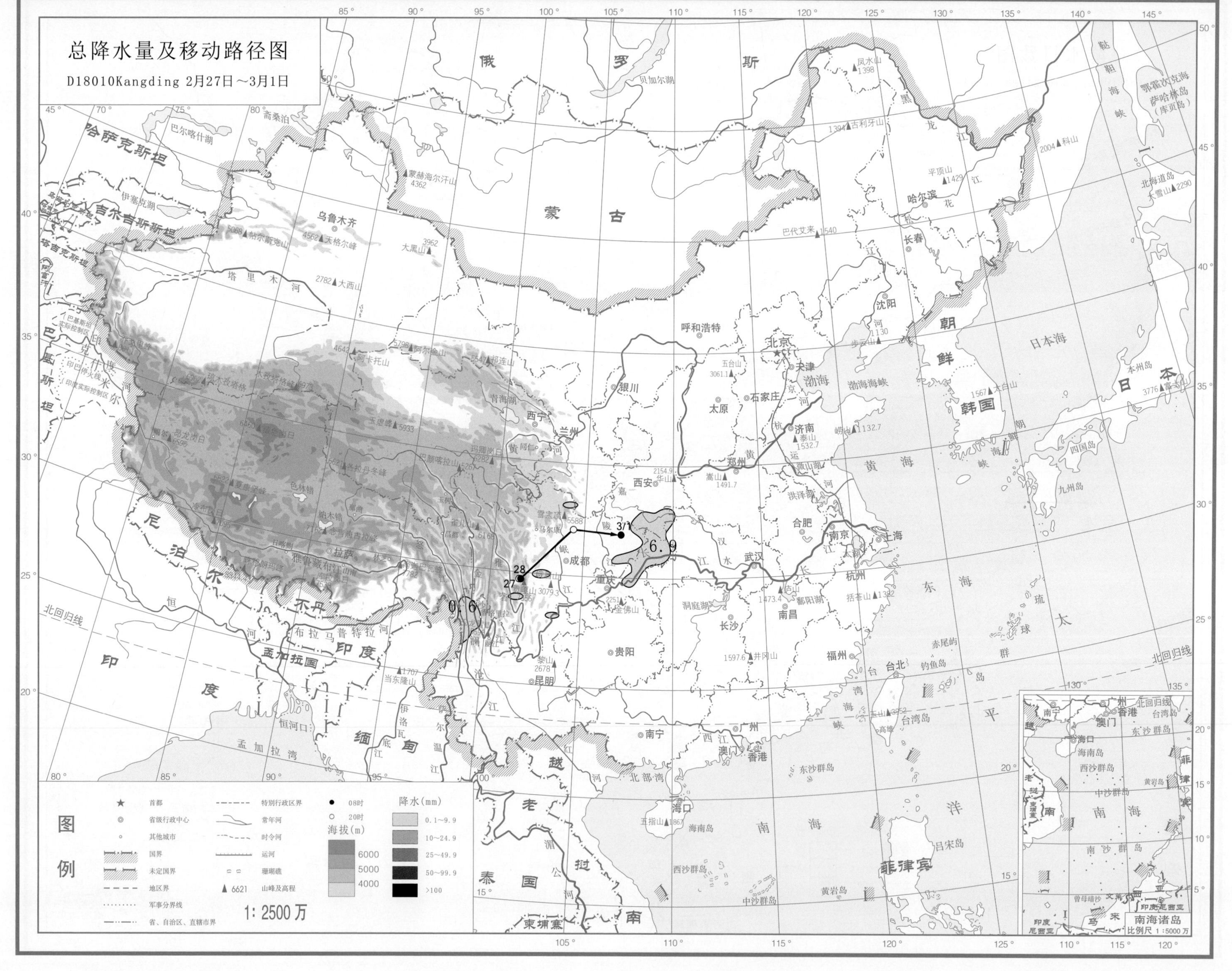
总降水量及移动路径图
D18010Kangding 2月27日～3月1日
27
28
3/1
6.9
0.6
图例
降水(mm)
0.1～9.9
10～24.9
25～49.9
50～99.9
>100
海拔(m)
6000
5000
4000
08时
20时
1: 2500 万
南海诸岛
比例尺 1:5000 万

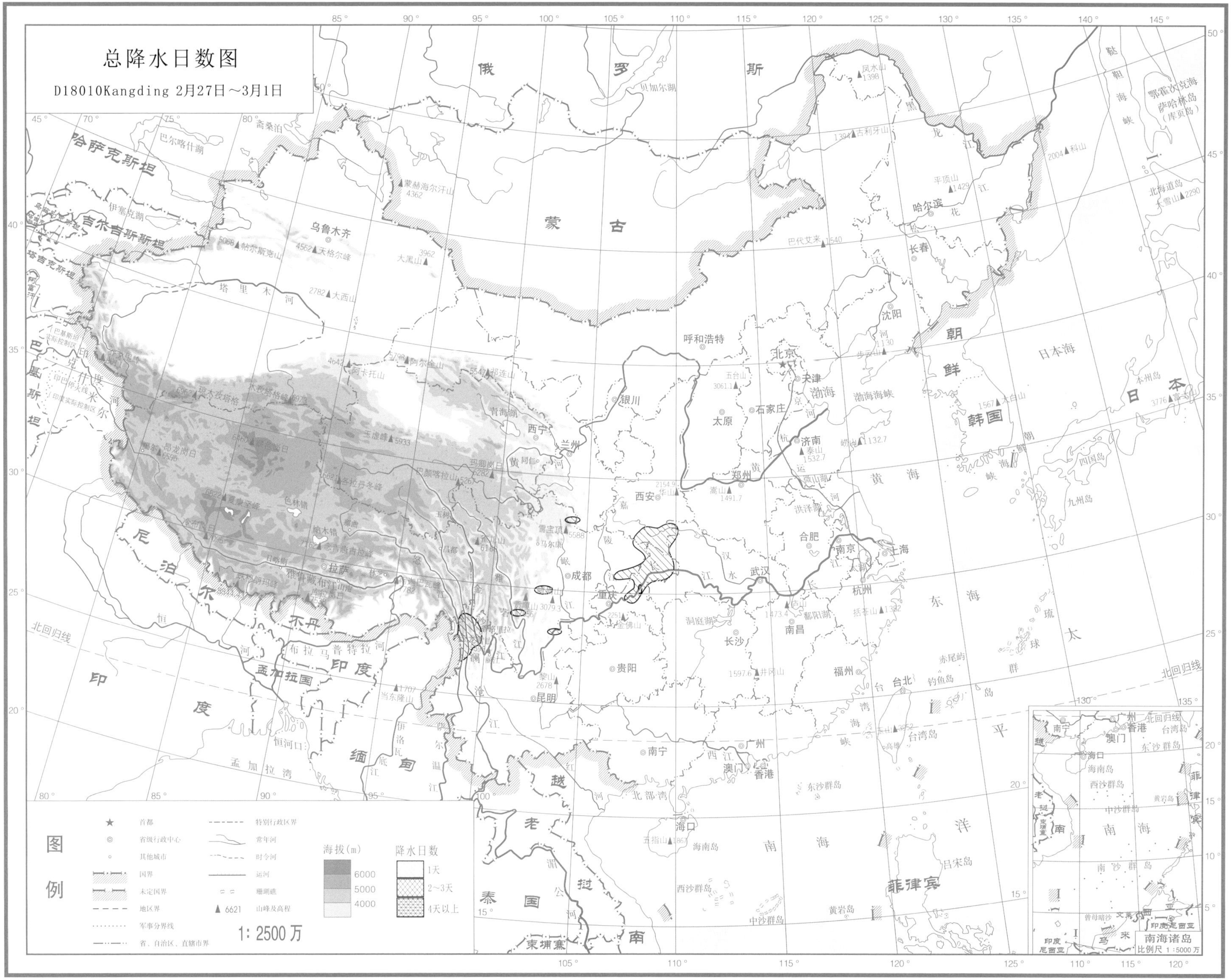

总降水日数图

D18010Kangding 2月27日～3月1日

图例

★ 首都
◎ 省级行政中心
○ 其他城市
国界
未定国界
地区界
军事分界线
省、自治区、直辖市界
特别行政区界
常年河
时令河
运河
珊瑚礁
▲ 6621 山峰及高程

海拔(m)
6000
5000
4000

降水日数
1天
2～3天
4天以上

1：2500万

南海诸岛
比例尺 1：5000万

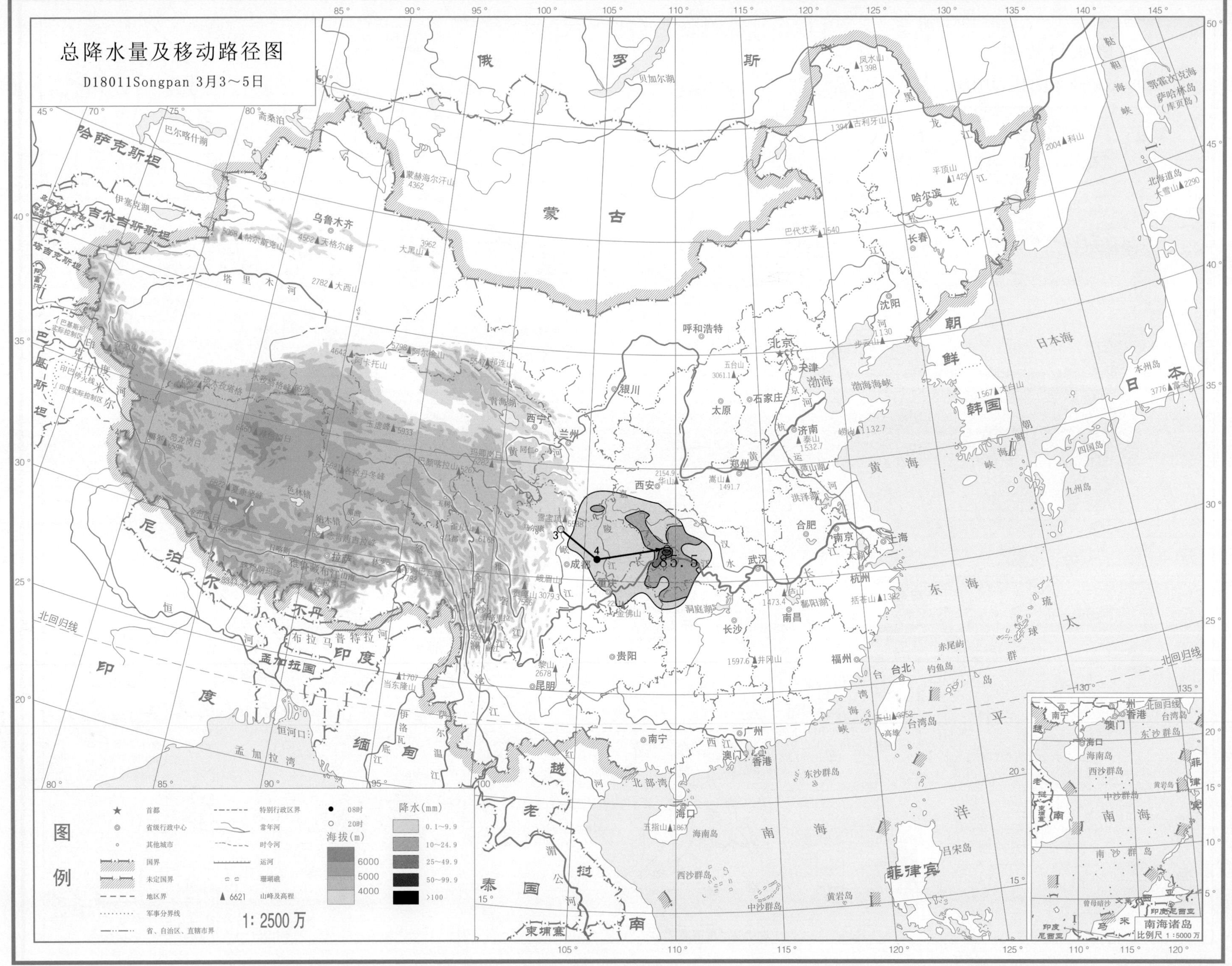
总降水量及移动路径图
D18011Songpan 3月3～5日
图例
首都
省级行政中心
其他城市
国界
未定国界
地区界
军事分界线
省、自治区、直辖市界
特别行政区界
常年河
时令河
运河
珊瑚礁
6621 山峰及高程
08时
20时
海拔(m)
6000
5000
4000
降水(mm)
0.1～9.9
10～24.9
25～49.9
50～99.9
>100
1:2500万
南海诸岛
比例尺 1:5000万

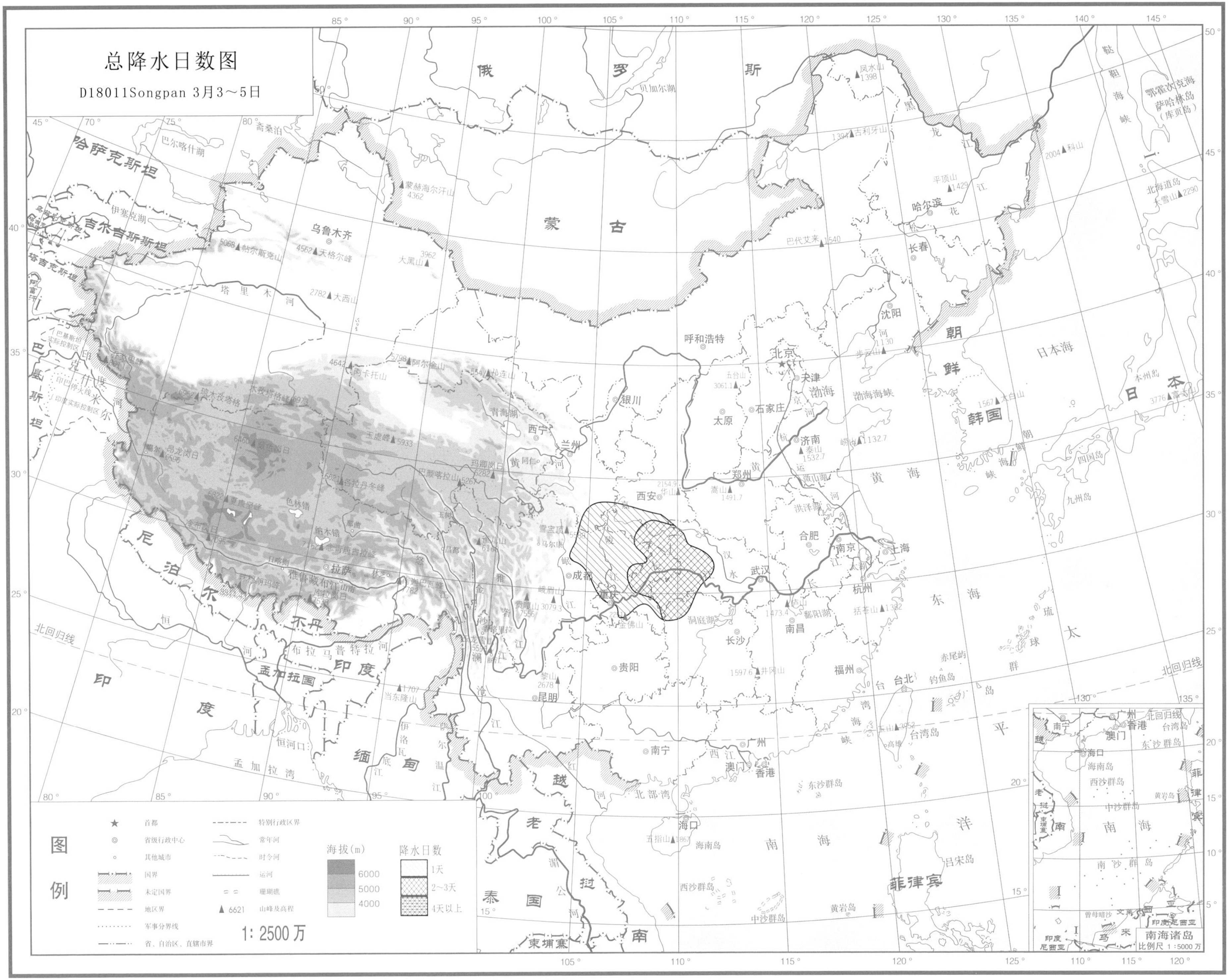

总降水日数图

D18011Songpan 3月3～5日

图例

★ 首都
◎ 省级行政中心
○ 其他城市
国界
未定国界
地区界
军事分界线
省、自治区、直辖市界
特别行政区界
常年河
时令河
运河
珊瑚礁
▲ 6621 山峰及高程

海拔(m)
6000
5000
4000

降水日数
1天
2～3天
4天以上

1：2500万

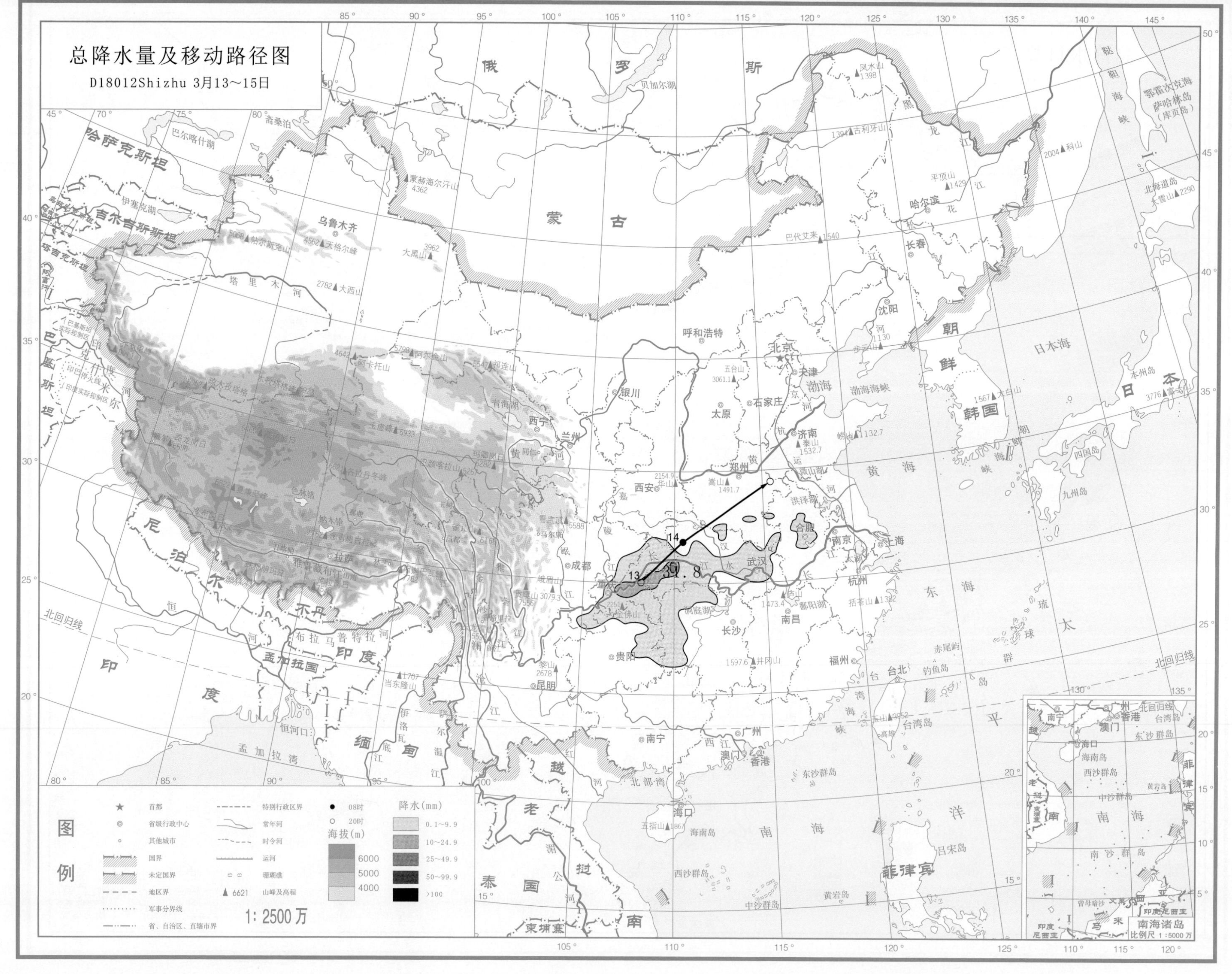
总降水量及移动路径图
D18012Shizhu 3月13～15日
图例
首都
省级行政中心
其他城市
国界
未定国界
地区界
军事分界线
省、自治区、直辖市界
特别行政区界
常年河
时令河
运河
珊瑚礁
山峰及高程
08时
20时
海拔(m)
6000
5000
4000
降水(mm)
0.1～9.9
10～24.9
25～49.9
50～99.9
>100
1: 2500 万
南海诸岛
比例尺 1:5000 万

总降水日数图

D18012Shizhu 3月13～15日

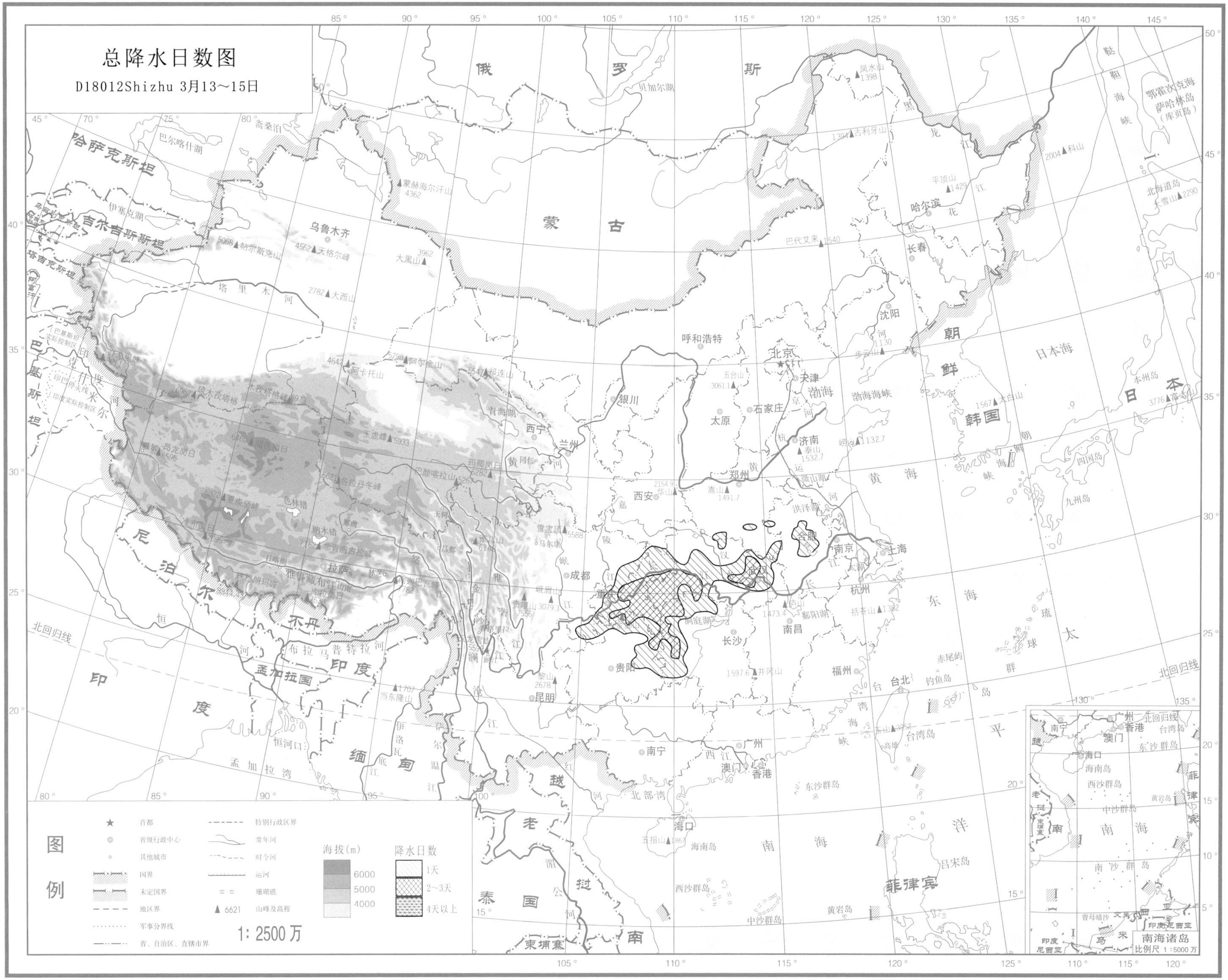

图例

★ 首都
◎ 省级行政中心
○ 其他城市
国界
未定国界
地区界
军事分界线
省、自治区、直辖市界
特别行政区界
常年河
时令河
运河
珊瑚礁
▲ 6621 山峰及高程

海拔(m)
6000
5000
4000

降水日数
1天
2~3天
4天以上

1∶2500万

南海诸岛
比例尺 1∶5000万

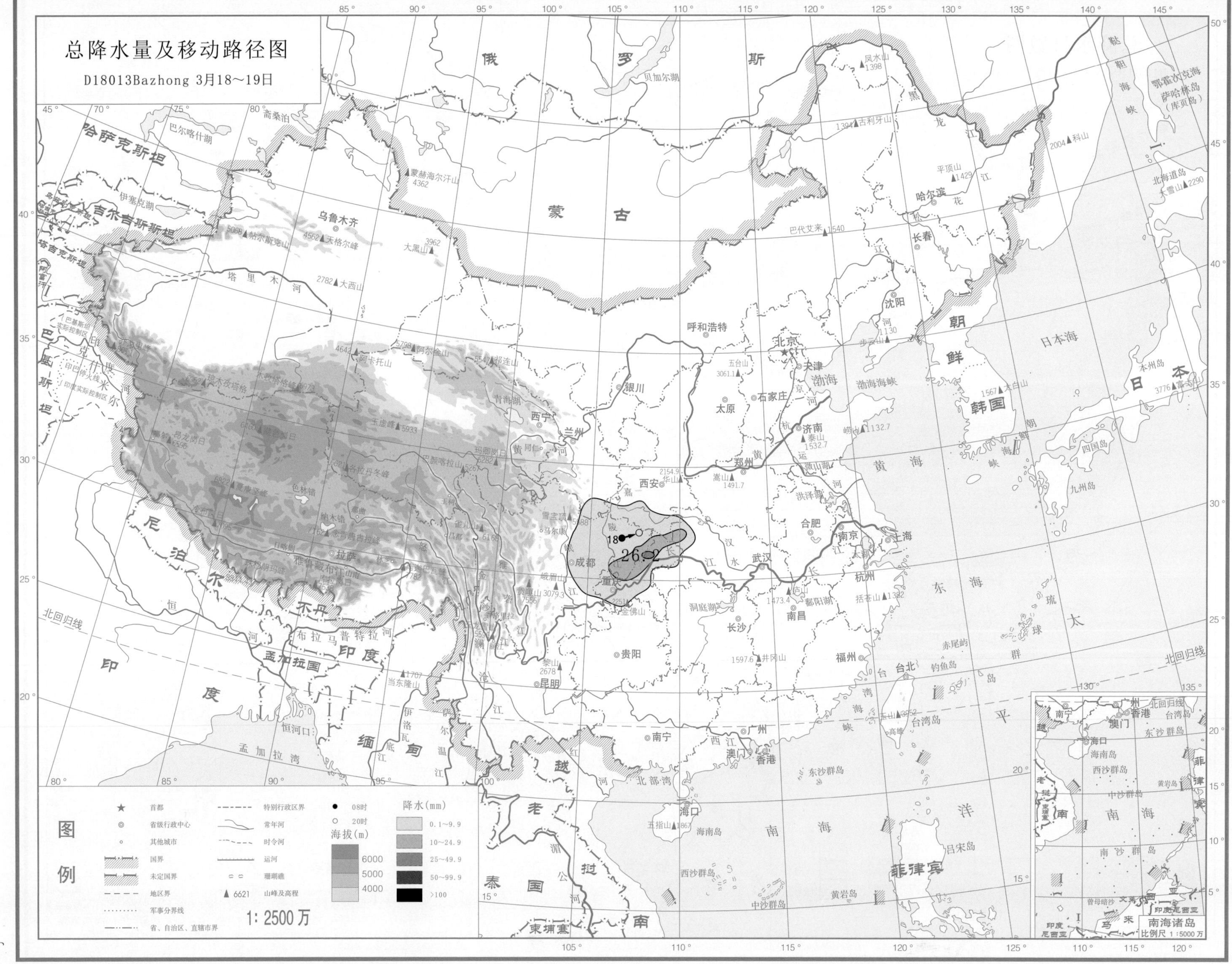
总降水量及移动路径图
D18013Bazhong 3月18～19日
18
26.2
成都
重庆
西安
武汉
图例
首都
省级行政中心
其他城市
国界
未定国界
地区界
军事分界线
省、自治区、直辖市界
特别行政区界
常年河
时令河
运河
珊瑚礁
山峰及高程
08时
20时
海拔(m)
6000
5000
4000
降水(mm)
0.1～9.9
10～24.9
25～49.9
50～99.9
>100
1: 2500万
南海诸岛
比例尺 1 : 5000万

总降水日数图

D18013Bazhong 3月18～19日

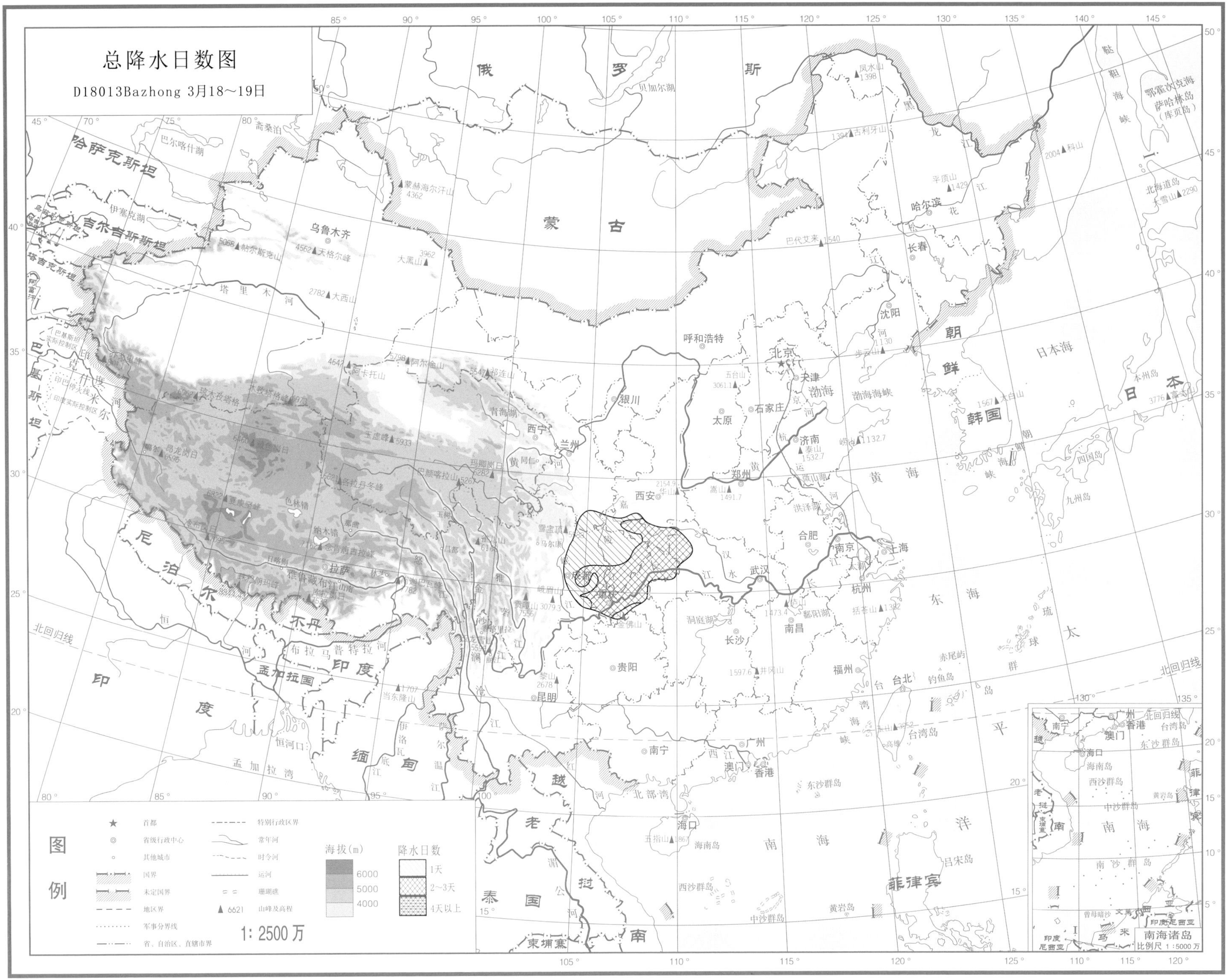

图例

★ 首都
◎ 省级行政中心
○ 其他城市
国界
未定国界
地区界
军事分界线
省、自治区、直辖市界
特别行政区界
常年河
时令河
运河
珊瑚礁
▲ 6621 山峰及高程

海拔(m)
6000
5000
4000

降水日数
1天
2～3天
4天以上

1∶2500万

南海诸岛
比例尺 1∶5000万

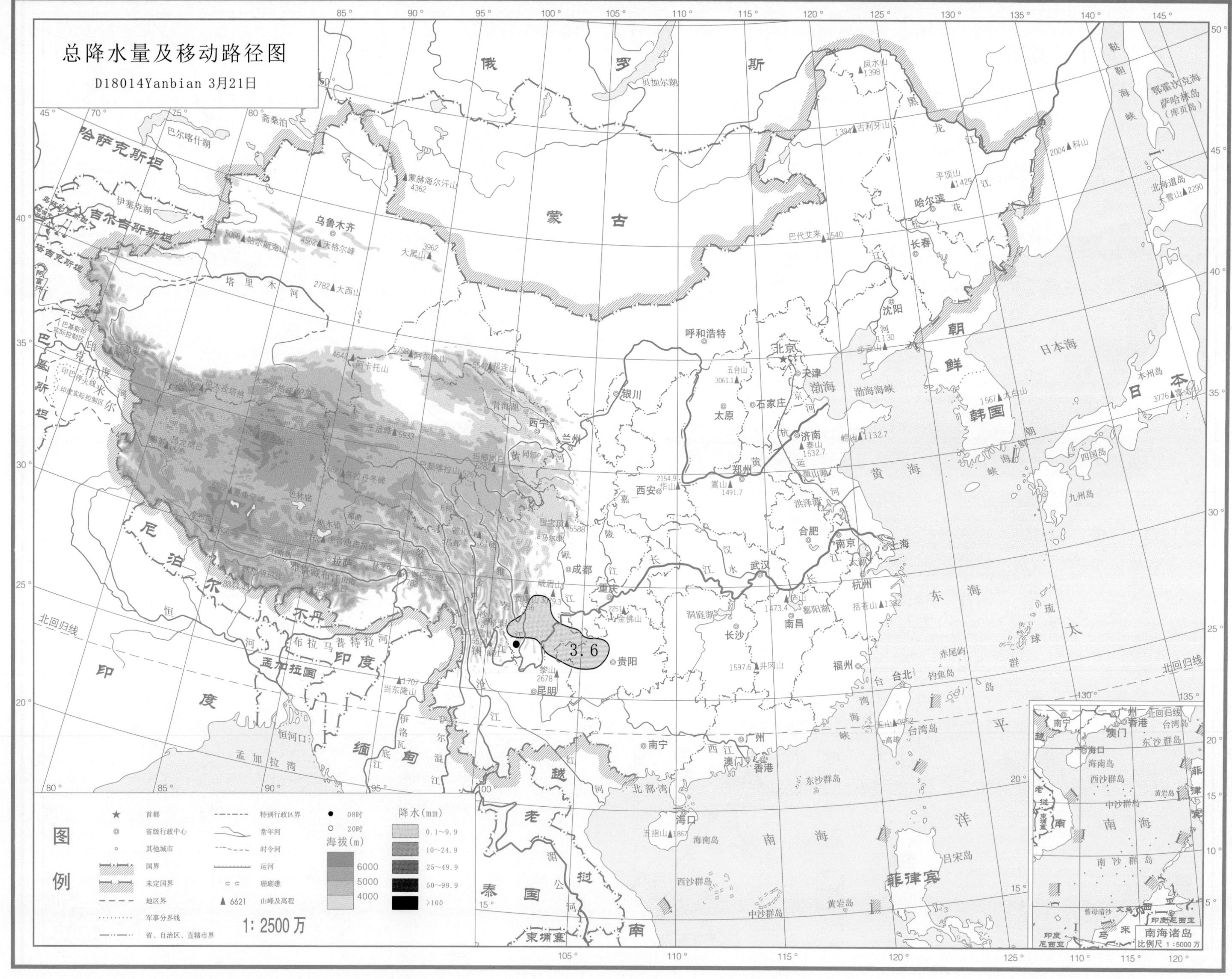
总降水量及移动路径图
D18014Yanbian 3月21日
3.6
图例
1: 2500万
南海诸岛
比例尺 1:5000万

总降水日数图

D18014Yanbian 3月21日

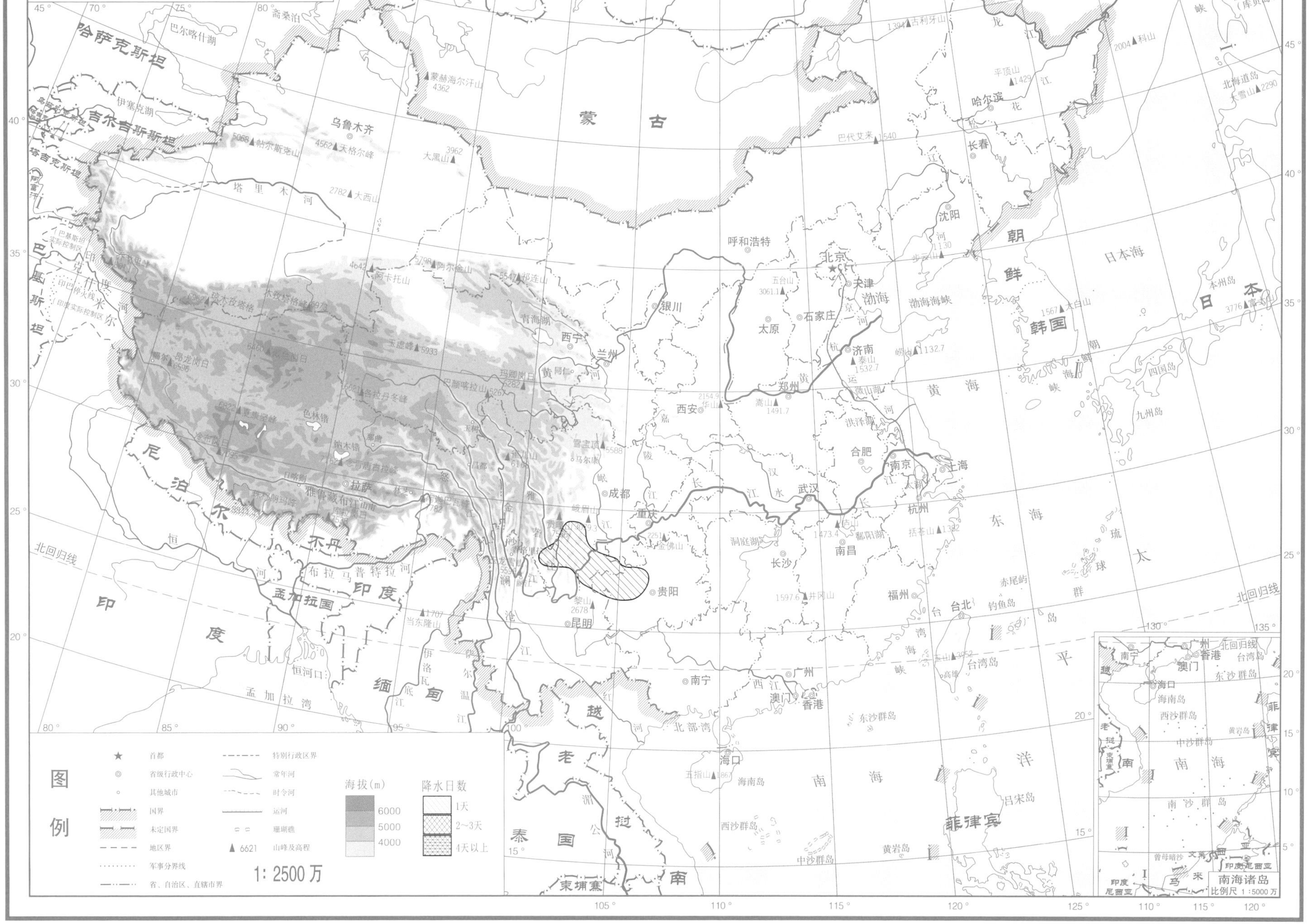

图例

★ 首都
◎ 省级行政中心
∘ 其他城市
国界
未定国界
地区界
军事分界线
省、自治区、直辖市界
特别行政区界
常年河
时令河
运河
珊瑚礁
▲6621 山峰及高程

海拔(m)
6000
5000
4000

降水日数
1天
2~3天
4天以上

1:2500万

南海诸岛
比例尺 1:5000万

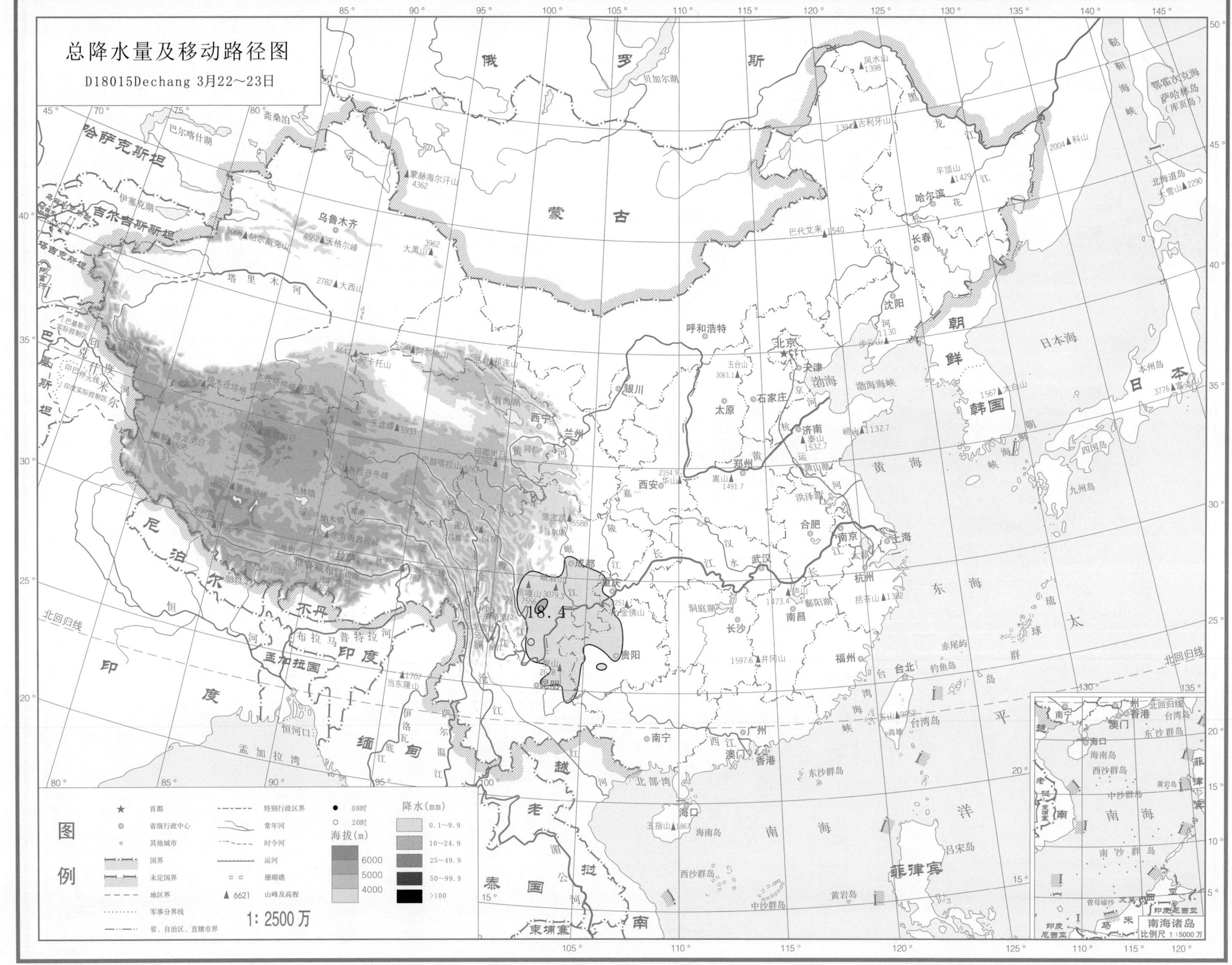
总降水量及移动路径图
D18015Dechang 3月22~23日
18.4
图例
首都
省级行政中心
其他城市
国界
未定国界
地区界
军事分界线
省、自治区、直辖市界
特别行政区界
常年河
时令河
运河
珊瑚礁
6621 山峰及高程
08时
20时
海拔(m)
6000
5000
4000
降水(mm)
0.1~9.9
10~24.9
25~49.9
50~99.9
>100
1:2500万
南海诸岛
比例尺 1:5000万

总降水日数图

D18015Dechang 3月22～23日

图例

- ★ 首都
- ◎ 省级行政中心
- ○ 其他城市
- 国界
- 未定国界
- 地区界
- 军事分界线
- 省、自治区、直辖市界
- 特别行政区界
- 常年河
- 时令河
- 运河
- 珊瑚礁
- ▲6621 山峰及高程

海拔(m)

- 6000
- 5000
- 4000

降水日数

- 1天
- 2～3天
- 4天以上

1∶2500万

南海诸岛

比例尺 1∶5000万

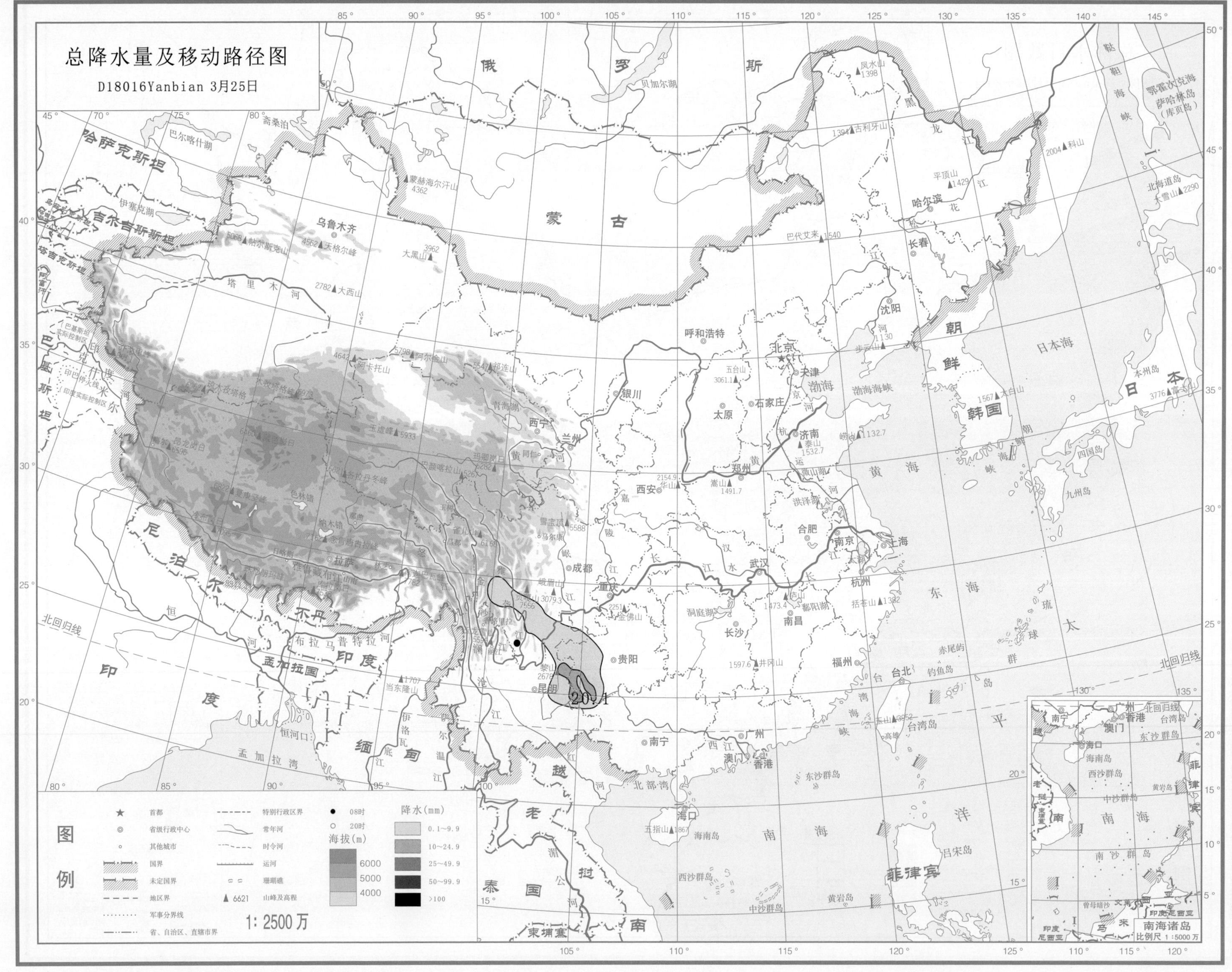

总降水量及移动路径图
D18016Yanbian 3月25日
20.1
图例
首都
省级行政中心
其他城市
国界
未定国界
地区界
军事分界线
省、自治区、直辖市界
特别行政区界
常年河
时令河
运河
珊瑚礁
6621 山峰及高程
08时
20时
海拔(m)
6000
5000
4000
降水(mm)
0.1~9.9
10~24.9
25~49.9
50~99.9
>100
1: 2500 万
南海诸岛
比例尺 1:5000 万
俄
罗
斯
蒙
古
哈萨克斯坦
吉尔吉斯斯坦
塔吉克斯坦
尼
泊
尔
不丹
孟加拉国
印
度
缅
甸
老
挝
泰
国
越
南
柬埔寨
朝
鲜
韩国
日
本
菲律宾
乌鲁木齐
呼和浩特
北京
天津
石家庄
太原
济南
郑州
西安
银川
兰州
西宁
拉萨
成都
重庆
贵阳
昆明
南宁
广州
香港
澳门
海口
长沙
武汉
南昌
合肥
南京
上海
杭州
福州
台北
沈阳
长春
哈尔滨
日本海
渤海
黄海
东海
南海
太平洋
北回归线

总降水日数图

D18016Yanbian 3月25日

图例

★ 首都
◎ 省级行政中心
○ 其他城市
国界
未定国界
地区界
军事分界线
省、自治区、直辖市界
特别行政区界
常年河
时令河
运河
珊瑚礁
▲ 6621 山峰及高程

海拔（m）
6000
5000
4000

降水日数
1天
2~3天
4天以上

1：2500万

南海诸岛
比例尺 1：5000万

总降水量及移动路径图
D18017Muli 3月26～28日
43.2
40.4
26
27
28
图例
首都
省级行政中心
其他城市
国界
未定国界
地区界
军事分界线
省、自治区、直辖市界
特别行政区界
常年河
时令河
运河
珊瑚礁
山峰及高程
08时
20时
降水(mm)
0.1～9.9
10～24.9
25～49.9
50～99.9
>100
海拔(m)
6000
5000
4000
1: 2500万
南海诸岛
比例尺 1:5000万

总降水日数图

D18017Muli 3月26～28日

图例

- ★ 首都
- ◎ 省级行政中心
- ○ 其他城市
- 国界
- 未定国界
- 地区界
- 军事分界线
- 省、自治区、直辖市界
- 特别行政区界
- 常年河
- 时令河
- 运河
- 珊瑚礁
- ▲ 6621 山峰及高程

海拔（m）

- 6000
- 5000
- 4000

降水日数

- 1天
- 2～3天
- 4天以上

1：2500万

南海诸岛
比例尺 1：5000万

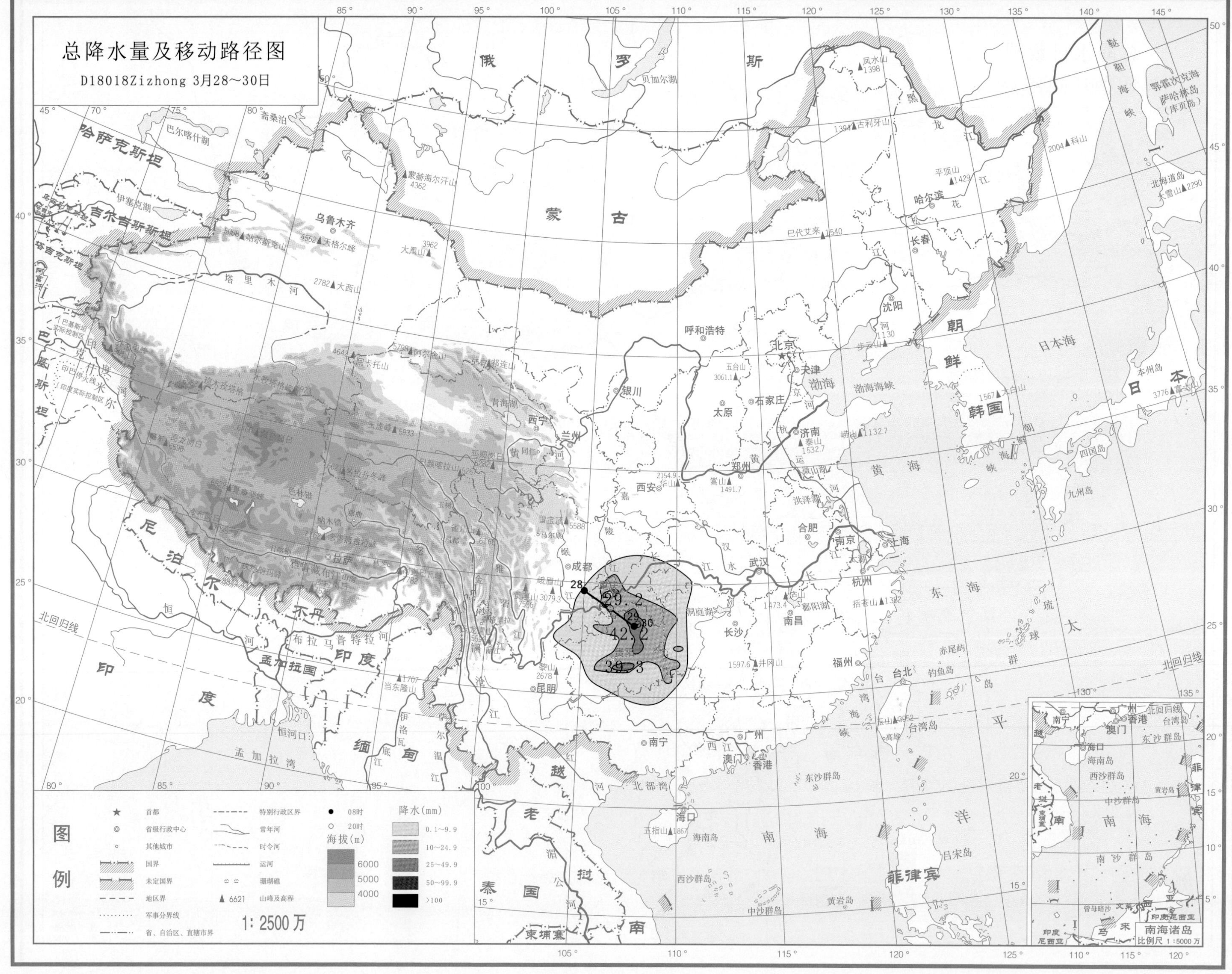
总降水量及移动路径图
D18018Zizhong 3月28～30日
28
29
30
29.2
42.2
39.3
图例
首都
省级行政中心
其他城市
国界
未定国界
地区界
军事分界线
省、自治区、直辖市界
特别行政区界
常年河
时令河
运河
珊瑚礁
6621 山峰及高程
08时
20时
海拔(m)
6000
5000
4000
降水(mm)
0.1～9.9
10～24.9
25～49.9
50～99.9
>100
1: 2500万
俄 罗 斯
蒙 古
哈萨克斯坦
吉尔吉斯斯坦
塔吉克斯坦
巴基斯坦
尼泊尔
不丹
孟加拉国
印度
缅甸
老挝
泰国
柬埔寨
越南
菲律宾
朝鲜
韩国
日本
日本海
黄海
东海
南海
渤海
太平洋
孟加拉湾
北回归线
北京
天津
石家庄
太原
呼和浩特
沈阳
长春
哈尔滨
济南
郑州
西安
银川
兰州
西宁
乌鲁木齐
拉萨
成都
重庆
贵阳
昆明
南宁
广州
香港
澳门
海口
长沙
武汉
南昌
合肥
南京
上海
杭州
福州
台北
南海诸岛
比例尺 1:5000万

总降水日数图

D18018Zizhong 3月28～30日

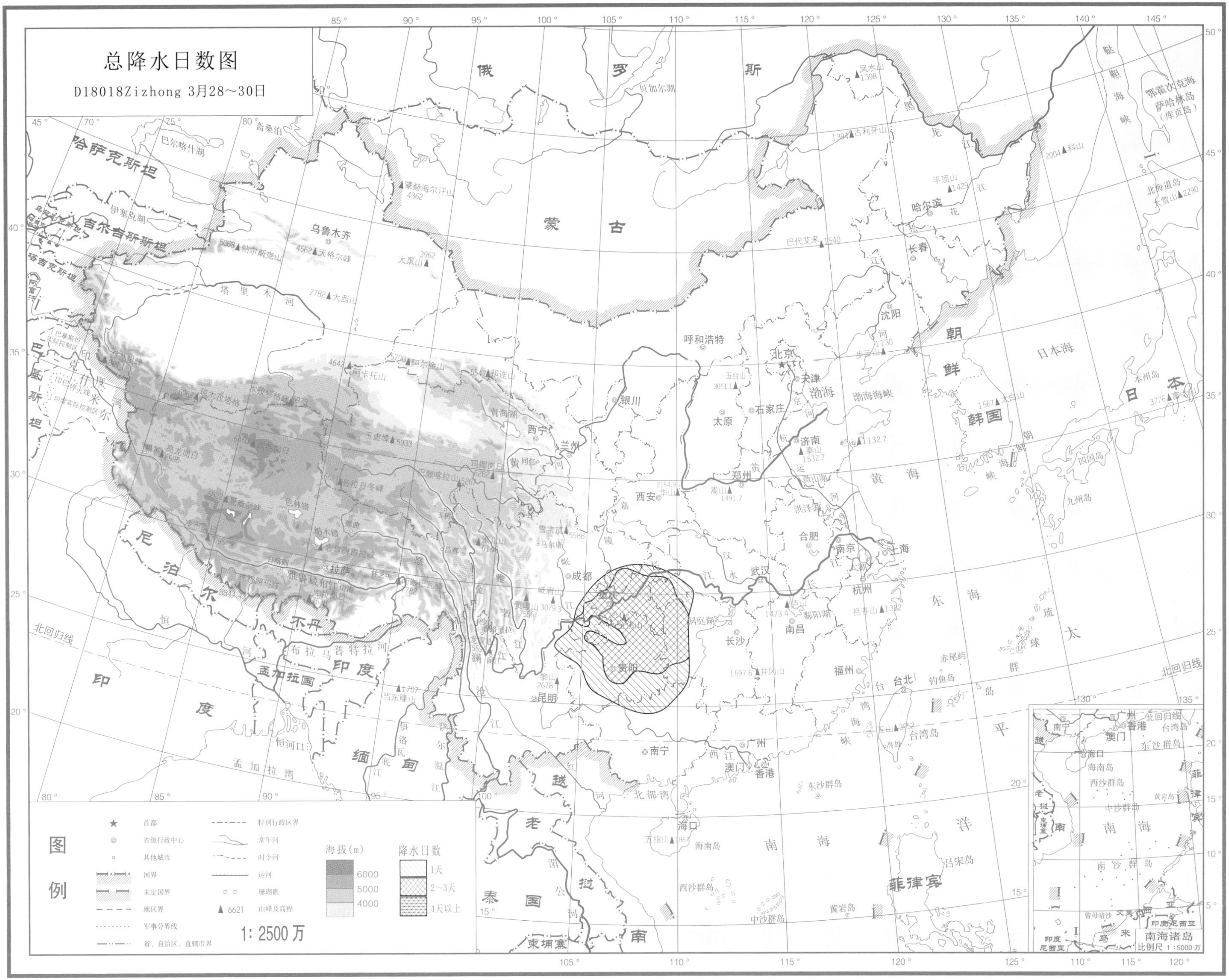

图例

★ 首都
◎ 省级行政中心
○ 其他城市
国界
未定国界
地区界
军事分界线
省、自治区、直辖市界
特别行政区界
常年河
时令河
运河
珊瑚礁
▲ 6621 山峰及高程

海拔(m)
6000
5000
4000

降水日数
1天
2~3天
4天以上

1：2500万

南海诸岛
比例尺 1：5000万

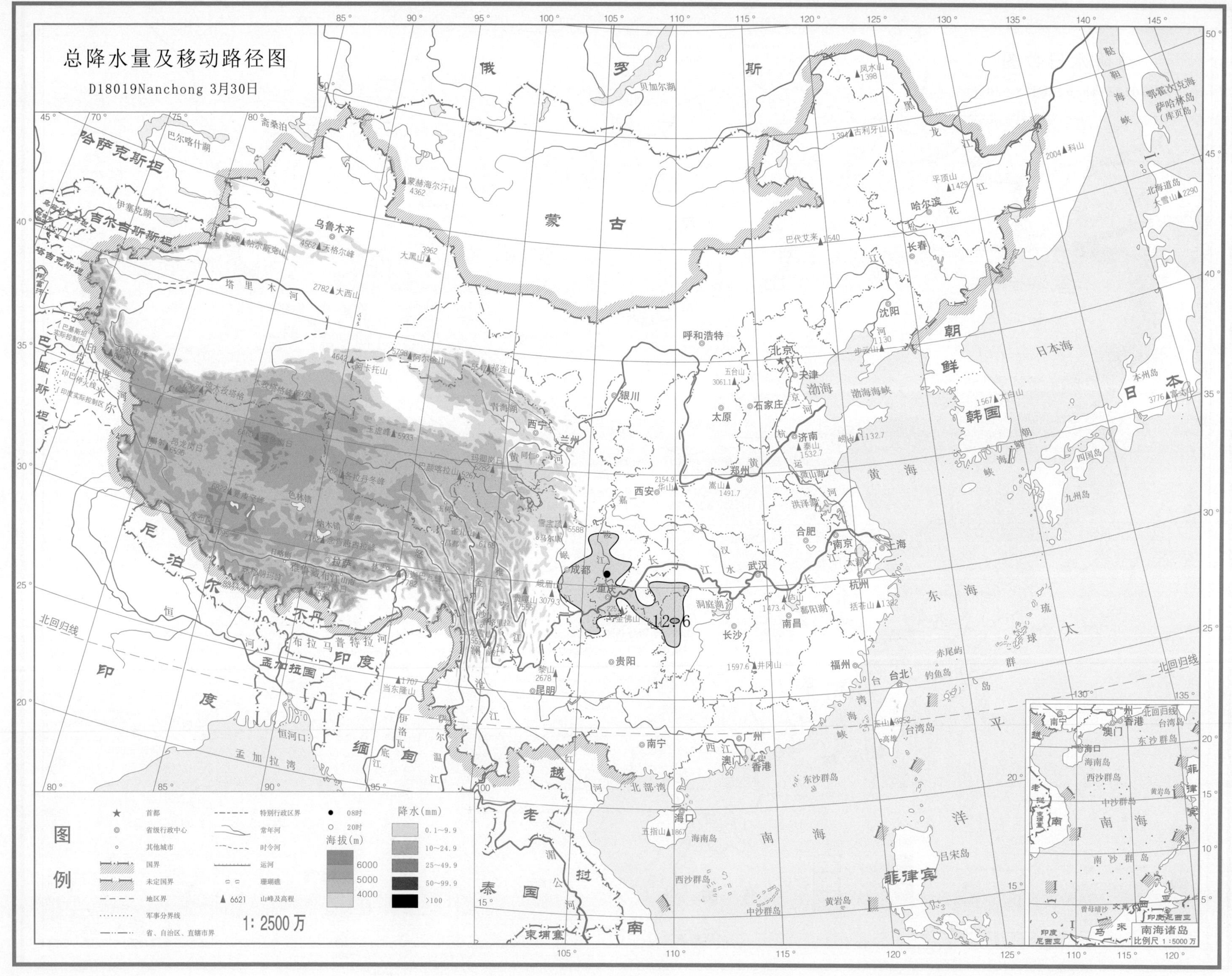
总降水量及移动路径图
D18019Nanchong 3月30日
图例
首都
省级行政中心
其他城市
国界
未定国界
地区界
军事分界线
省、自治区、直辖市界
特别行政区界
常年河
时令河
运河
珊瑚礁
6621 山峰及高程
08时
20时
海拔(m)
6000
5000
4000
降水(mm)
0.1~9.9
10~24.9
25~49.9
50~99.9
>100
1:2500万
南海诸岛
比例尺 1:5000万
俄罗斯
蒙古
哈萨克斯坦
吉尔吉斯斯坦
塔吉克斯坦
巴基斯坦
尼泊尔
不丹
孟加拉国
印度
缅甸
老挝
泰国
越南
柬埔寨
菲律宾
朝鲜
韩国
日本
北京
天津
上海
重庆
成都
武汉
南京
杭州
长沙
南昌
贵阳
昆明
南宁
广州
福州
台北
海口
西安
郑州
济南
合肥
太原
石家庄
呼和浩特
银川
兰州
西宁
拉萨
乌鲁木齐
哈尔滨
长春
沈阳
香港
澳门
南海
东海
黄海
渤海
日本海
北回归线
12 6

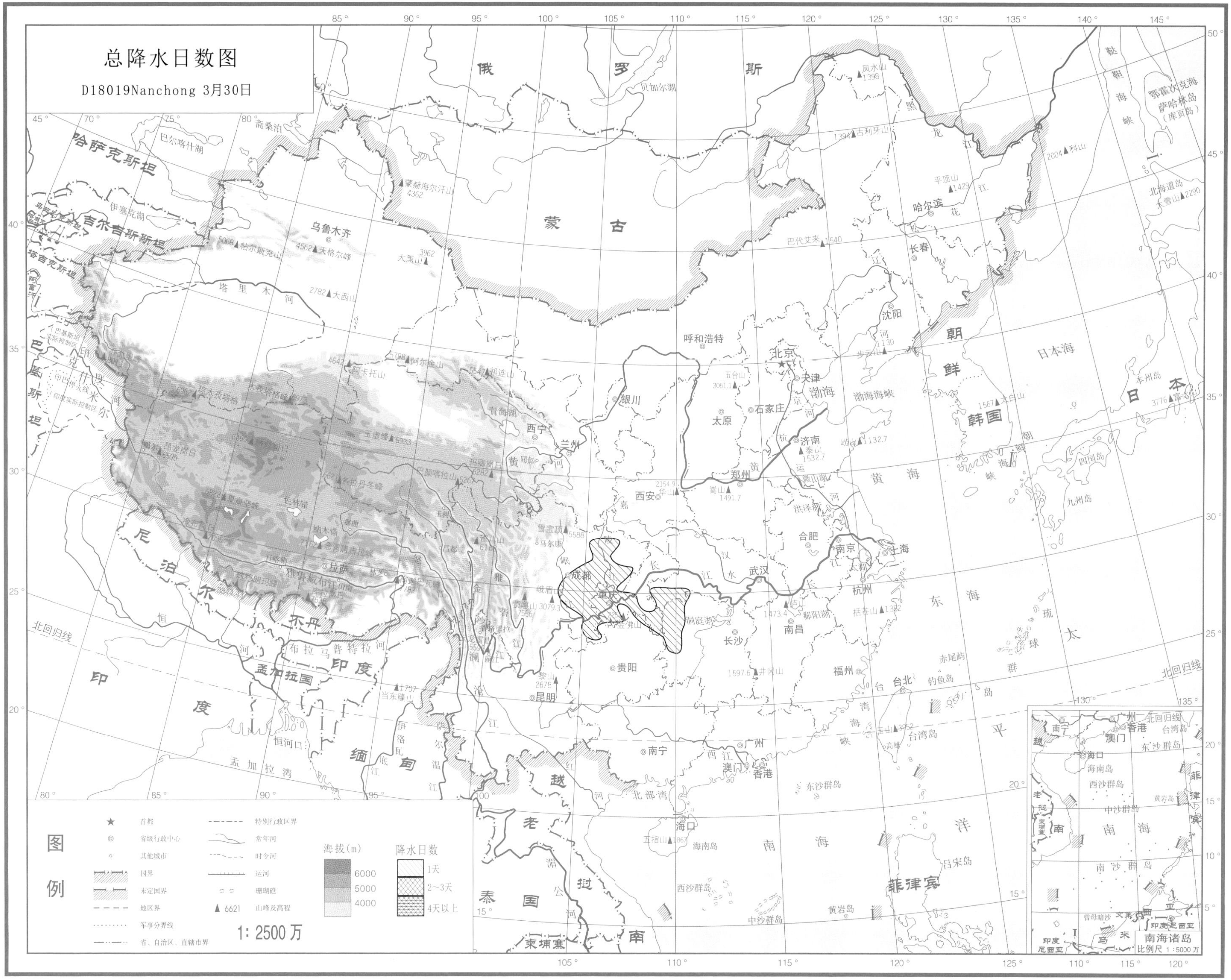

总降水日数图

D18019Nanchong 3月30日

图例

★ 首都
◎ 省级行政中心
◦ 其他城市
国界
未定国界
地区界
军事分界线
省、自治区、直辖市界
特别行政区界
常年河
时令河
运河
珊瑚礁
▲6621 山峰及高程

海拔(m)：6000、5000、4000

降水日数：1天、2~3天、4天以上

1：2500万

南海诸岛 比例尺 1：5000万

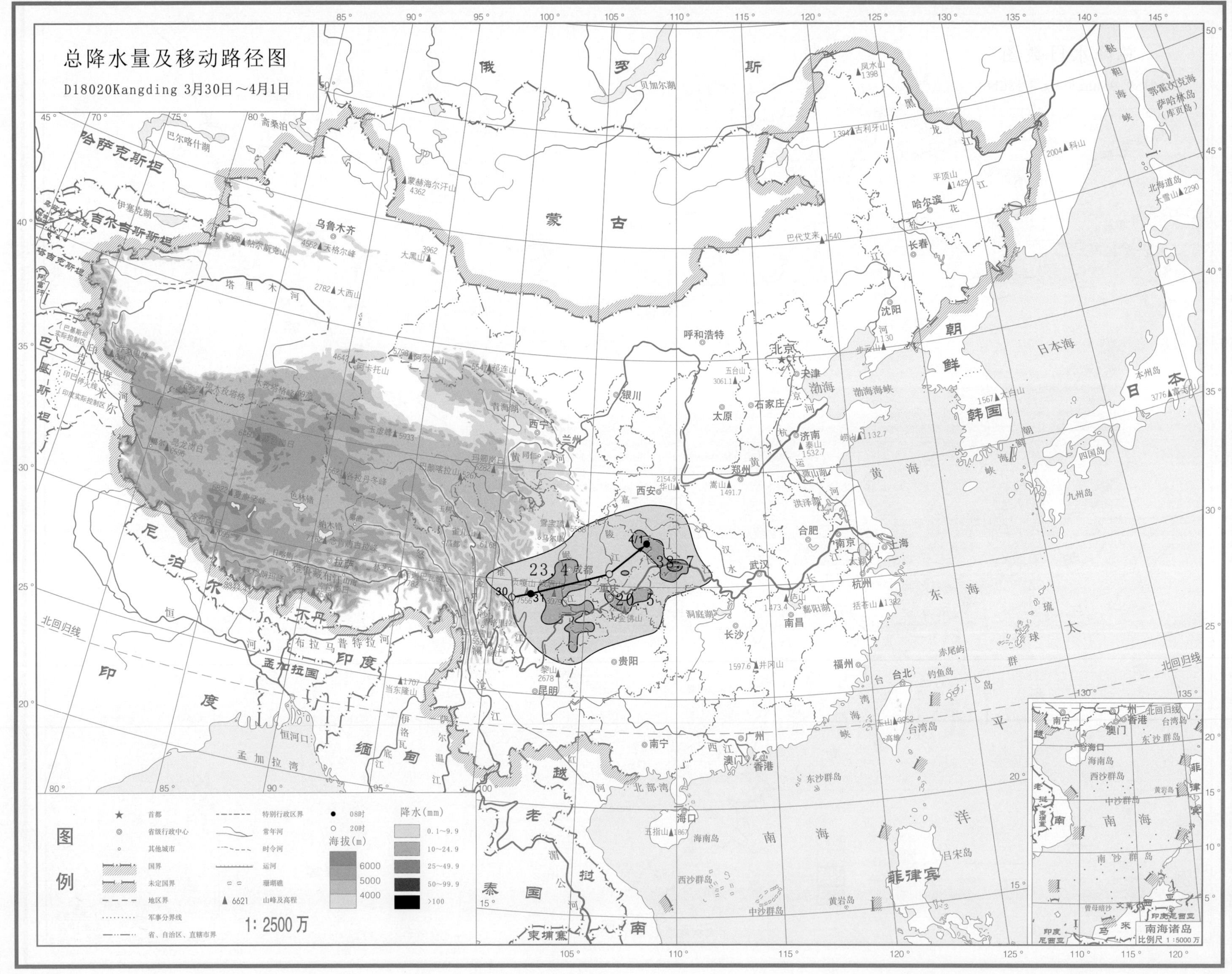

总降水量及移动路径图
D18020Kangding 3月30日～4月1日
23.4
38.7
20.5
30
31
4/1
图例
1: 2500万
南海诸岛

总降水日数图

D18020Kangding 3月30日～4月1日

图例

★	首都
◎	省级行政中心
○	其他城市
	国界
	未定国界
	地区界
	军事分界线
	省、自治区、直辖市界
	特别行政区界
	常年河
	时令河
	运河
	珊瑚礁
▲ 6621	山峰及高程

海拔(m)：6000、5000、4000

降水日数：1天、2~3天、4天以上

1: 2500万

南海诸岛
比例尺 1:5000万

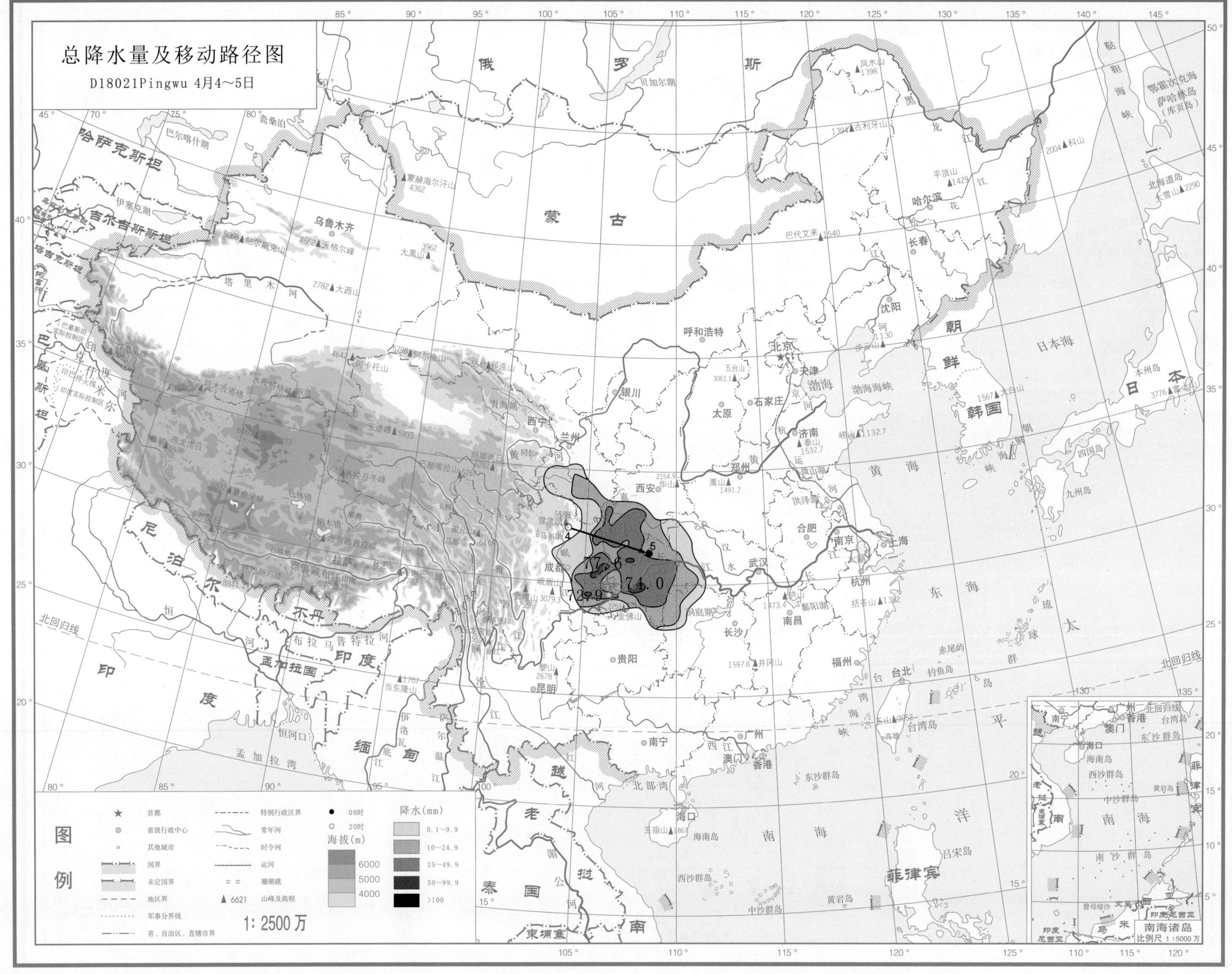
总降水量及移动路径图
D18021Pingwu 4月4～5日
图例
首都
省级行政中心
其他城市
国界
未定国界
地区界
军事分界线
省、自治区、直辖市界
特别行政区界
常年河
时令河
运河
珊瑚礁
山峰及高程
08时
20时
海拔(m)
6000
5000
4000
降水(mm)
0.1～9.9
10～24.9
25～49.9
50～99.9
>100
1：2500万
南海诸岛
比例尺 1：5000万

总降水日数图

D18021Pingwu 4月4～5日

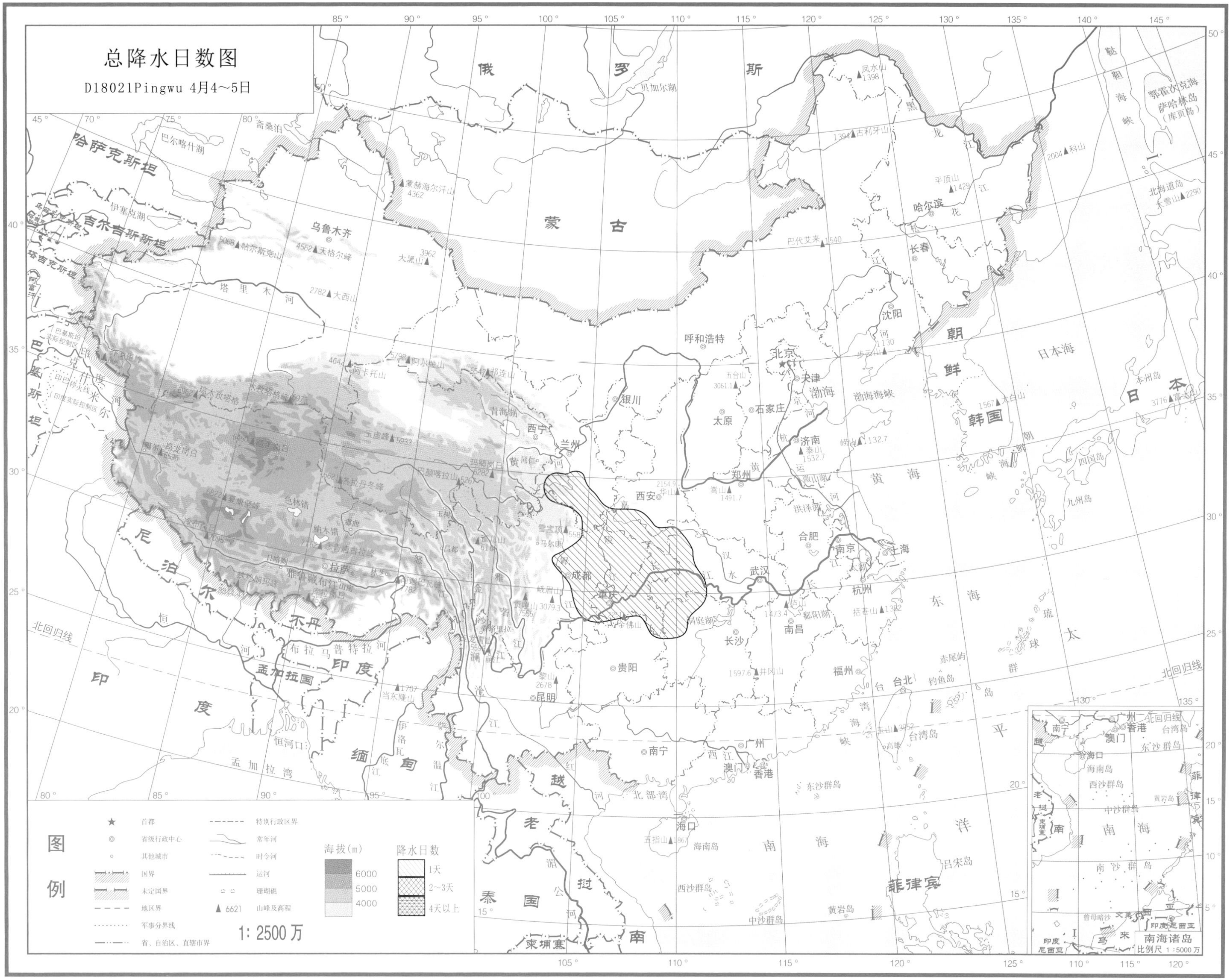

图例

★ 首都
◎ 省级行政中心
○ 其他城市
国界
未定国界
地区界
军事分界线
省、自治区、直辖市界
特别行政区界
常年河
时令河
运河
珊瑚礁
▲ 6621 山峰及高程

海拔(m)
6000
5000
4000

降水日数
1天
2～3天
4天以上

1: 2500 万

南海诸岛
比例尺 1:5000 万

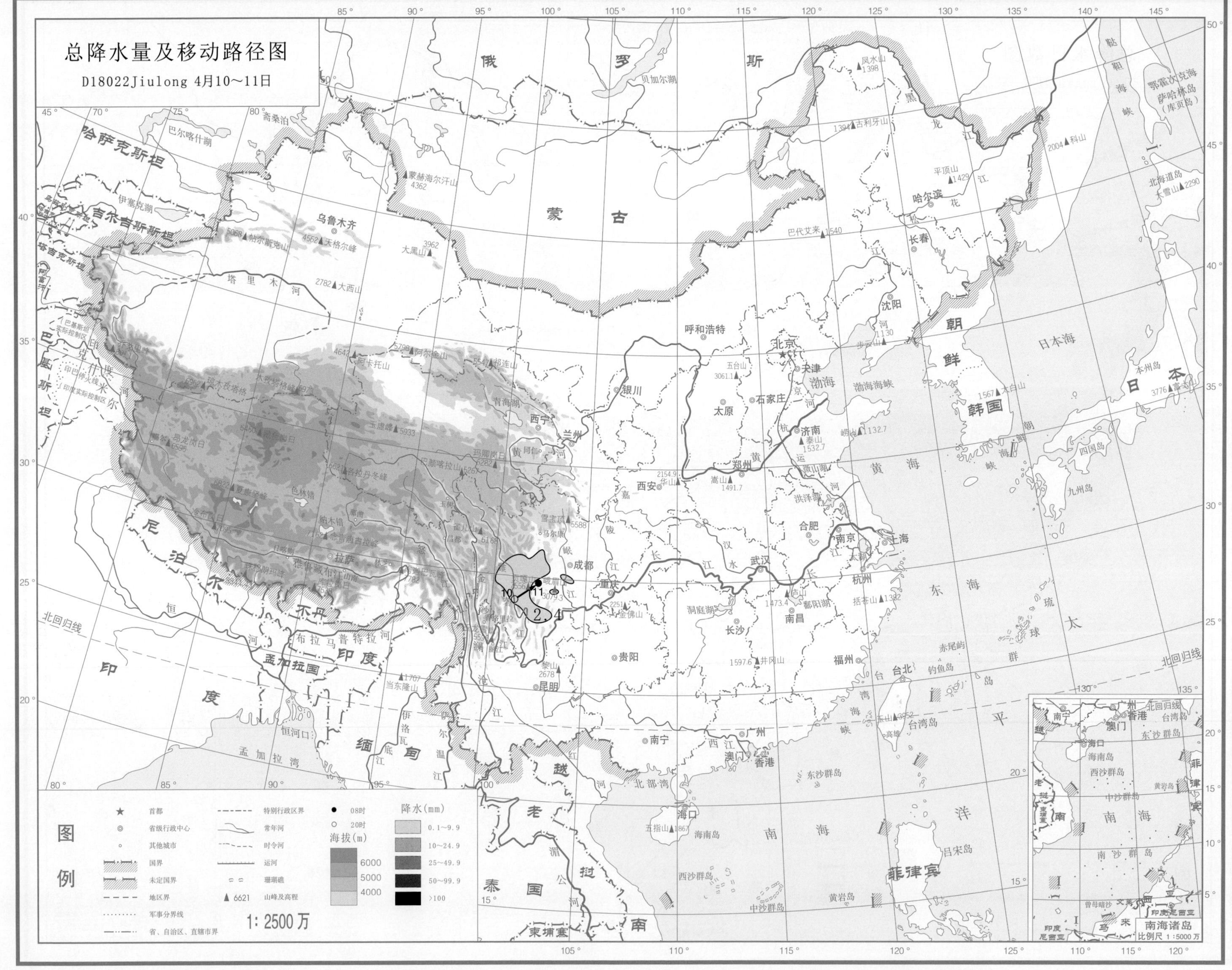
总降水量及移动路径图
D18022Jiulong 4月10～11日
10
11
2.4
图例
首都
省级行政中心
其他城市
国界
未定国界
地区界
军事分界线
省、自治区、直辖市界
特别行政区界
常年河
时令河
运河
珊瑚礁
山峰及高程
08时
20时
海拔(m)
6000
5000
4000
降水(mm)
0.1～9.9
10～24.9
25～49.9
50～99.9
>100
1:2500万
南海诸岛
比例尺 1:5000万

总降水日数图

D18022Jiulong 4月10～11日

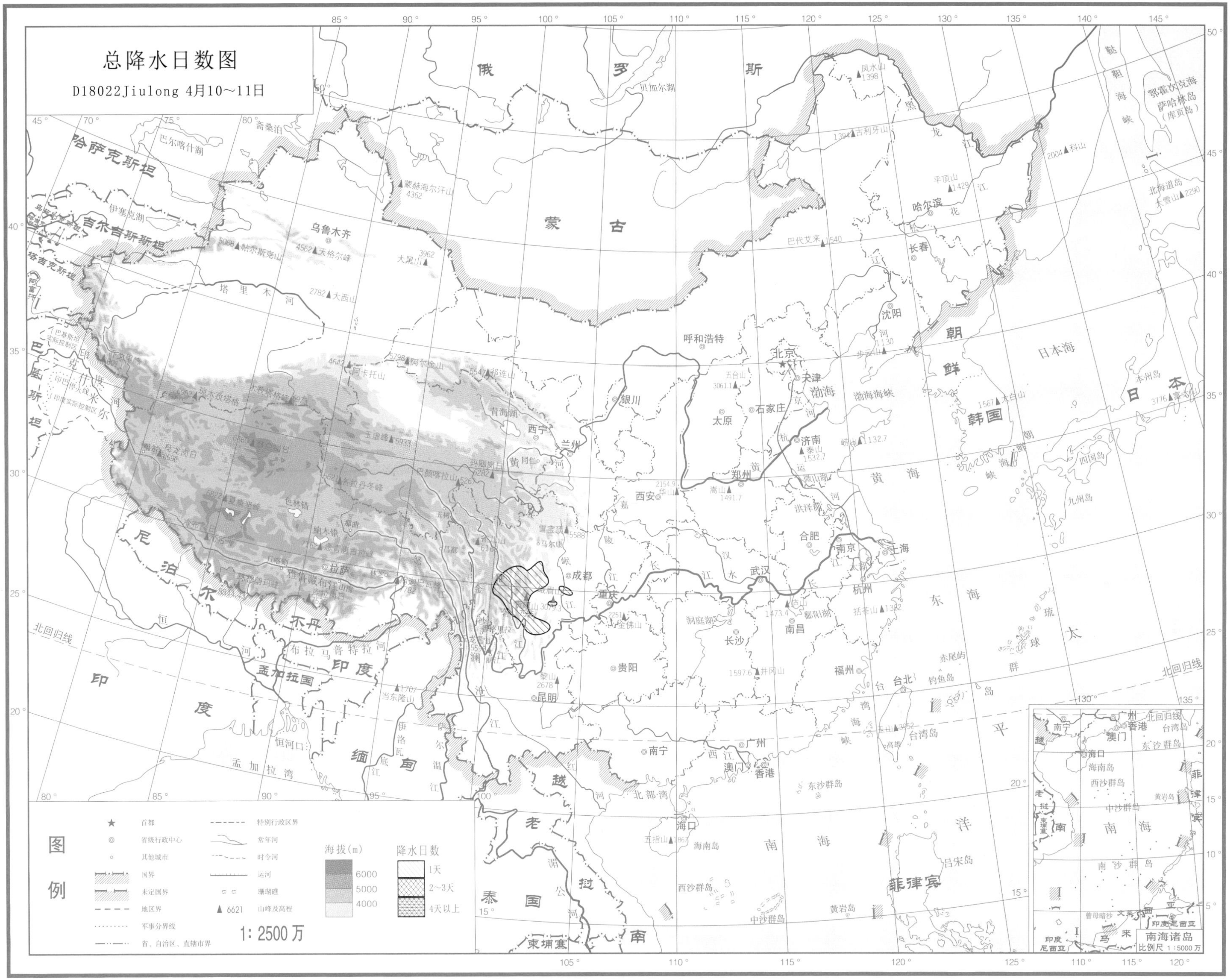

图例

★ 首都
◎ 省级行政中心
○ 其他城市
国界
未定国界
地区界
军事分界线
省、自治区、直辖市界
特别行政区界
常年河
时令河
运河
珊瑚礁
▲6621 山峰及高程

海拔(m)
6000
5000
4000

降水日数
1天
2~3天
4天以上

1: 2500万

南海诸岛
比例尺 1:5000万

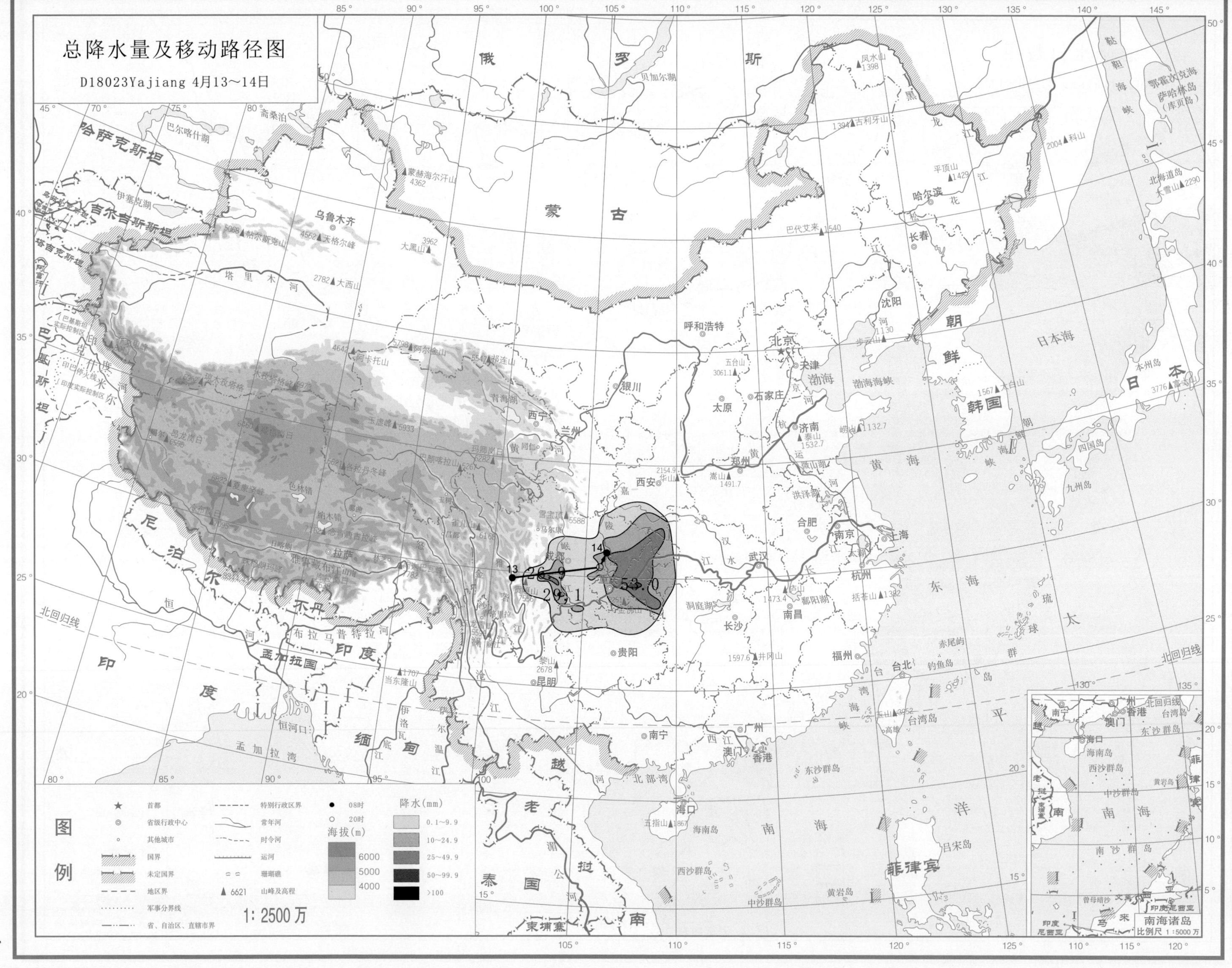
总降水量及移动路径图
D18023Yajiang 4月13～14日
13
14
26.9
29.1
53.0
图例
首都
省级行政中心
其他城市
国界
未定国界
地区界
军事分界线
省、自治区、直辖市界
特别行政区界
常年河
时令河
运河
珊瑚礁
6621 山峰及高程
08时
20时
海拔(m)
6000
5000
4000
降水(mm)
0.1～9.9
10～24.9
25～49.9
50～99.9
>100
1: 2500 万
南海诸岛
比例尺 1:5000 万

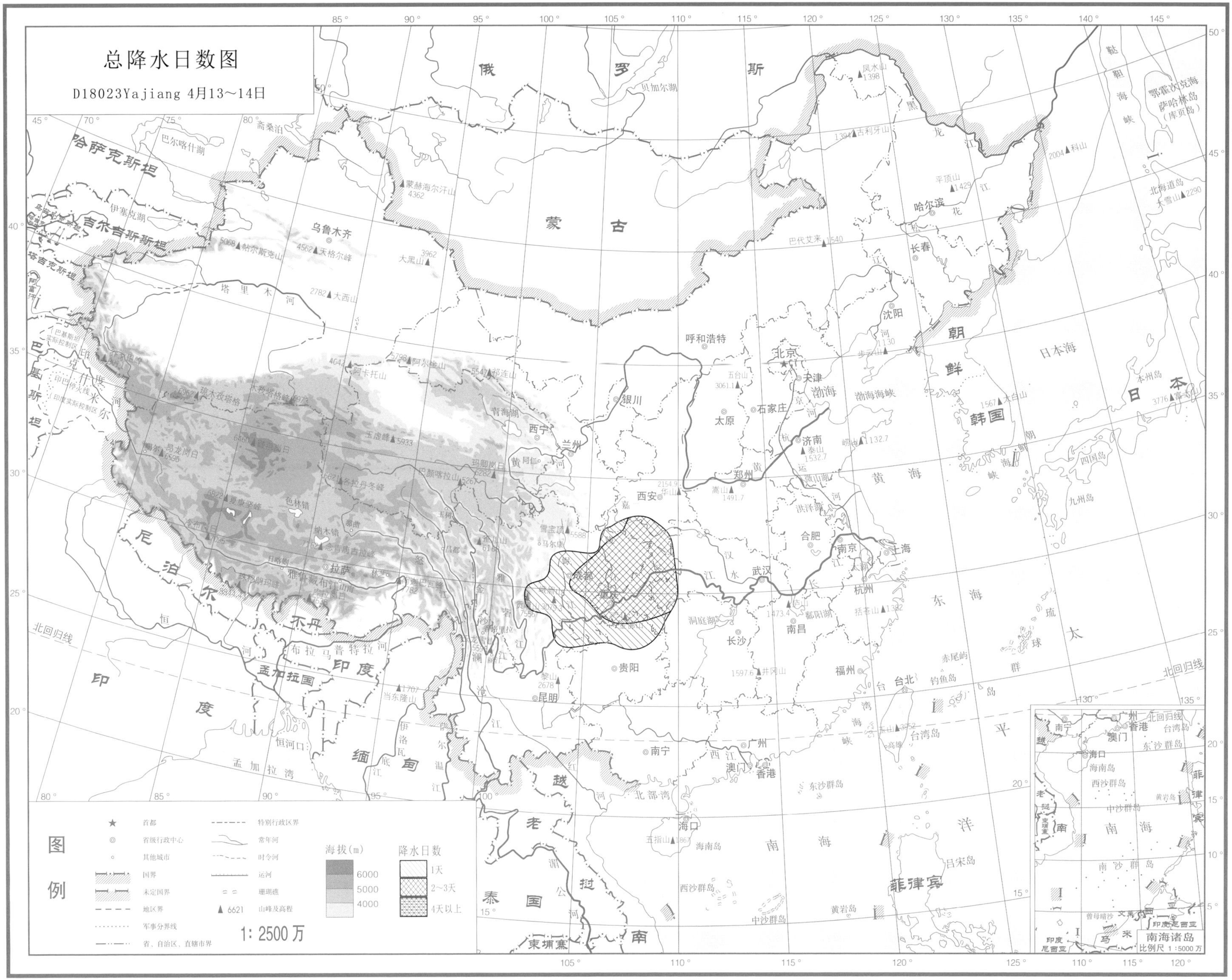

总降水日数图

D18023Yajiang 4月13～14日

图例

★ 首都
◎ 省级行政中心
○ 其他城市
国界
未定国界
地区界
军事分界线
省、自治区、直辖市界
特别行政区界
常年河
时令河
运河
珊瑚礁
▲ 6621 山峰及高程

海拔(m)
6000
5000
4000

降水日数
1天
2~3天
4天以上

1：2500万

南海诸岛
比例尺 1：5000万

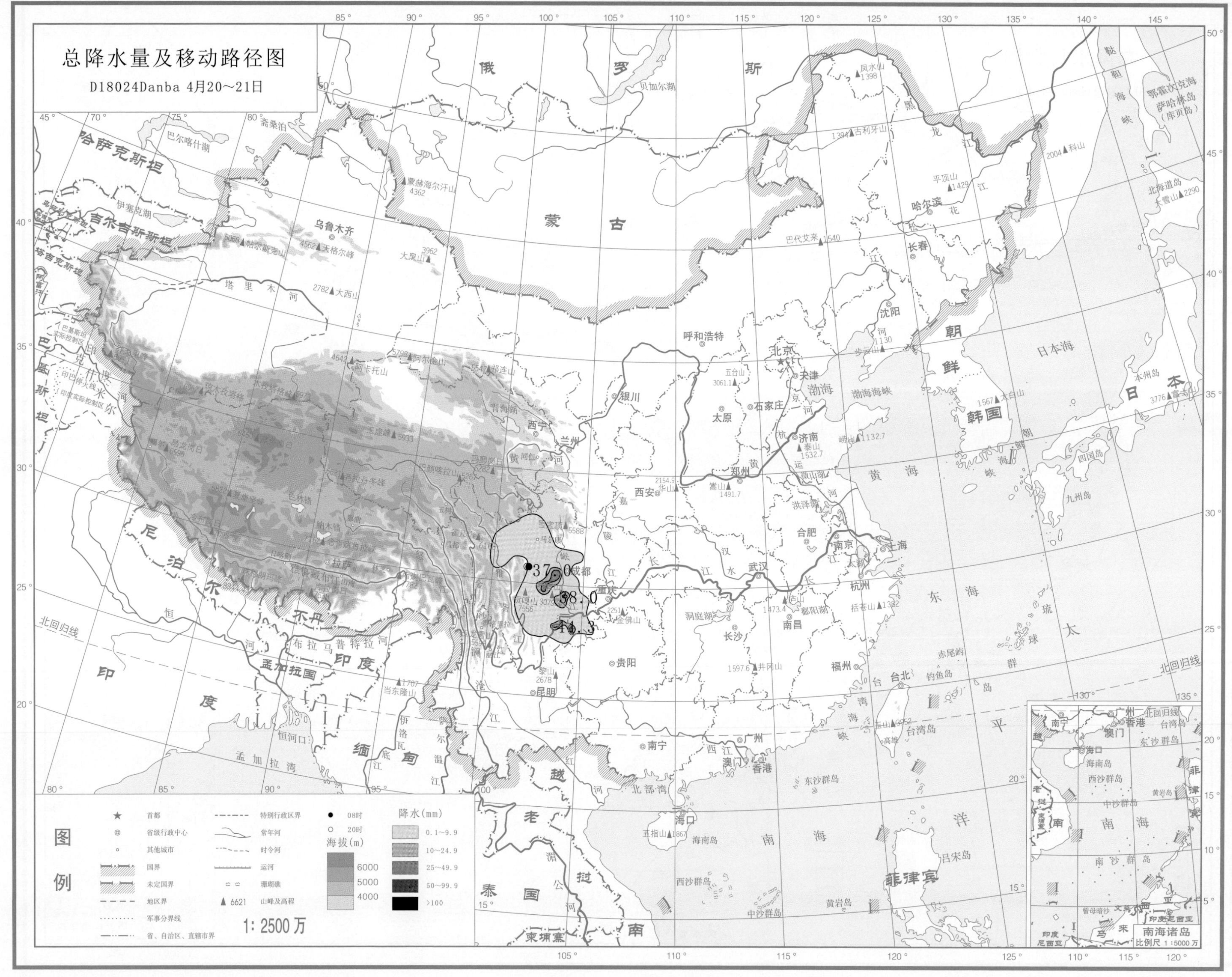

总降水量及移动路径图
D18024Danba 4月20~21日
图例
首都
省级行政中心
其他城市
国界
未定国界
地区界
军事分界线
省、自治区、直辖市界
特别行政区界
常年河
时令河
运河
珊瑚礁
6621 山峰及高程
08时
20时
海拔(m)
6000
5000
4000
降水(mm)
0.1~9.9
10~24.9
25~49.9
50~99.9
>100
1: 2500万
南海诸岛
比例尺 1:5000万

总降水日数图

D18024Danba 4月20～21日

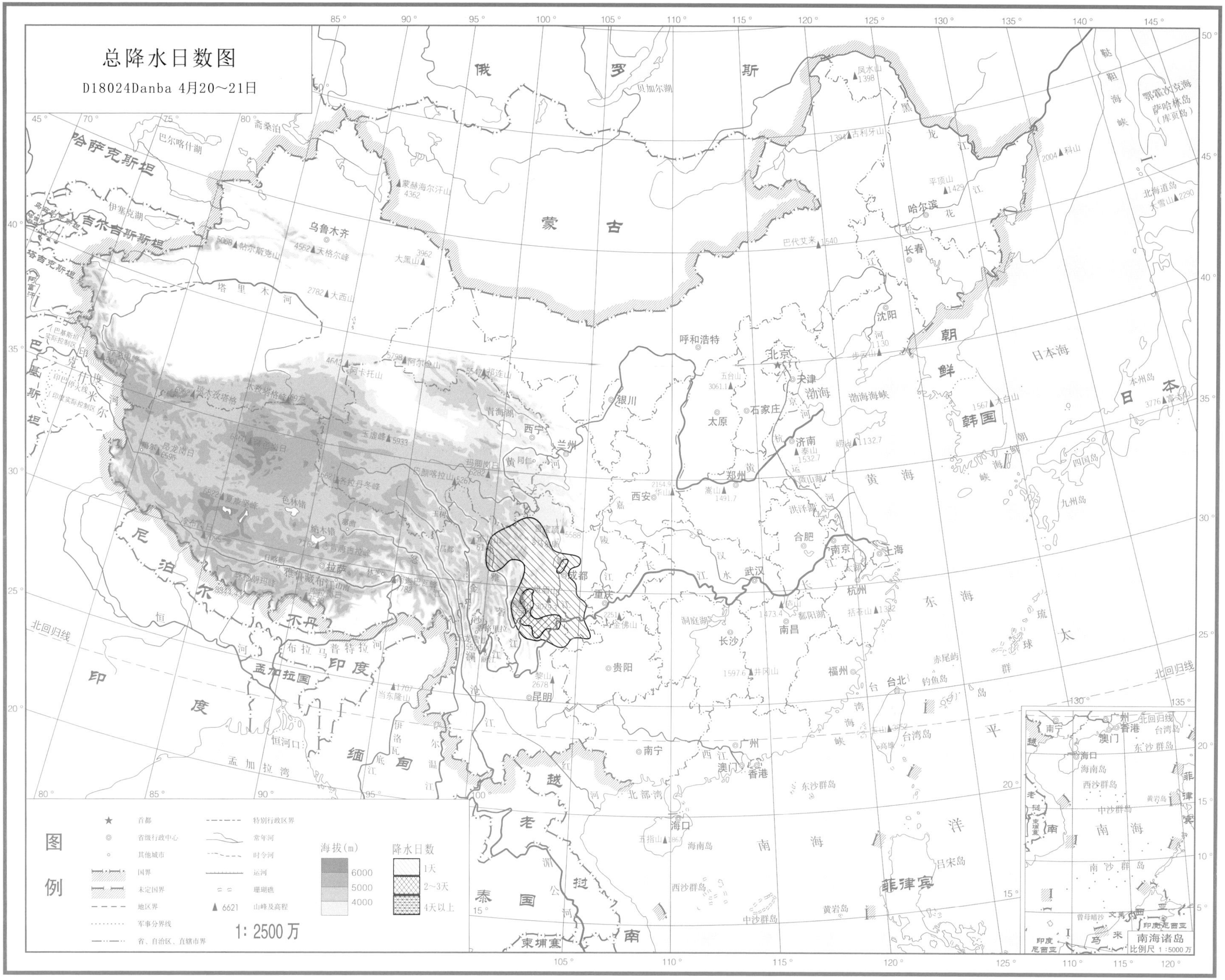

图例

★ 首都
◎ 省级行政中心
○ 其他城市
国界
未定国界
地区界
军事分界线
省、自治区、直辖市界
特别行政区界
常年河
时令河
运河
珊瑚礁
▲ 6621 山峰及高程

海拔(m)
6000
5000
4000

降水日数
1天
2～3天
4天以上

1：2500万

南海诸岛
比例尺 1：5000万

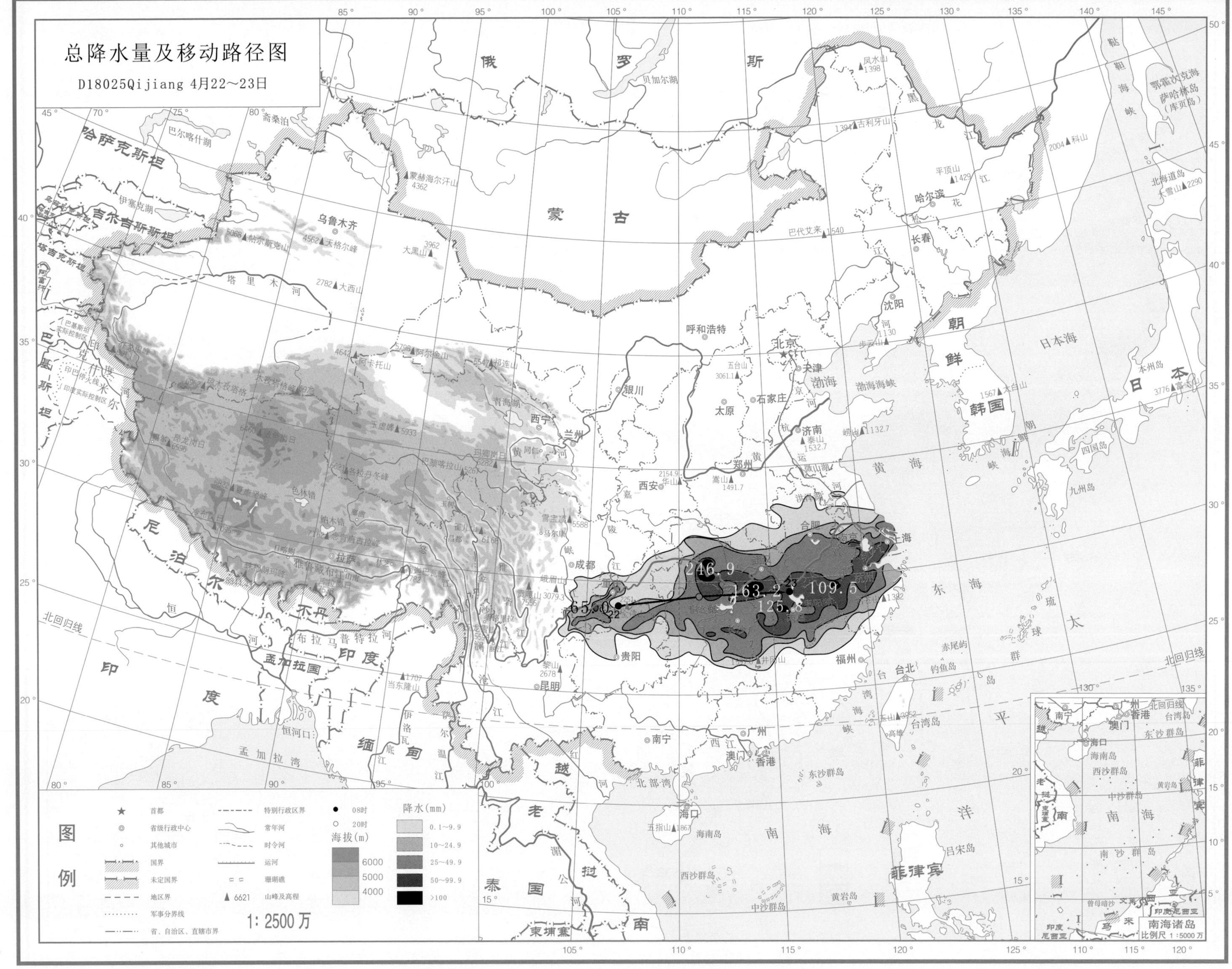
总降水量及移动路径图
D18025Qijiang 4月22～23日
246.9
163.2
109.5
125.8
65.0
图例
首都
省级行政中心
其他城市
国界
未定国界
地区界
军事分界线
省、自治区、直辖市界
特别行政区界
常年河
时令河
运河
珊瑚礁
山峰及高程
08时
20时
海拔(m)
6000
5000
4000
降水(mm)
0.1～9.9
10～24.9
25～49.9
50～99.9
>100
1：2500万
南海诸岛
比例尺 1：5000万

总降水日数图

D18025Qijiang 4月22～23日

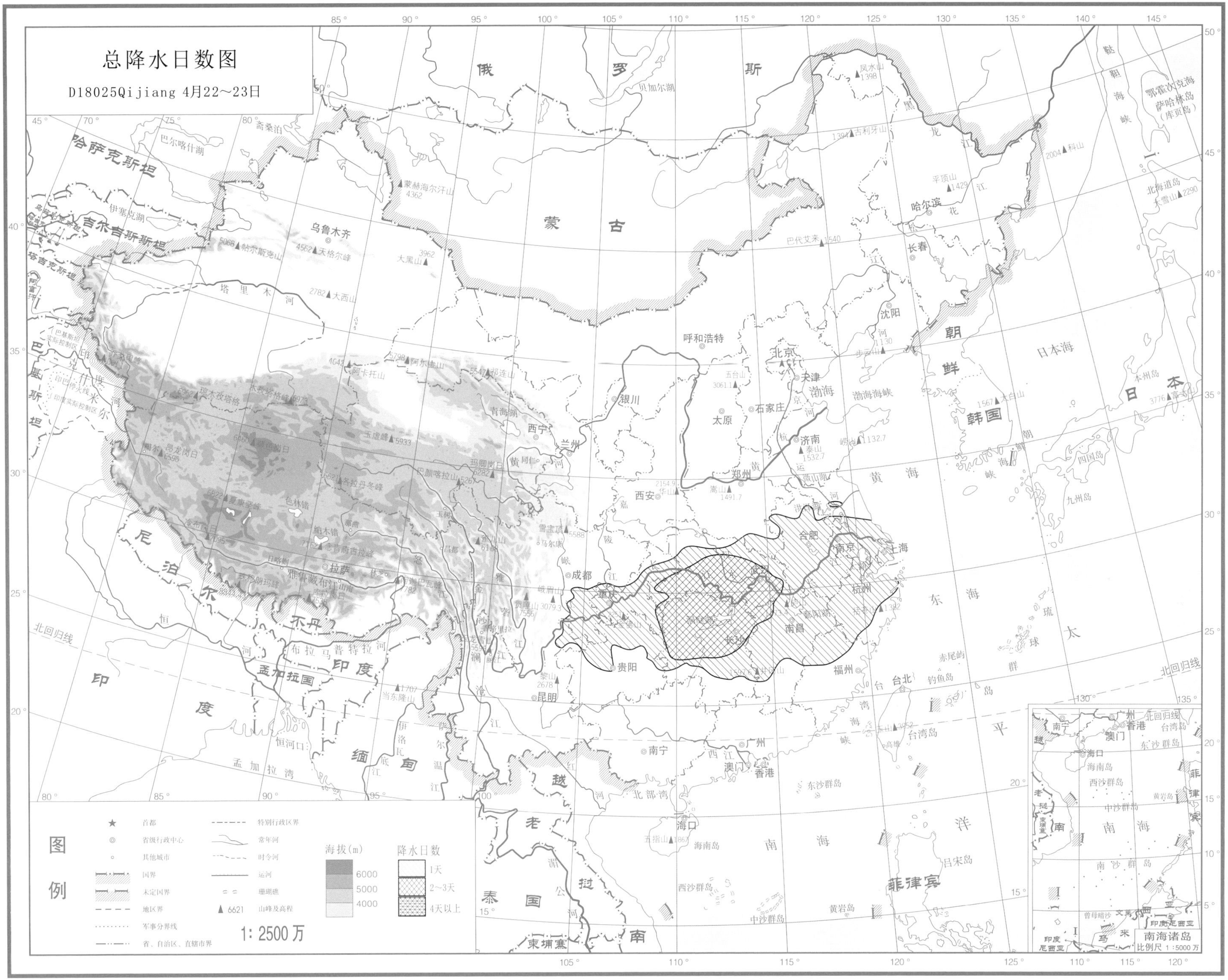

图例

- ★ 首都
- ◎ 省级行政中心
- ○ 其他城市
- 国界
- 未定国界
- 地区界
- 军事分界线
- 省、自治区、直辖市界
- 特别行政区界
- 常年河
- 时令河
- 运河
- 珊瑚礁
- ▲6621 山峰及高程

海拔(m)：6000、5000、4000

降水日数：1天、2～3天、4天以上

1: 2500万

南海诸岛 比例尺 1：5000万

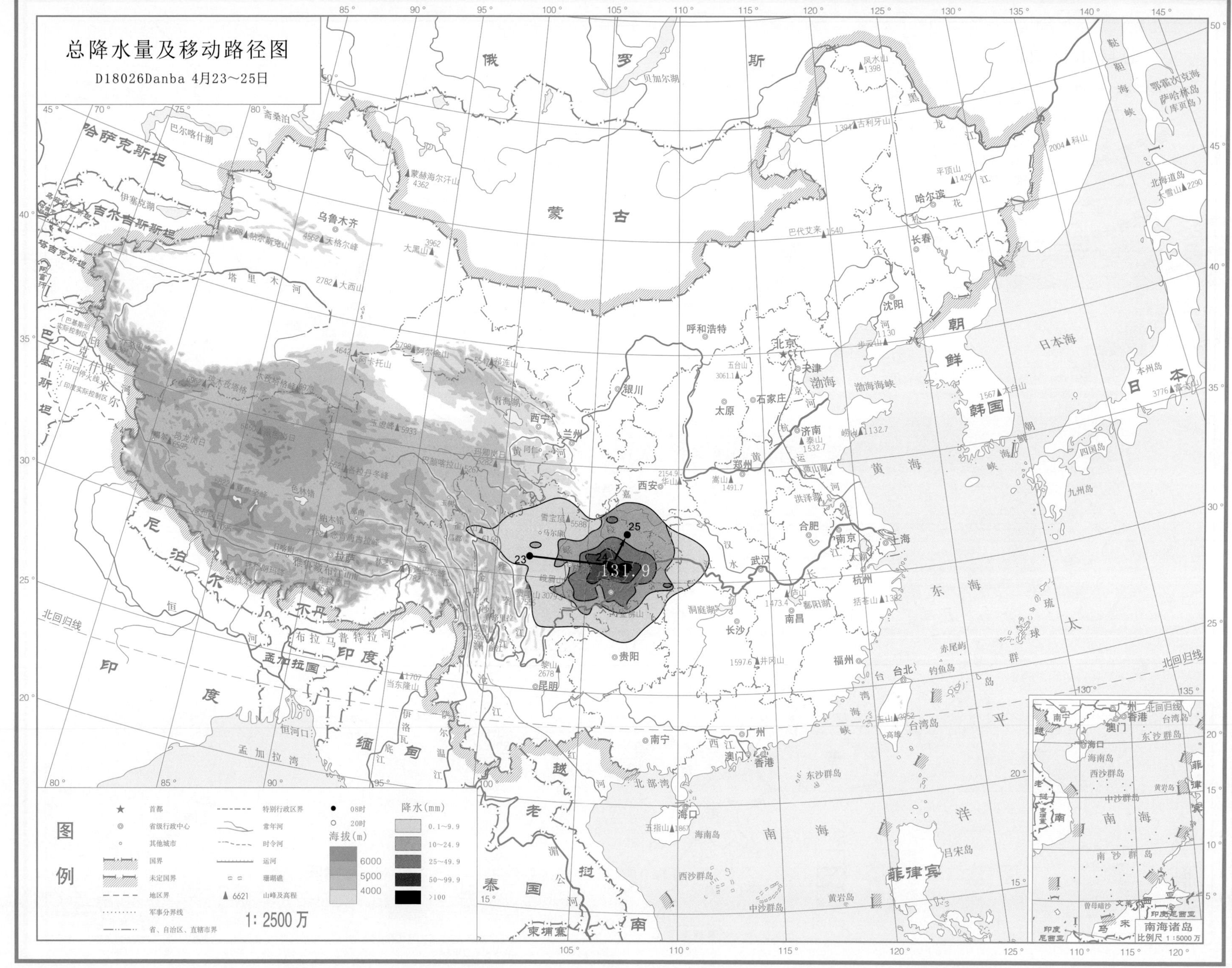
总降水量及移动路径图
D18026Danba 4月23~25日
23
24
25
131.9
图例
首都
省级行政中心
其他城市
国界
未定国界
地区界
军事分界线
省、自治区、直辖市界
特别行政区界
常年河
时令河
运河
珊瑚礁
6621 山峰及高程
08时
20时
海拔(m)
6000
5000
4000
降水(mm)
0.1~9.9
10~24.9
25~49.9
50~99.9
>100
1:2500万
南海诸岛
比例尺 1:5000万
俄罗斯
蒙古
哈萨克斯坦
吉尔吉斯斯坦
塔吉克斯坦
阿富汗
巴基斯坦
尼泊尔
不丹
印度
孟加拉国
缅甸
老挝
泰国
越南
柬埔寨
菲律宾
朝鲜
韩国
日本
北京
天津
石家庄
太原
呼和浩特
沈阳
长春
哈尔滨
济南
郑州
西安
银川
兰州
西宁
合肥
南京
上海
杭州
武汉
南昌
长沙
福州
台北
贵阳
昆明
南宁
广州
香港
澳门
海口
乌鲁木齐
拉萨
日本海
黄海
东海
南海
太平洋
渤海
北回归线

总降水日数图

D18026Danba 4月23～25日

图例

★ 首都
◎ 省级行政中心
○ 其他城市
国界
未定国界
地区界
军事分界线
省、自治区、直辖市界
特别行政区界
常年河
时令河
运河
珊瑚礁
▲ 6621 山峰及高程

海拔(m)
6000
5000
4000

降水日数
1天
2~3天
4天以上

1：2500万

南海诸岛
比例尺 1：5000万

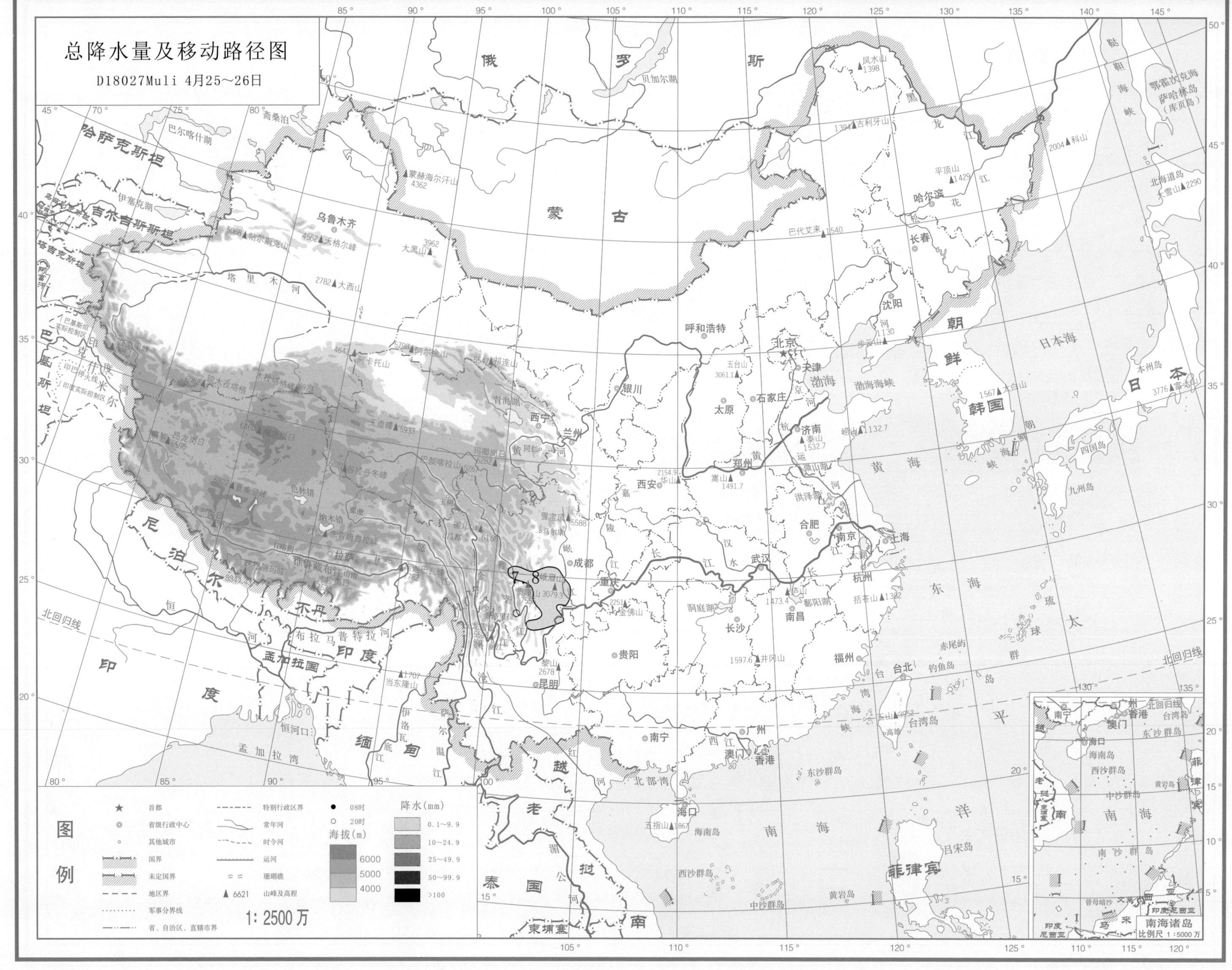
总降水量及移动路径图
D18027Muli 4月25～26日
俄 罗 斯
蒙 古
哈萨克斯坦
吉尔吉斯斯坦
塔吉克斯坦
阿富汗
巴基斯坦
尼 泊 尔
不丹
印 度
孟加拉国
缅 甸
老 挝
泰 国
越 南
柬埔寨
朝 鲜
韩国
日 本
菲律宾
北京
天津
石家庄
太原
呼和浩特
沈阳
长春
哈尔滨
济南
郑州
西安
银川
兰州
西宁
乌鲁木齐
拉萨
成都
重庆
贵阳
昆明
长沙
武汉
南昌
合肥
南京
上海
杭州
福州
台北
广州
南宁
海口
澳门
香港
贝加尔湖
巴尔喀什湖
青海湖
塔 里 木 河
雅鲁藏布江
黄 河
长 江
渤海
黄 海
东 海
南 海
日本海
太 平 洋
北回归线
台湾岛
海南岛
东沙群岛
西沙群岛
中沙群岛
南沙群岛
黄岩岛
钓鱼岛
赤尾屿
7
8
南海诸岛
比例尺 1:5000万
图例
首都
省级行政中心
其他城市
国界
未定国界
地区界
军事分界线
省、自治区、直辖市界
特别行政区界
常年河
时令河
运河
珊瑚礁
6621 山峰及高程
08时
20时
海拔(m)
6000
5000
4000
降水(mm)
0.1～9.9
10～24.9
25～49.9
50～99.9
>100
1:2500万

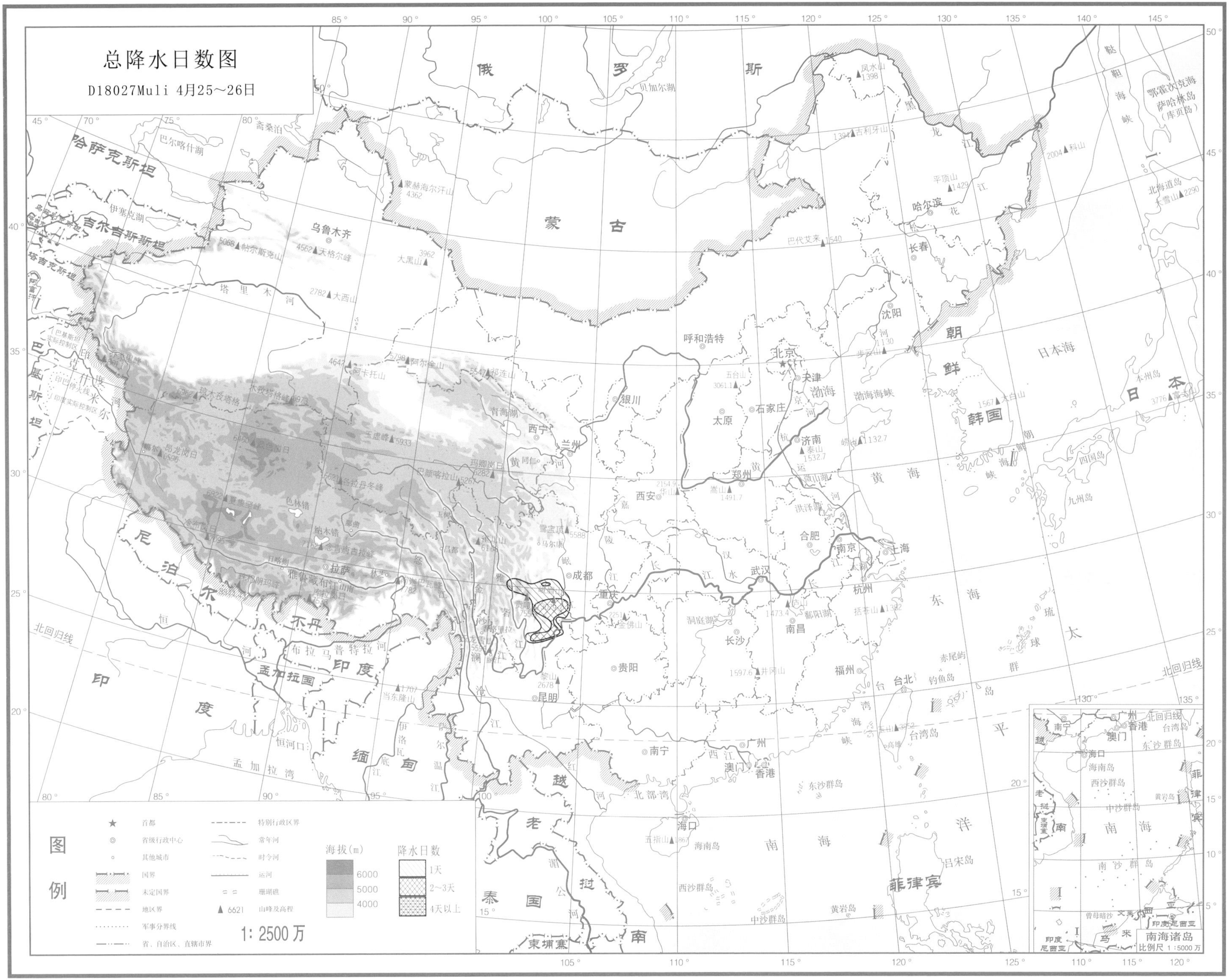

总降水日数图

D18027Muli 4月25～26日

图例

★ 首都
◎ 省级行政中心
○ 其他城市
国界
未定国界
地区界
军事分界线
省、自治区、直辖市界
特别行政区界
常年河
时令河
运河
珊瑚礁
▲ 6621 山峰及高程

海拔(m)
6000
5000
4000

降水日数
1天
2~3天
4天以上

1∶2500万

南海诸岛
比例尺 1∶5000万

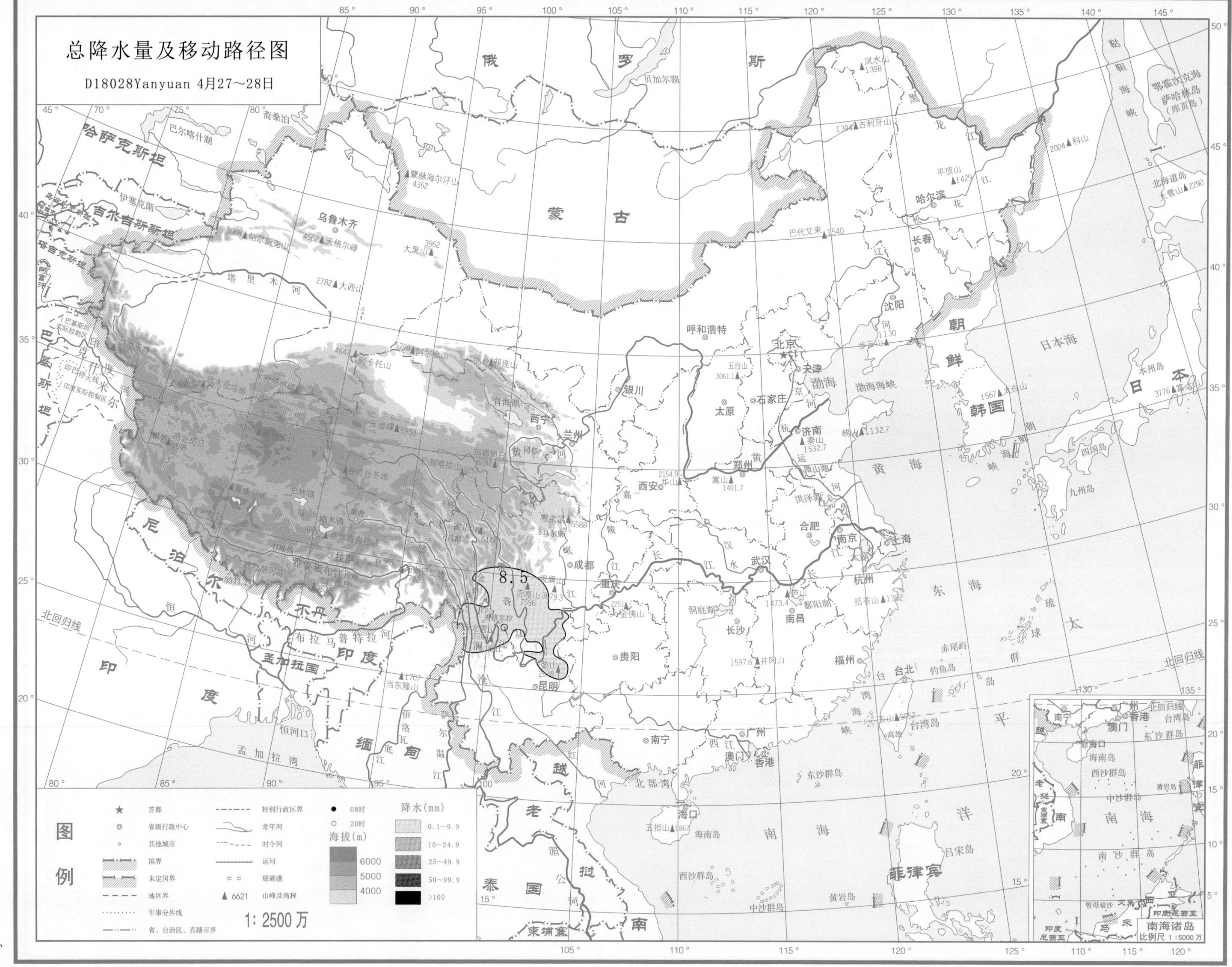

总降水量及移动路径图
D18028Yanyuan 4月27~28日
8.5
图例
首都
省级行政中心
其他城市
国界
未定国界
地区界
军事分界线
省、自治区、直辖市界
特别行政区界
常年河
时令河
运河
珊瑚礁
6621 山峰及高程
08时
20时
海拔(m)
6000
5000
4000
降水(mm)
0.1~9.9
10~24.9
25~49.9
50~99.9
>100
1: 2500 万
南海诸岛
比例尺 1:5000万

总降水日数图

D18028Yanyuan 4月27～28日

图例

- ★ 首都
- ◎ 省级行政中心
- ○ 其他城市
- 国界
- 未定国界
- 地区界
- 军事分界线
- 省、自治区、直辖市界
- 特别行政区界
- 常年河
- 时令河
- 运河
- 珊瑚礁
- ▲ 6621 山峰及高程

海拔(m)

- 6000
- 5000
- 4000

降水日数

- 1天
- 2～3天
- 4天以上

1∶2500万

南海诸岛

比例尺 1∶5000万

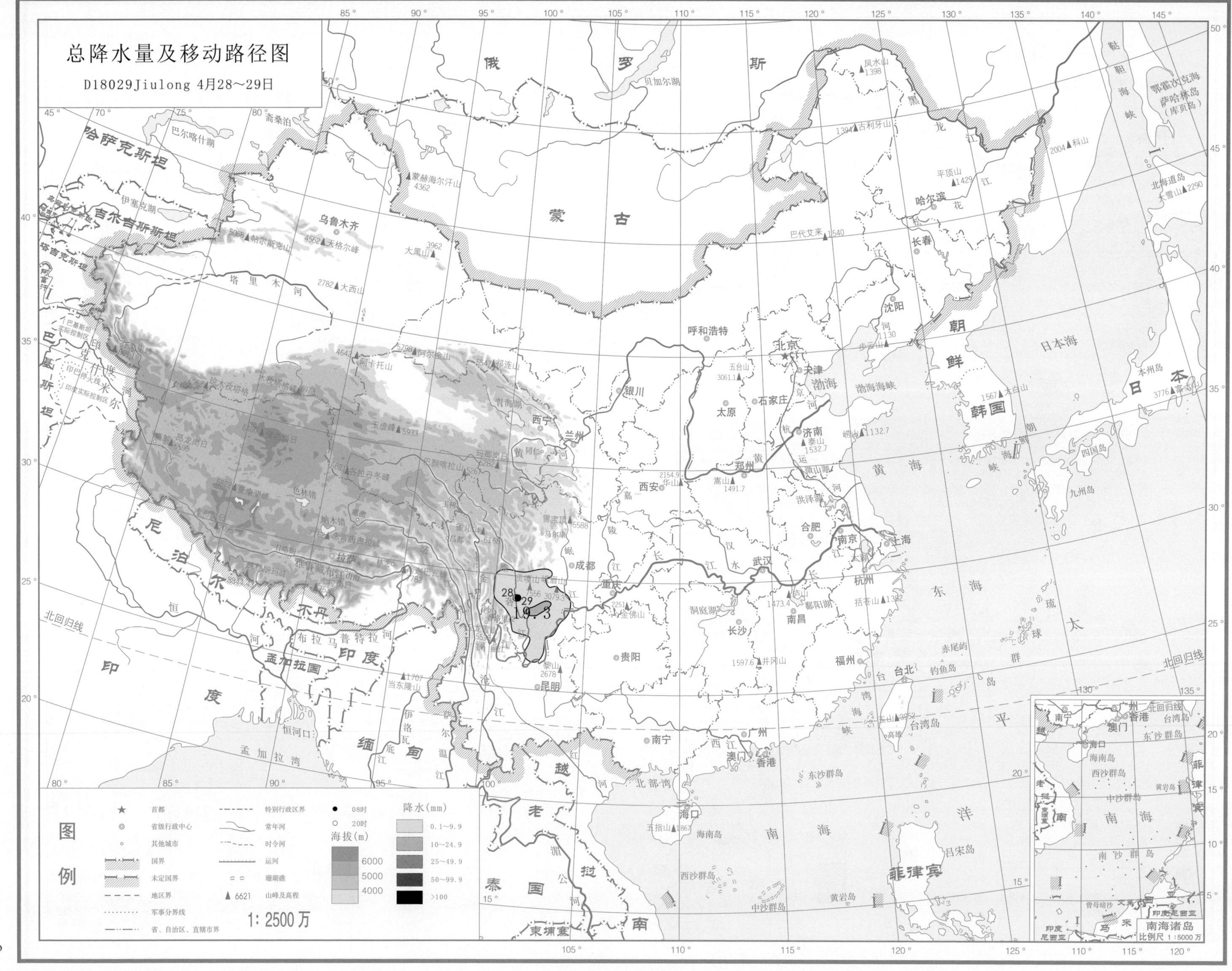

总降水量及移动路径图
D18029Jiulong 4月28～29日
图例
首都
省级行政中心
其他城市
国界
未定国界
地区界
军事分界线
省、自治区、直辖市界
特别行政区界
常年河
时令河
运河
珊瑚礁
6621 山峰及高程
08时
20时
海拔(m)
6000
5000
4000
降水(mm)
0.1～9.9
10～24.9
25～49.9
50～99.9
>100
1:2500万
南海诸岛
比例尺 1:5000万

总降水日数图

D18029Jiulong 4月28～29日

图例

- ★ 首都
- ◎ 省级行政中心
- ○ 其他城市
- 国界
- 未定国界
- 地区界
- 军事分界线
- 省、自治区、直辖市界
- 特别行政区界
- 常年河
- 时令河
- 运河
- 珊瑚礁
- ▲ 6621 山峰及高程

海拔(m)：6000、5000、4000

降水日数：1天、2～3天、4天以上

1:2500万

南海诸岛 比例尺 1:5000万

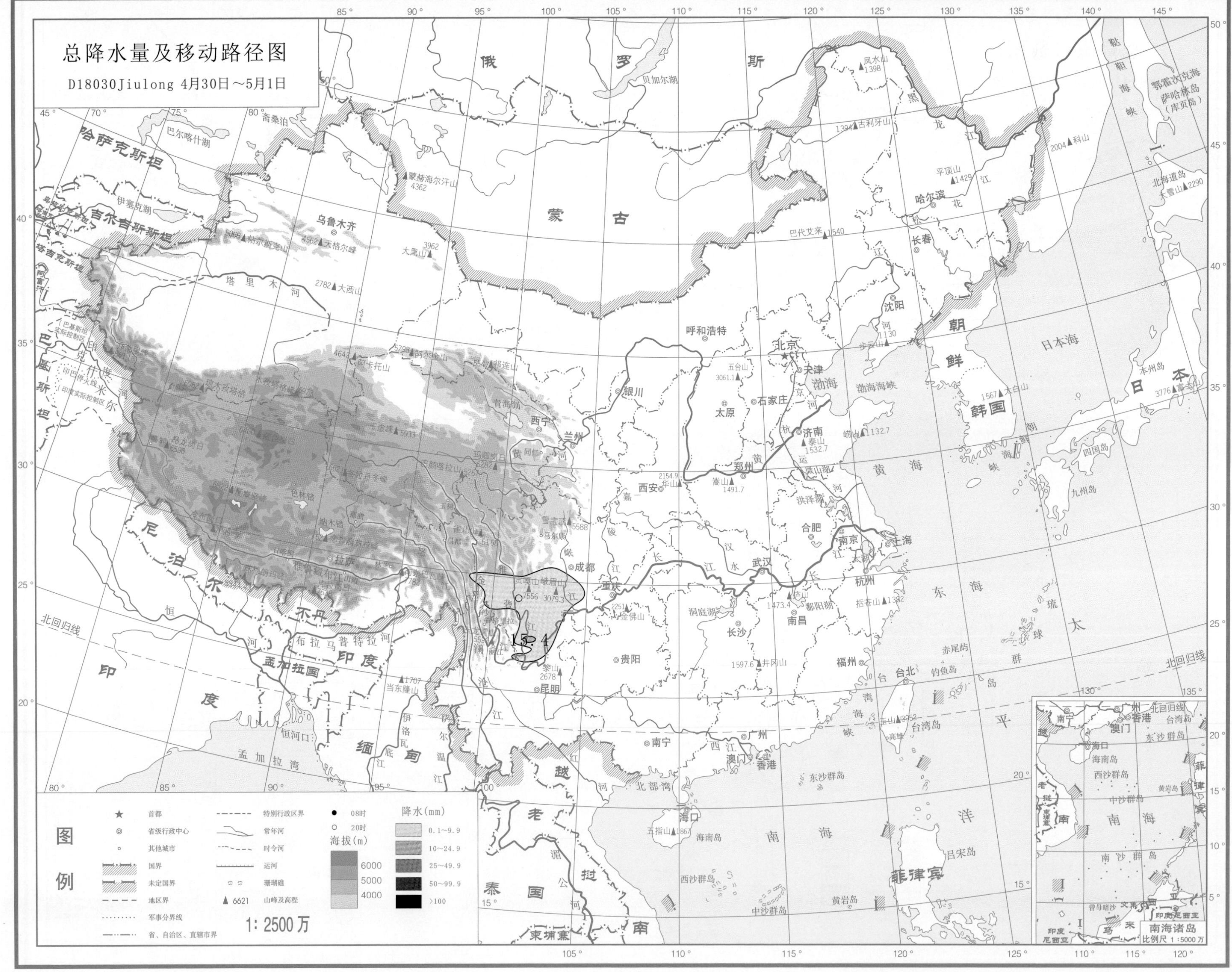
总降水量及移动路径图
D18030Jiulong 4月30日～5月1日
图例
首都
省级行政中心
其他城市
国界
未定国界
地区界
军事分界线
省、自治区、直辖市界
特别行政区界
常年河
时令河
运河
珊瑚礁
6621 山峰及高程
08时
20时
海拔(m)
6000
5000
4000
降水(mm)
0.1～9.9
10～24.9
25～49.9
50～99.9
>100
1: 2500万
南海诸岛
比例尺 1:5000万

总降水日数图

D18030Jiulong 4月30日～5月1日

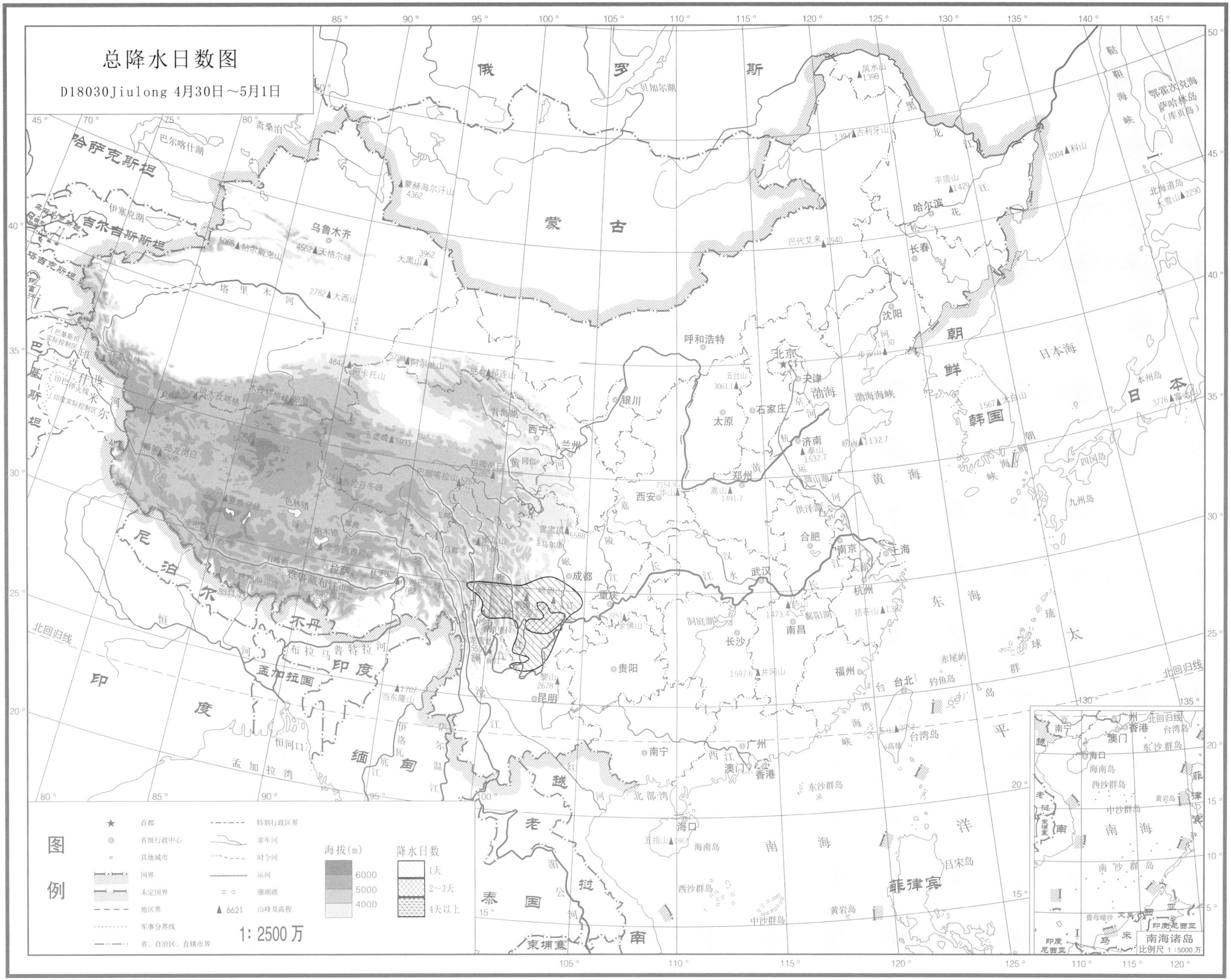

图例

首都
省级行政中心
其他城市
国界
未定国界
地区界
军事分界线
省、自治区、直辖市界
特别行政区界
常年河
时令河
运河
珊瑚礁
山峰及高程

海拔(m)
6000
5000
4000

降水日数
1天
2～3天
4天以上

1: 2500万

南海诸岛
比例尺 1:5000万

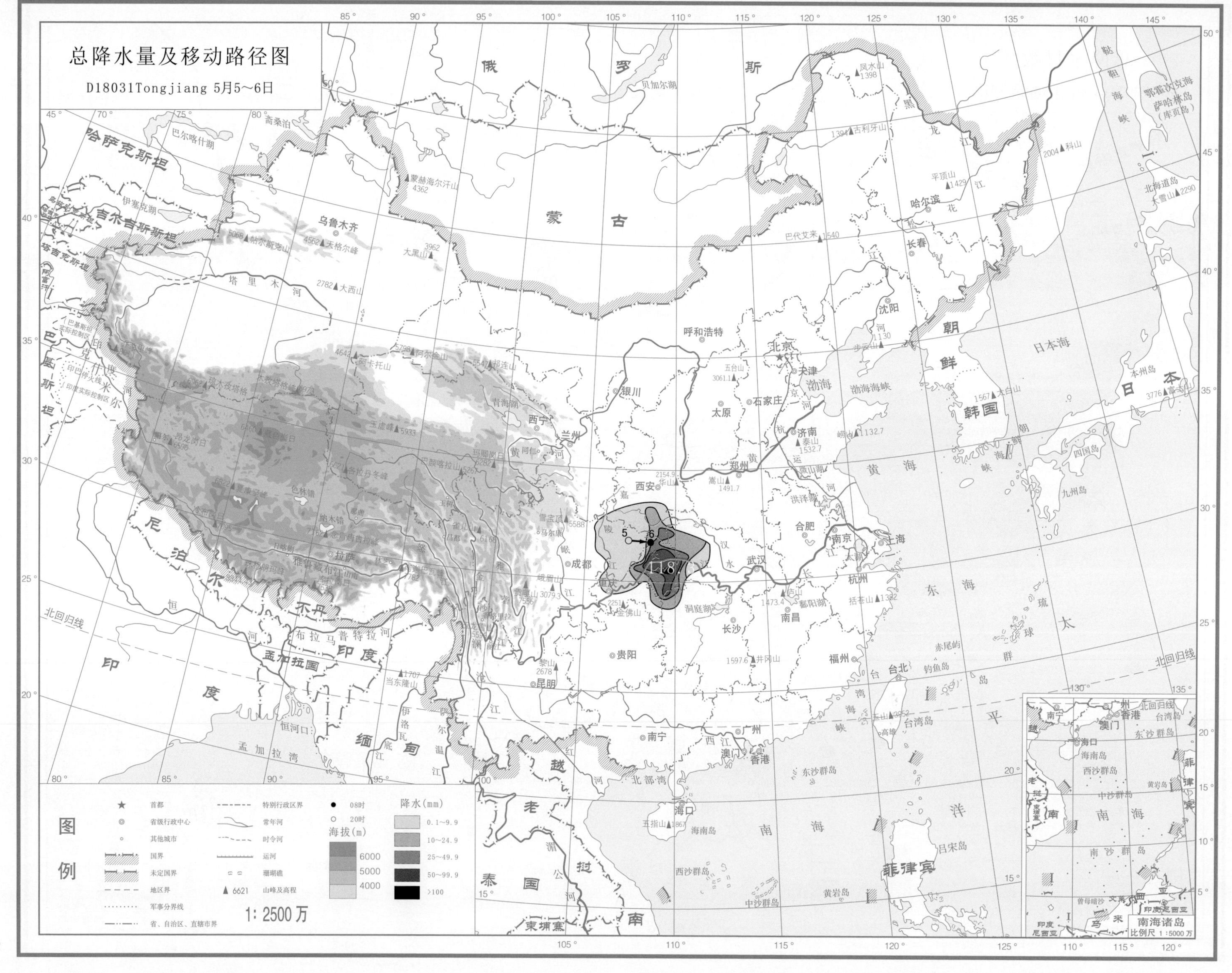
总降水量及移动路径图
D18031Tongjiang 5月5～6日
俄
罗
斯
蒙
古
哈萨克斯坦
吉尔吉斯斯坦
塔吉克斯坦
乌鲁木齐
呼和浩特
北京
天津
银川
太原
石家庄
济南
西宁
兰州
郑州
西安
合肥
南京
上海
成都
重庆
武汉
杭州
长沙
南昌
贵阳
福州
台北
昆明
南宁
广州
澳门
香港
海口
哈尔滨
长春
沈阳
朝鲜
韩国
日本
日本海
黄海
东海
渤海
印度
尼泊尔
不丹
孟加拉国
缅甸
越南
老挝
泰国
柬埔寨
菲律宾
南海
太平洋
北回归线
5
6
11.8
图例
首都
省级行政中心
其他城市
国界
未定国界
地区界
军事分界线
省、自治区、直辖市界
特别行政区界
常年河
时令河
运河
珊瑚礁
山峰及高程
08时
20时
海拔(m)
6000
5000
4000
降水(mm)
0.1～9.9
10～24.9
25～49.9
50～99.9
>100
1: 2500万
南海诸岛
比例尺 1:5000万

总降水日数图

D18031Tongjiang 5月5～6日

图例

- ★ 首都
- ◎ 省级行政中心
- ○ 其他城市
- 国界
- 未定国界
- 地区界
- 军事分界线
- 省、自治区、直辖市界
- 特别行政区界
- 常年河
- 时令河
- 运河
- 珊瑚礁
- ▲6621 山峰及高程

海拔（m）

6000
5000
4000

降水日数

1天
2～3天
4天以上

1：2500万

南海诸岛
比例尺 1：5000万

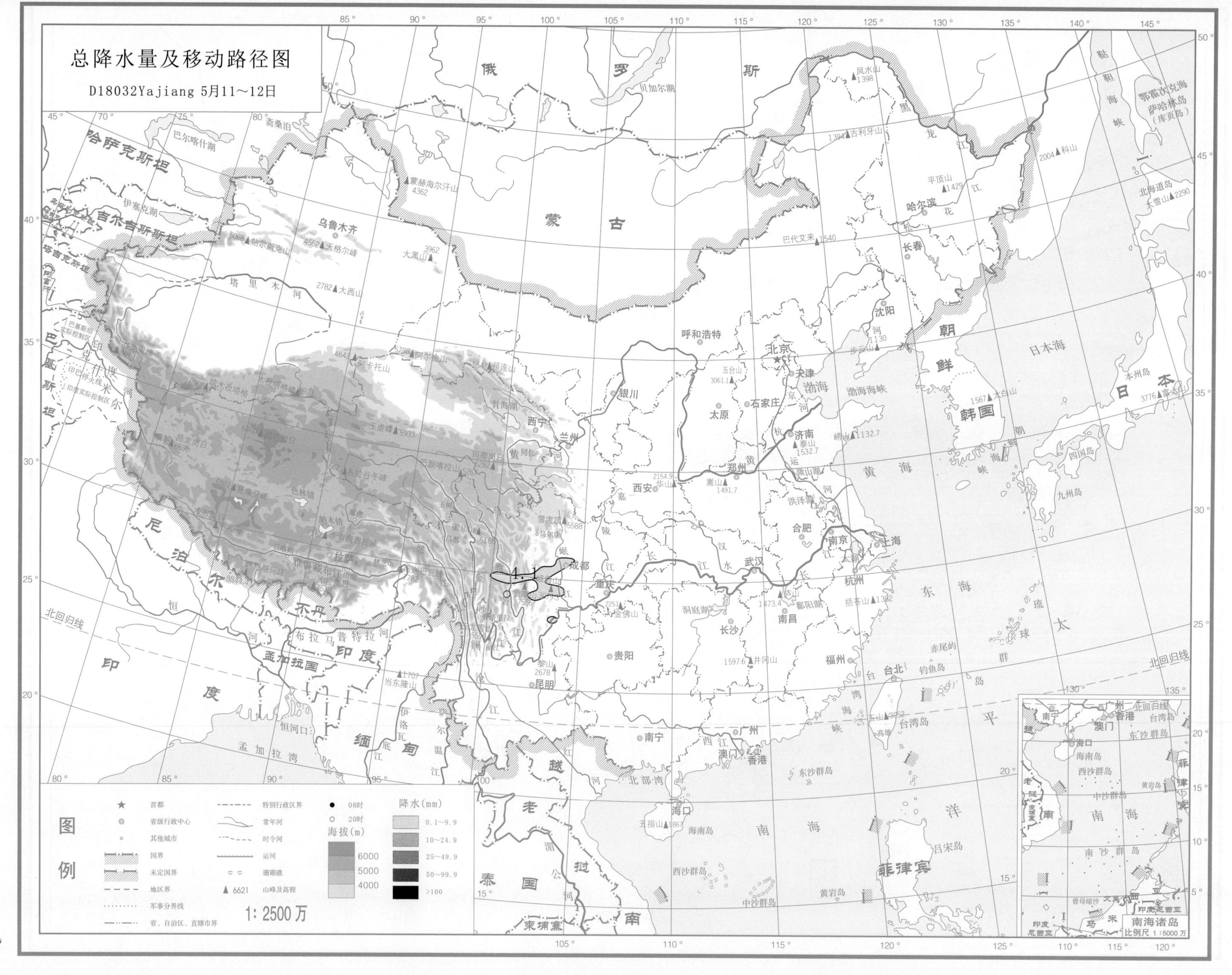
总降水量及移动路径图
D18032Yajiang 5月11～12日
图例
首都
省级行政中心
其他城市
国界
未定国界
地区界
军事分界线
省、自治区、直辖市界
特别行政区界
常年河
时令河
运河
珊瑚礁
山峰及高程
08时
20时
降水(mm)
0.1～9.9
10～24.9
25～49.9
50～99.9
>100
海拔(m)
6000
5000
4000
1:2500万
南海诸岛
比例尺 1:5000万

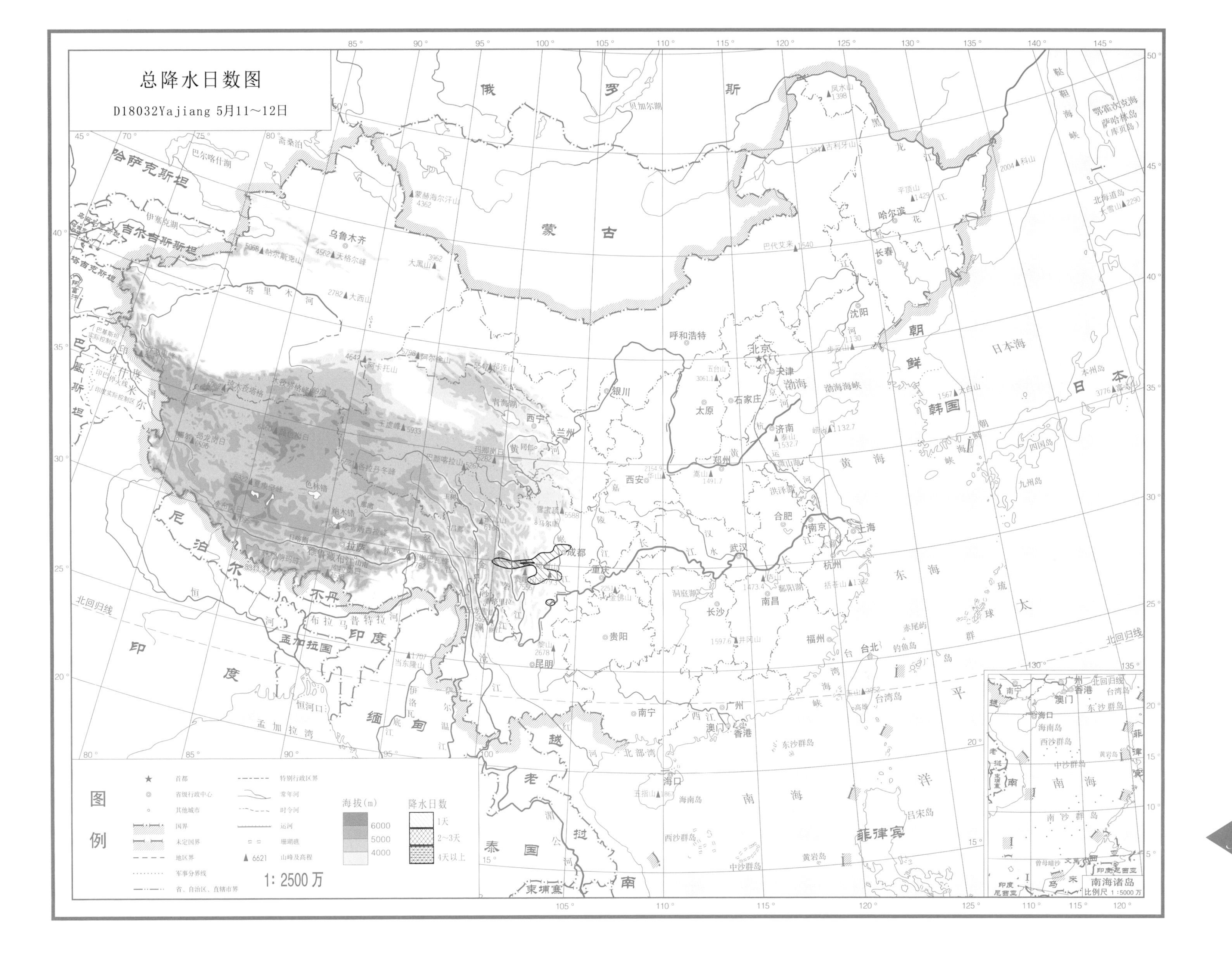

总降水日数图
D18032Yajiang 5月11～12日
图例
首都
省级行政中心
其他城市
国界
未定国界
地区界
军事分界线
省、自治区、直辖市界
特别行政区界
常年河
时令河
运河
珊瑚礁
山峰及高程
海拔（m）
6000
5000
4000
降水日数
1天
2～3天
4天以上
1: 2500万
南海诸岛
比例尺 1:5000万

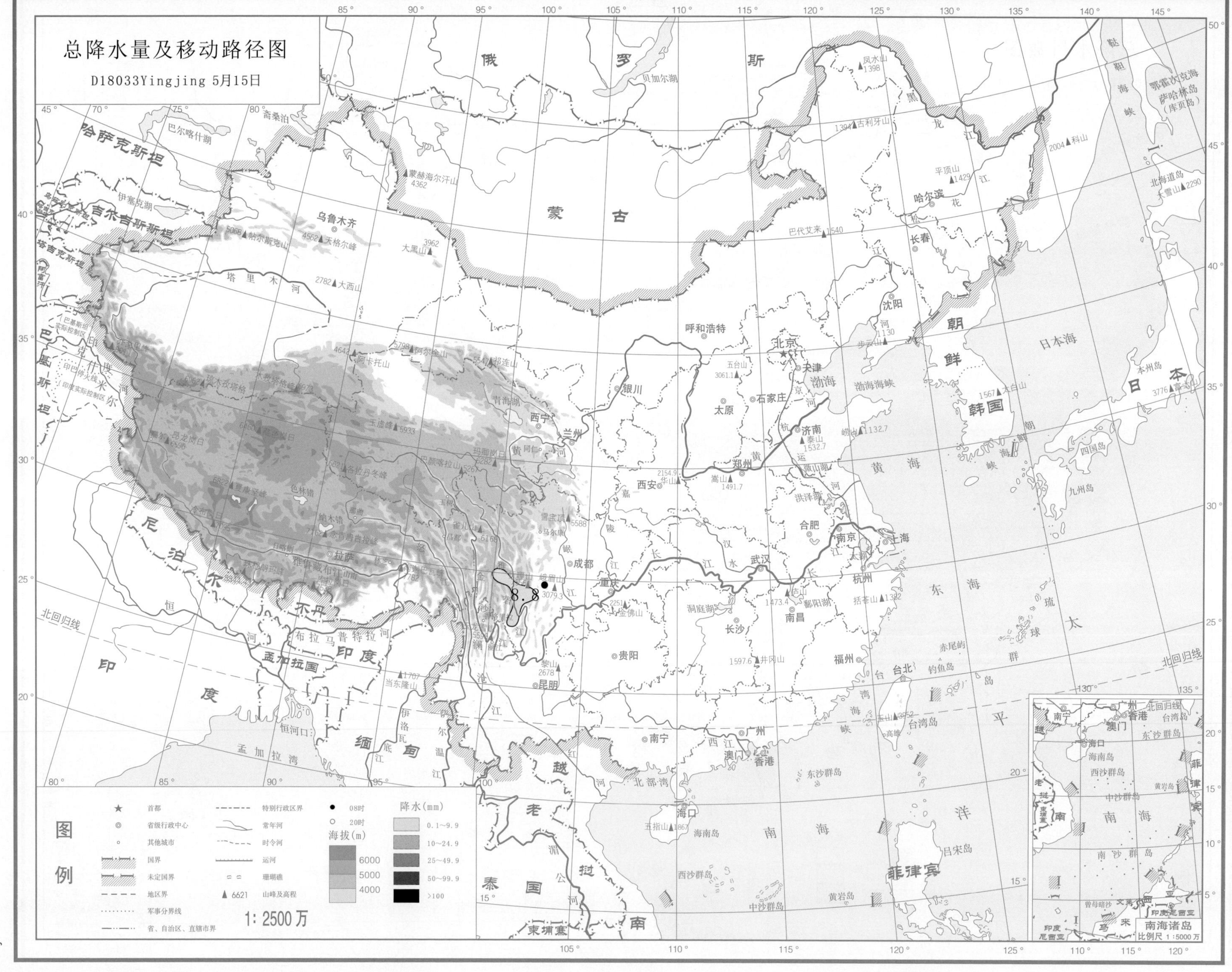
总降水量及移动路径图
D18033Yingjing 5月15日
图例
首都
省级行政中心
其他城市
国界
未定国界
地区界
军事分界线
省、自治区、直辖市界
特别行政区界
常年河
时令河
运河
珊瑚礁
6621 山峰及高程
08时
20时
海拔(m)
6000
5000
4000
降水(mm)
0.1~9.9
10~24.9
25~49.9
50~99.9
>100
1: 2500万
南海诸岛
比例尺 1:5000万

总降水日数图

D18033Yingjing 5月15日

图例

★ 首都
◎ 省级行政中心
○ 其他城市
国界
未定国界
地区界
军事分界线
省、自治区、直辖市界
特别行政区界
常年河
时令河
运河
珊瑚礁
▲ 6621 山峰及高程

海拔(m)
6000
5000
4000

降水日数
1天
2~3天
4天以上

1：2500万

南海诸岛
比例尺 1：5000万

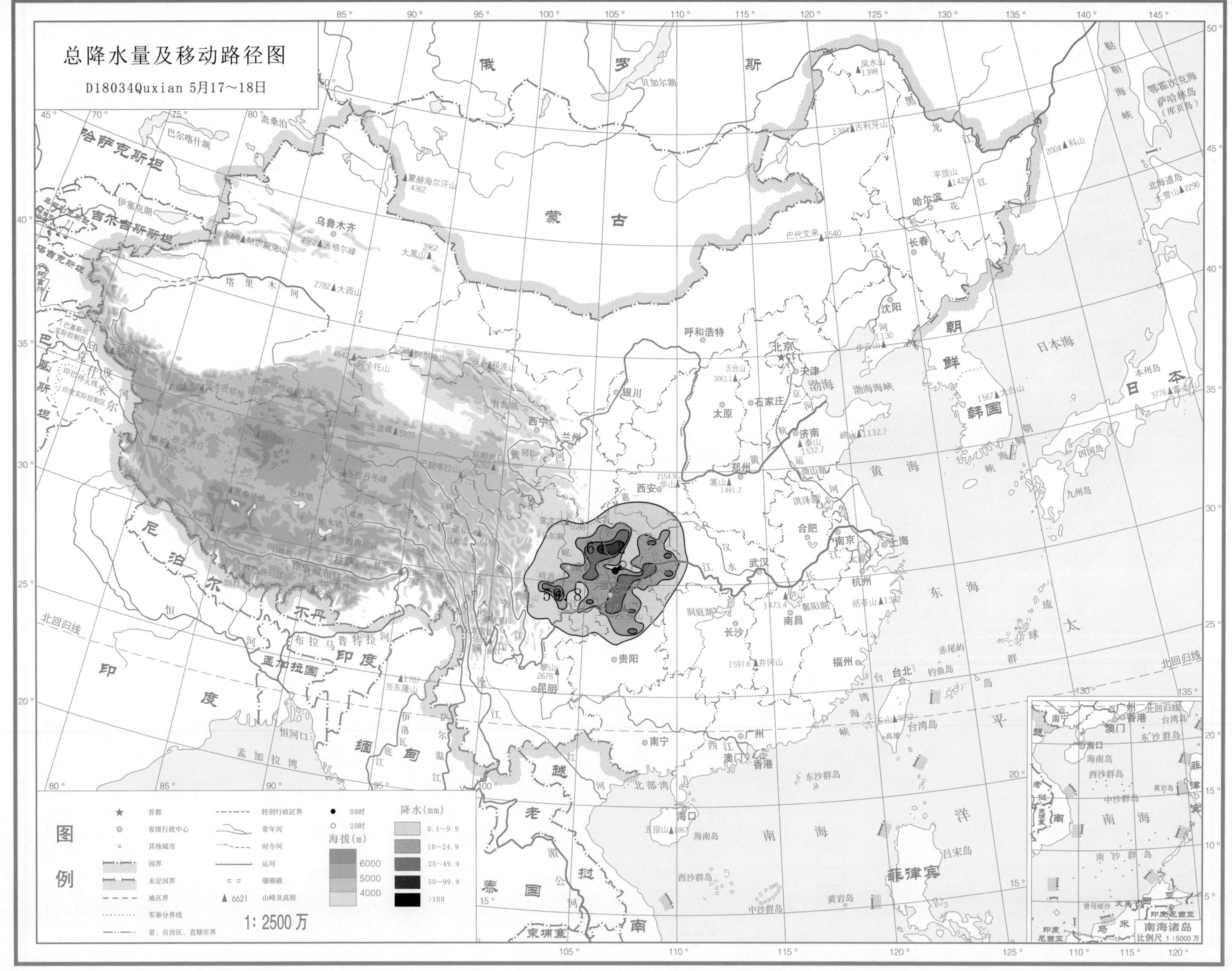
总降水量及移动路径图
D18034Quxian 5月17～18日
图例
首都
省级行政中心
其他城市
国界
未定国界
地区界
军事分界线
省、自治区、直辖市界
特别行政区界
常年河
时令河
运河
珊瑚礁
6621 山峰及高程
08时
20时
海拔(m)
6000
5000
4000
降水(mm)
0.1～9.9
10～24.9
25～49.9
50～99.9
>100
1:2500万
南海诸岛
比例尺 1:5000万

总降水日数图

D18034Quxian 5月17～18日

图例

★ 首都
◎ 省级行政中心
○ 其他城市
国界
未定国界
地区界
军事分界线
省、自治区、直辖市界
特别行政区界
常年河
时令河
运河
珊瑚礁
▲6621 山峰及高程

海拔(m)
6000
5000
4000

降水日数
1天
2～3天
4天以上

1: 2500万

南海诸岛
比例尺 1:5000万

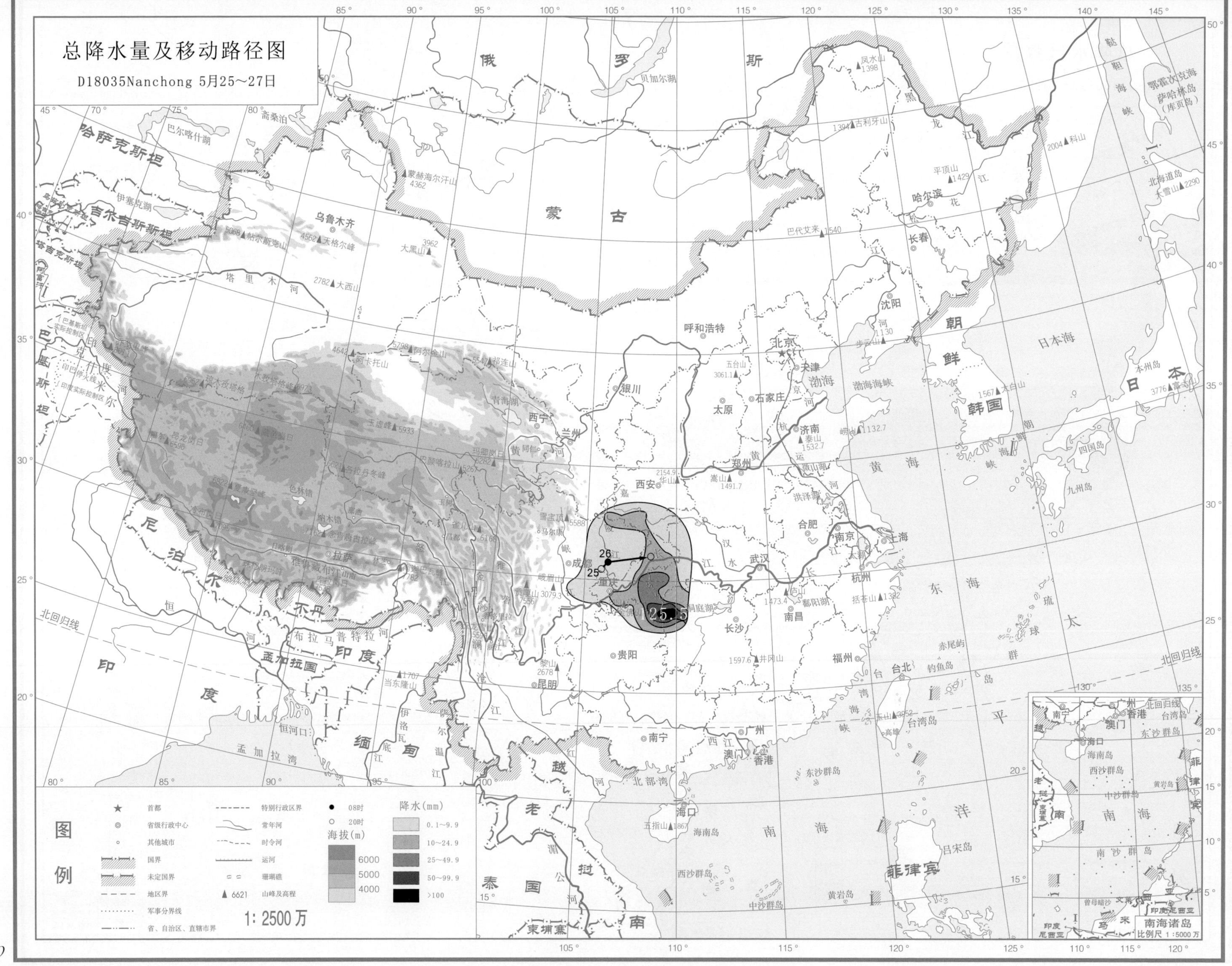
总降水量及移动路径图
D18035Nanchong 5月25～27日
26
25
25.5
图例
首都
省级行政中心
其他城市
国界
未定国界
地区界
军事分界线
省、自治区、直辖市界
特别行政区界
常年河
时令河
运河
珊瑚礁
山峰及高程
08时
20时
海拔(m)
6000
5000
4000
降水(mm)
0.1～9.9
10～24.9
25～49.9
50～99.9
>100
1: 2500万
南海诸岛
比例尺 1:5000万

总降水日数图

D18035Nanchong 5月25～27日

图例

★ 首都
◎ 省级行政中心
○ 其他城市
国界
未定国界
地区界
军事分界线
省、自治区、直辖市界
特别行政区界
常年河
时令河
运河
珊瑚礁
▲ 6621 山峰及高程

1：2500万

海拔（m）
6000
5000
4000

降水日数
1天
2～3天
4天以上

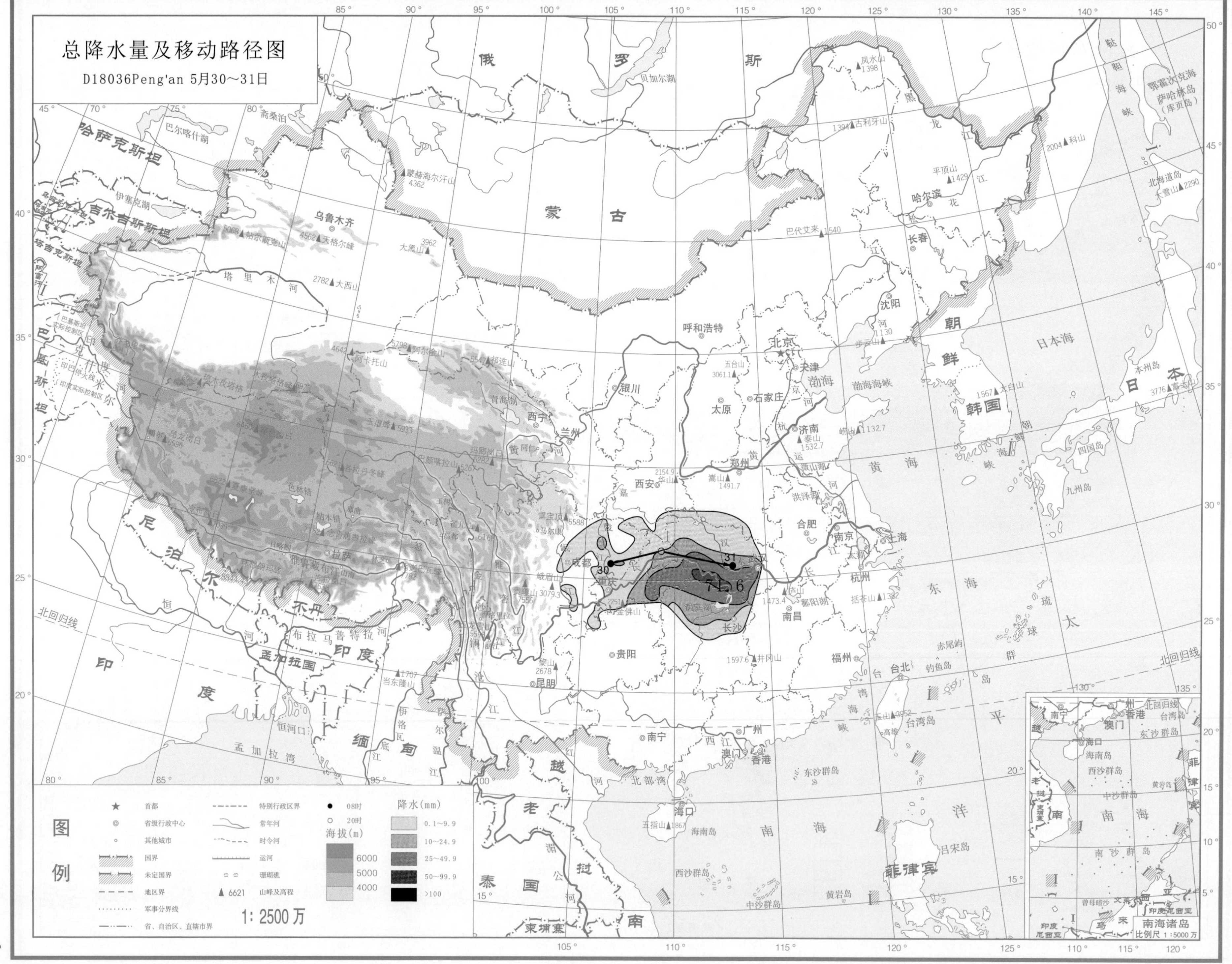
总降水量及移动路径图
D18036Peng'an 5月30～31日
俄 罗 斯
蒙 古
哈萨克斯坦
吉尔吉斯斯坦
塔吉克斯坦
巴基斯坦
尼 泊 尔
不丹
孟加拉国
印 度
缅 甸
老 挝
越 南
泰 国
柬埔寨
菲律宾
朝 鲜
韩国
日 本
乌鲁木齐
拉萨
西宁
兰州
银川
呼和浩特
北京
天津
石家庄
太原
济南
郑州
西安
成都
重庆
武汉
长沙
贵阳
昆明
南宁
广州
香港
澳门
海口
合肥
南京
上海
杭州
南昌
福州
台北
哈尔滨
长春
沈阳
黄 海
东 海
南 海
日本海
渤海
北回归线
30
31
图例
首都
省级行政中心
其他城市
国界
未定国界
地区界
军事分界线
省、自治区、直辖市界
特别行政区界
常年河
时令河
运河
珊瑚礁
6621 山峰及高程
08时
20时
海拔(m)
6000
5000
4000
降水(mm)
0.1～9.9
10～24.9
25～49.9
50～99.9
>100
1: 2500万
南海诸岛
比例尺 1:5000万

总降水日数图

D18036Peng'an 5月30～31日

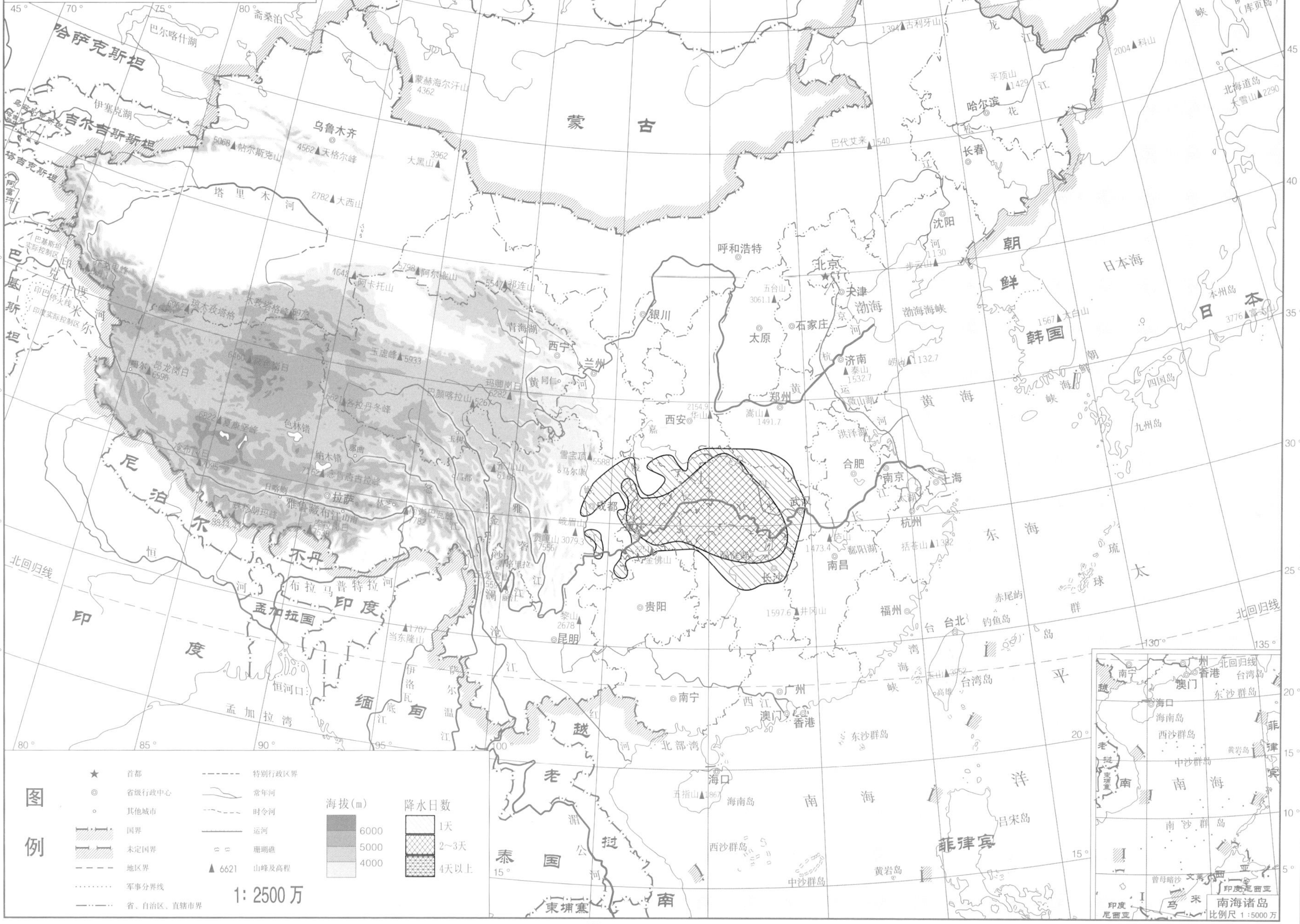

图例

★ 首都
◎ 省级行政中心
○ 其他城市
国界
未定国界
地区界
军事分界线
省、自治区、直辖市界
特别行政区界
常年河
时令河
运河
珊瑚礁
▲ 6621 山峰及高程

海拔(m)
6000
5000
4000

降水日数
1天
2～3天
4天以上

1: 2500 万

南海诸岛
比例尺 1 : 5000 万

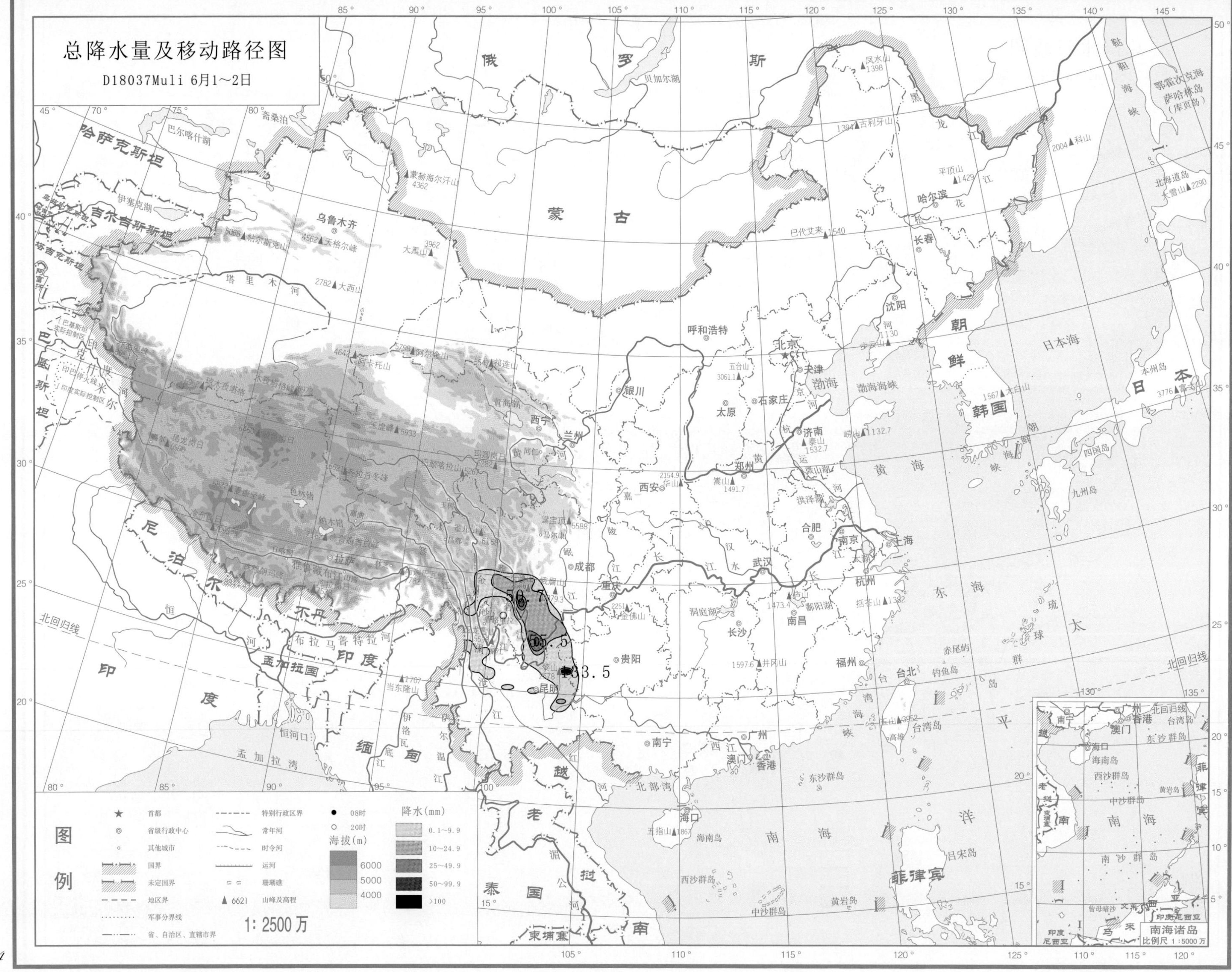
总降水量及移动路径图
D18037Muli 6月1~2日
50.7
65.5
33.5
俄
罗
斯
蒙
古
哈萨克斯坦
吉尔吉斯斯坦
塔吉克斯坦
巴基斯坦
尼泊尔
不丹
孟加拉国
印度
缅甸
老挝
泰国
越南
柬埔寨
朝鲜
韩国
日本
菲律宾
贝加尔湖
巴尔喀什湖
乌鲁木齐
呼和浩特
北京
天津
石家庄
太原
银川
西宁
兰州
西安
郑州
济南
合肥
南京
上海
杭州
武汉
长沙
南昌
福州
台北
成都
重庆
贵阳
昆明
南宁
广州
澳门
香港
海口
拉萨
沈阳
长春
哈尔滨
渤海
黄海
东海
南海
日本海
台湾岛
海南岛
东沙群岛
西沙群岛
中沙群岛
黄岩岛
北回归线
图例
首都
省级行政中心
其他城市
国界
未定国界
地区界
军事分界线
省、自治区、直辖市界
特别行政区界
常年河
时令河
运河
珊瑚礁
山峰及高程
08时
20时
海拔(m)
6000
5000
4000
降水(mm)
0.1~9.9
10~24.9
25~49.9
50~99.9
>100
1: 2500万
南海诸岛
比例尺 1:5000万

总降水日数图

D18037Muli 6月1～2日

图例

- ★ 首都
- ◎ 省级行政中心
- ○ 其他城市
- 国界
- 未定国界
- 地区界
- 军事分界线
- 省、自治区、直辖市界
- 特别行政区界
- 常年河
- 时令河
- 运河
- 珊瑚礁
- ▲ 6621 山峰及高程

海拔(m)

- 6000
- 5000
- 4000

降水日数

- 1天
- 2～3天
- 4天以上

1：2500万

南海诸岛

比例尺 1：5000万

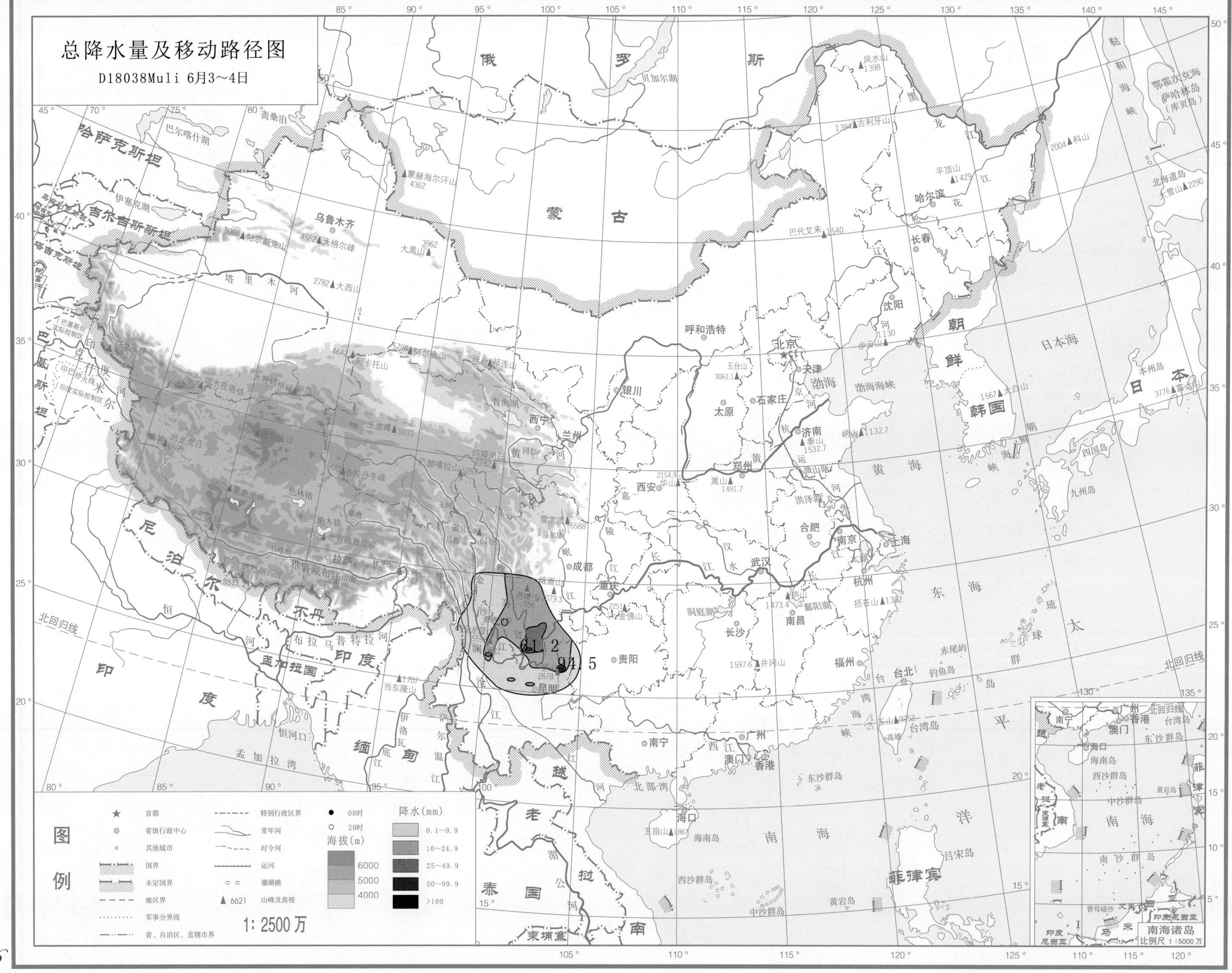
总降水量及移动路径图
D18038Muli 6月3～4日
61.2
94.5
俄 罗 斯
蒙 古
哈萨克斯坦
吉尔吉斯斯坦
塔吉克斯坦
巴基斯坦
尼泊尔
不丹
印度
孟加拉国
缅甸
老挝
泰国
越南
柬埔寨
朝鲜
韩国
日本
菲律宾
乌鲁木齐
呼和浩特
北京
天津
石家庄
太原
济南
郑州
西安
银川
西宁
兰州
成都
重庆
贵阳
昆明
拉萨
武汉
长沙
南昌
合肥
南京
上海
杭州
福州
台北
广州
南宁
海口
香港
澳门
哈尔滨
长春
沈阳
渤海
黄海
东海
南海
日本海
太平洋
北回归线
南海诸岛
比例尺 1：5000万
图例
首都
省级行政中心
其他城市
国界
未定国界
地区界
军事分界线
省、自治区、直辖市界
特别行政区界
常年河
时令河
运河
珊瑚礁
6621 山峰及高程
08时
20时
海拔(m)
6000
5000
4000
降水(mm)
0.1～9.9
10～24.9
25～49.9
50～99.9
>100
1：2500万

总降水日数图

D18038Muli 6月3～4日

图例

★ 首都
◎ 省级行政中心
○ 其他城市
国界
未定国界
地区界
军事分界线
省、自治区、直辖市界
特别行政区界
常年河
时令河
运河
珊瑚礁
▲ 6621 山峰及高程

海拔(m)
6000
5000
4000

降水日数
1天
2～3天
4天以上

1: 2500 万

南海诸岛
比例尺 1:5000 万

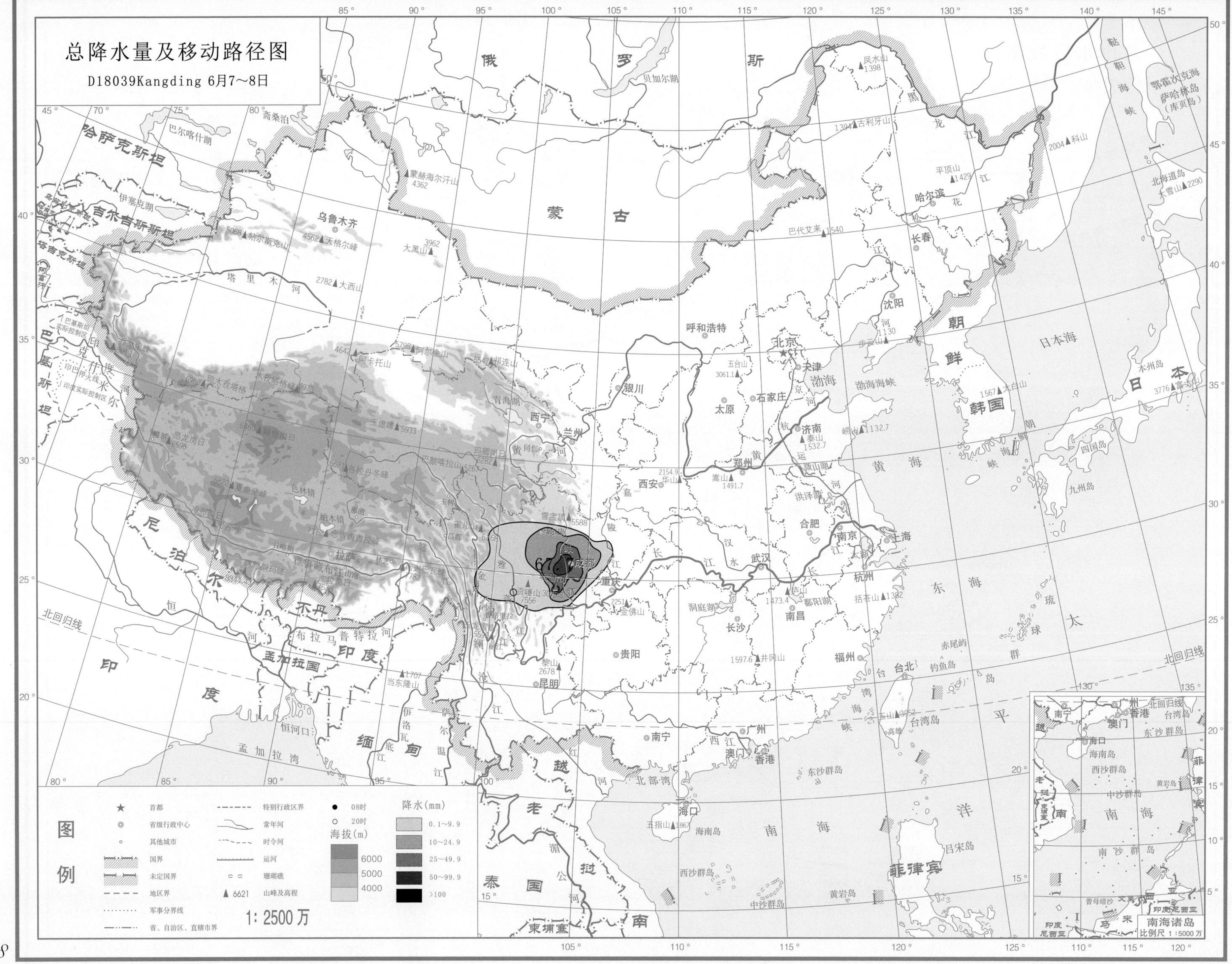

总降水量及移动路径图
D18039Kangding 6月7～8日
俄 罗 斯
蒙 古
哈萨克斯坦
吉尔吉斯斯坦
塔吉克斯坦
尼 泊 尔
不丹
孟加拉国
印 度
缅 甸
越 南
老 挝
泰 国
柬埔寨
菲律宾
朝 鲜
韩国
日 本
乌鲁木齐
呼和浩特
北京
天津
石家庄
太原
银川
西宁
兰州
西安
郑州
济南
合肥
南京
上海
杭州
武汉
南昌
长沙
福州
台北
拉萨
成都
重庆
贵阳
昆明
南宁
广州
香港
澳门
海口
哈尔滨
长春
沈阳
渤海
黄 海
东 海
南 海
日本海
太 平 洋
南海诸岛
比例尺 1：5000 万
图 例
首都
省级行政中心
其他城市
国界
未定国界
地区界
军事分界线
省、自治区、直辖市界
特别行政区界
常年河
时令河
运河
珊瑚礁
山峰及高程
08时
20时
海拔(m)
6000
5000
4000
降水(mm)
0.1～9.9
10～24.9
25～49.9
50～99.9
>100
1：2500 万

总降水日数图

D18039Kangding 6月7～8日

图例

- ★ 首都
- ◎ 省级行政中心
- ○ 其他城市
- 国界
- 未定国界
- 地区界
- 军事分界线
- 省、自治区、直辖市界
- 特别行政区界
- 常年河
- 时令河
- 运河
- 珊瑚礁
- ▲ 6621 山峰及高程

海拔(m)：6000　5000　4000

降水日数：1天　2～3天　4天以上

1：2500万

南海诸岛　比例尺 1：5000万

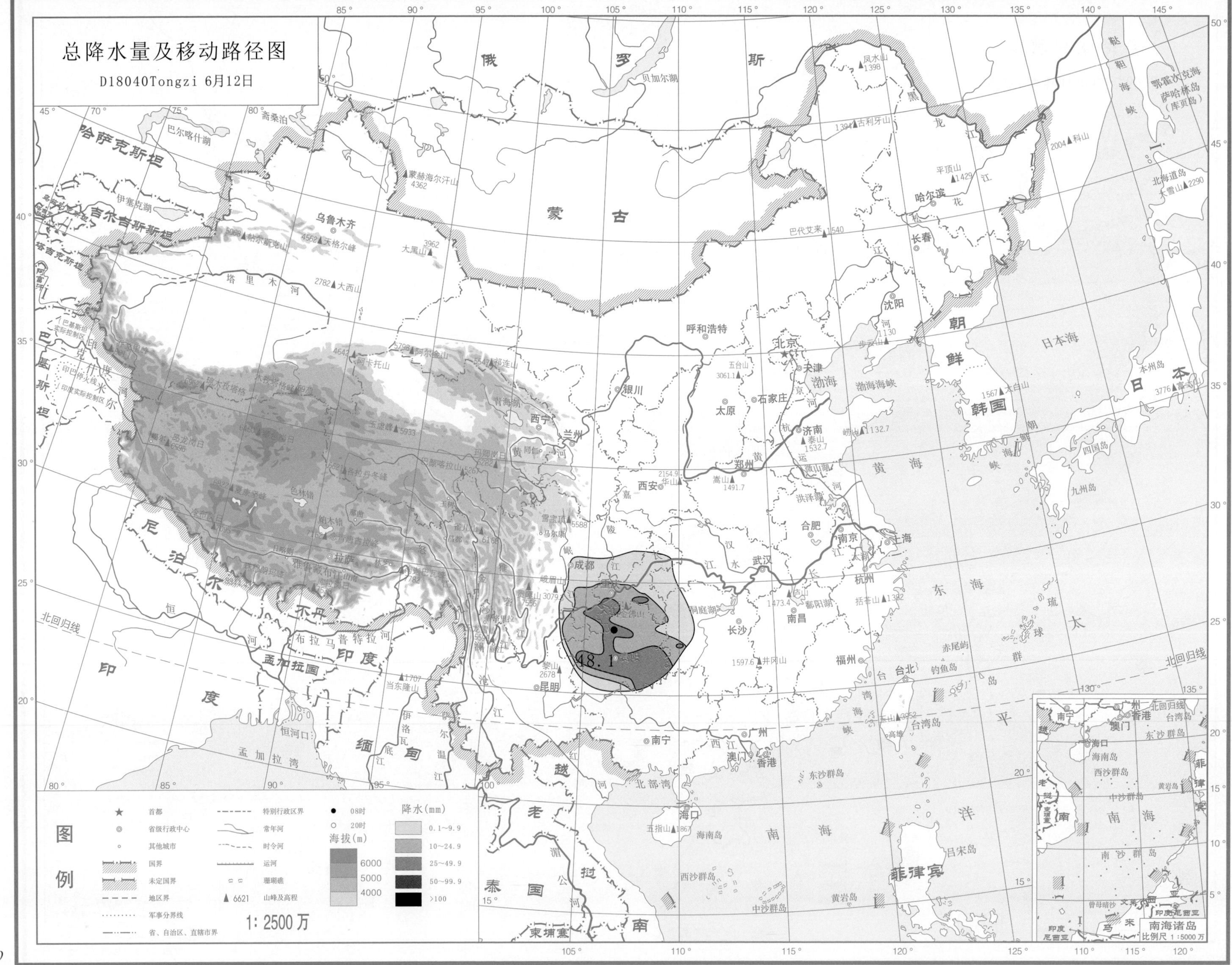

总降水量及移动路径图
D18040Tongzi 6月12日
48.1
图例
首都
省级行政中心
其他城市
国界
未定国界
地区界
军事分界线
省、自治区、直辖市界
特别行政区界
常年河
时令河
运河
珊瑚礁
山峰及高程
08时
20时
海拔(m)
6000
5000
4000
降水(mm)
0.1~9.9
10~24.9
25~49.9
50~99.9
>100
1: 2500万
南海诸岛
比例尺 1:5000万

总降水日数图

D18040Tongzi 6月12日

图例

- ★ 首都
- ◎ 省级行政中心
- ○ 其他城市
- 国界
- 未定国界
- 地区界
- 军事分界线
- 省、自治区、直辖市界
- 特别行政区界
- 常年河
- 时令河
- 运河
- 珊瑚礁
- ▲ 6621 山峰及高程

海拔(m)：6000、5000、4000

降水日数：1天、2~3天、4天以上

1: 2500 万

南海诸岛 比例尺 1:5000 万

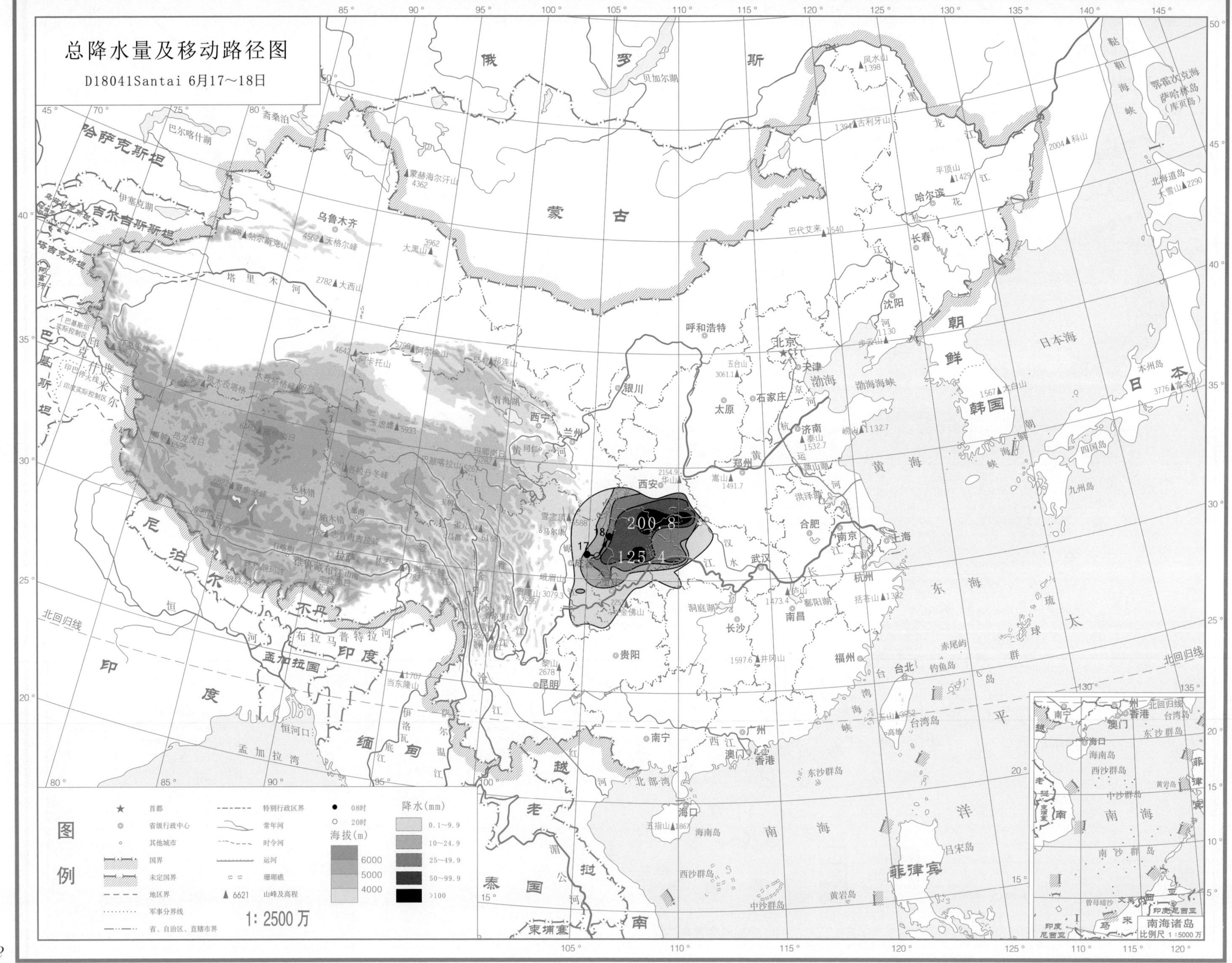

总降水量及移动路径图
D18041Santai 6月17～18日
200.8
125.4
17
18
俄 罗 斯
蒙 古
哈萨克斯坦
吉尔吉斯斯坦
塔吉克斯坦
朝鲜
韩国
日本
印度
尼泊尔
不丹
孟加拉国
缅甸
老挝
越南
泰国
柬埔寨
菲律宾
北京
天津
石家庄
太原
呼和浩特
银川
西宁
兰州
西安
郑州
济南
合肥
南京
上海
杭州
武汉
长沙
南昌
福州
台北
贵阳
昆明
成都
南宁
广州
香港
澳门
海口
沈阳
长春
哈尔滨
乌鲁木齐
拉萨
渤海
黄海
东海
南海
日本海
太平洋
南海诸岛
比例尺 1:5000万
图例
首都
省级行政中心
其他城市
国界
未定国界
地区界
军事分界线
省、自治区、直辖市界
特别行政区界
常年河
时令河
运河
珊瑚礁
山峰及高程
08时
20时
海拔(m)
6000
5000
4000
降水(mm)
0.1～9.9
10～24.9
25～49.9
50～99.9
>100
1: 2500万

总降水日数图

D18041Santai 6月17～18日

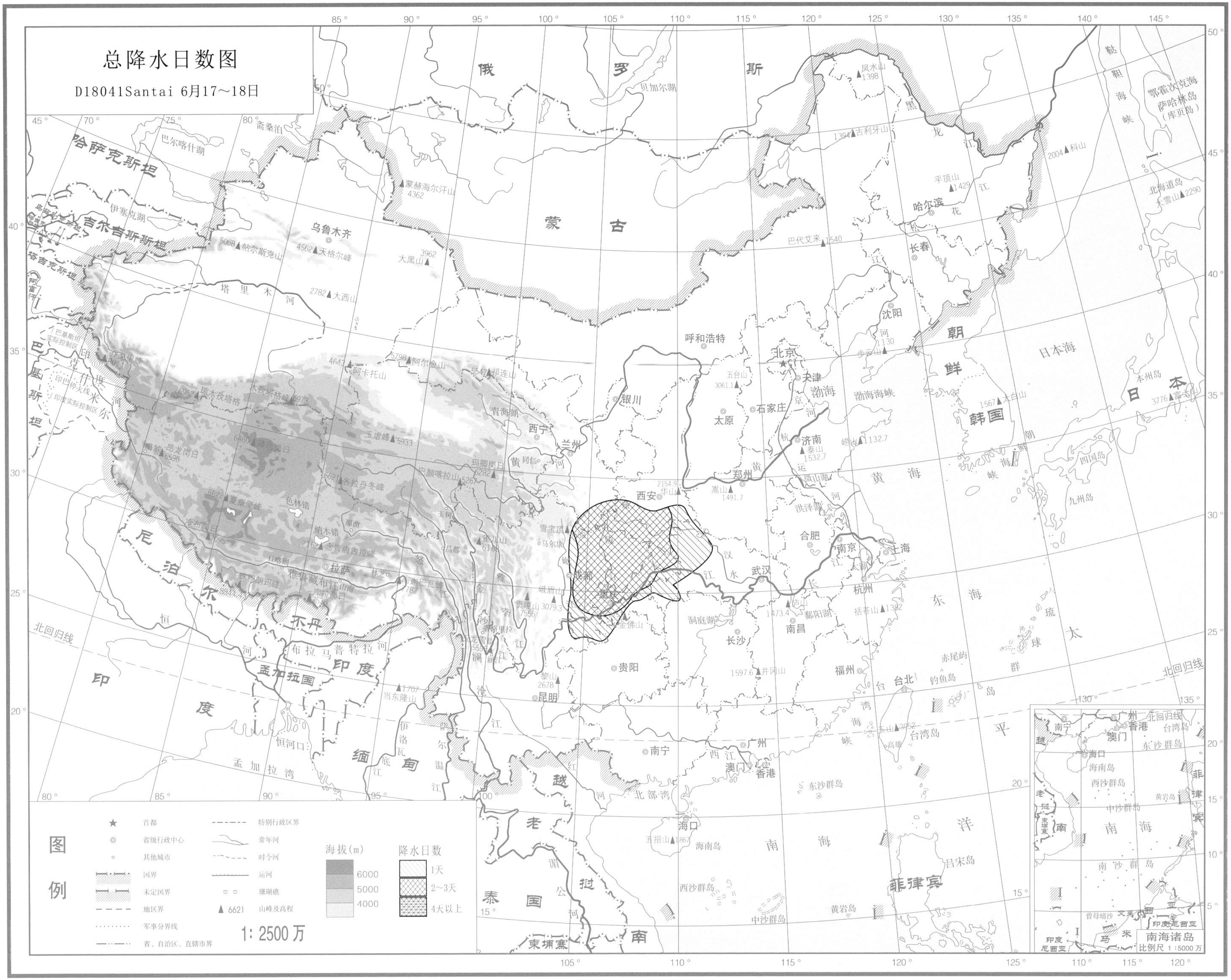

图例

★ 首都
◎ 省级行政中心
○ 其他城市
国界
未定国界
地区界
军事分界线
省、自治区、直辖市界
特别行政区界
常年河
时令河
运河
珊瑚礁
▲ 6621 山峰及高程

海拔(m)
6000
5000
4000

降水日数
1天
2～3天
4天以上

1∶2500万

南海诸岛
比例尺 1∶5000万

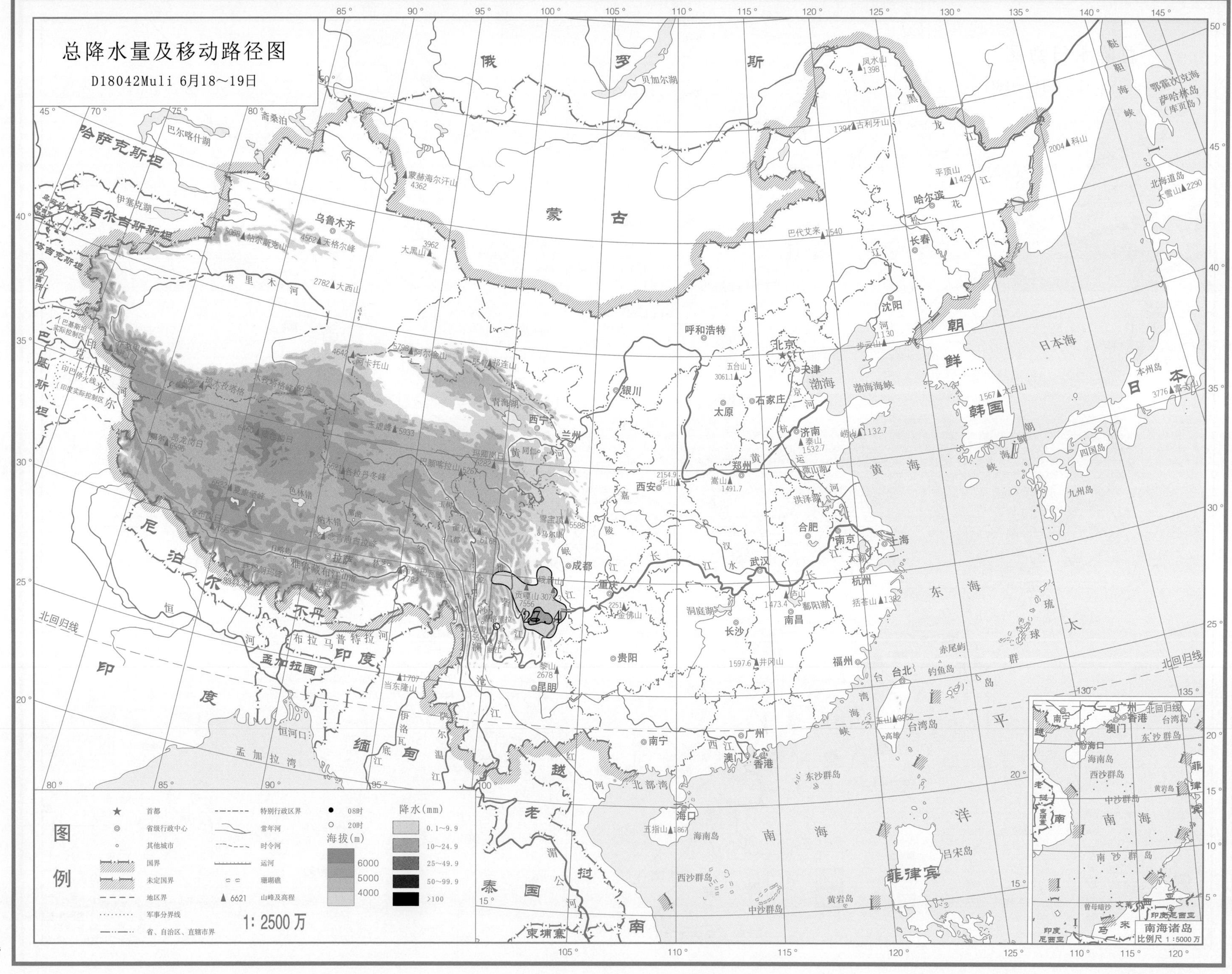
总降水量及移动路径图
D18042Muli 6月18～19日
图例
首都
省级行政中心
其他城市
国界
未定国界
地区界
军事分界线
省、自治区、直辖市界
特别行政区界
常年河
时令河
运河
珊瑚礁
6621 山峰及高程
08时
20时
降水(mm)
0.1～9.9
10～24.9
25～49.9
50～99.9
>100
海拔(m)
6000
5000
4000
1: 2500 万
南海诸岛
比例尺 1:5000 万

总降水日数图

D18042Muli 6月18~19日

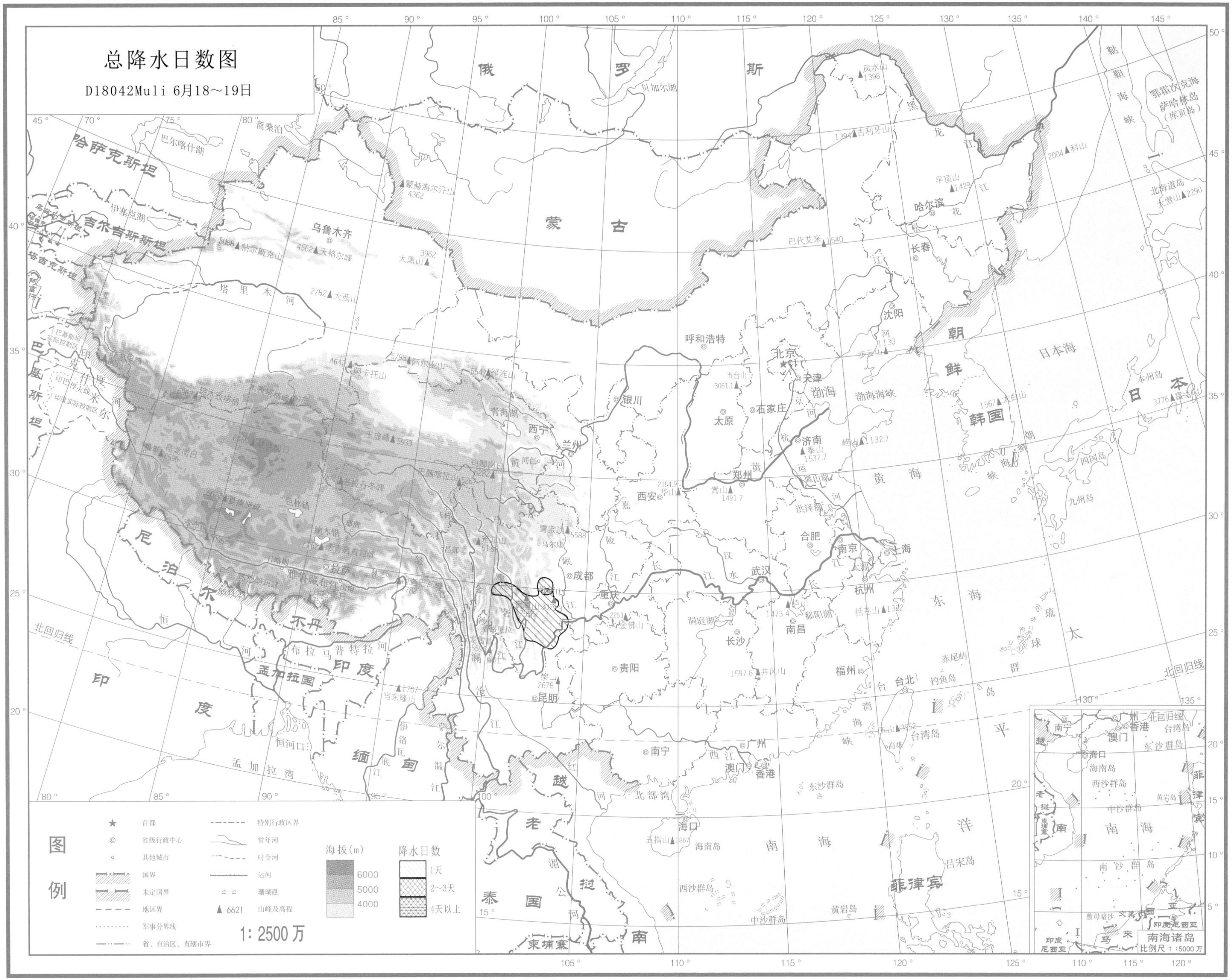

图例

★ 首都
◎ 省级行政中心
○ 其他城市
国界
未定国界
地区界
军事分界线
省、自治区、直辖市界
特别行政区界
常年河
时令河
运河
珊瑚礁
▲6621 山峰及高程

海拔(m)
6000
5000
4000

降水日数
1天
2~3天
4天以上

1: 2500万

南海诸岛
比例尺 1:5000万

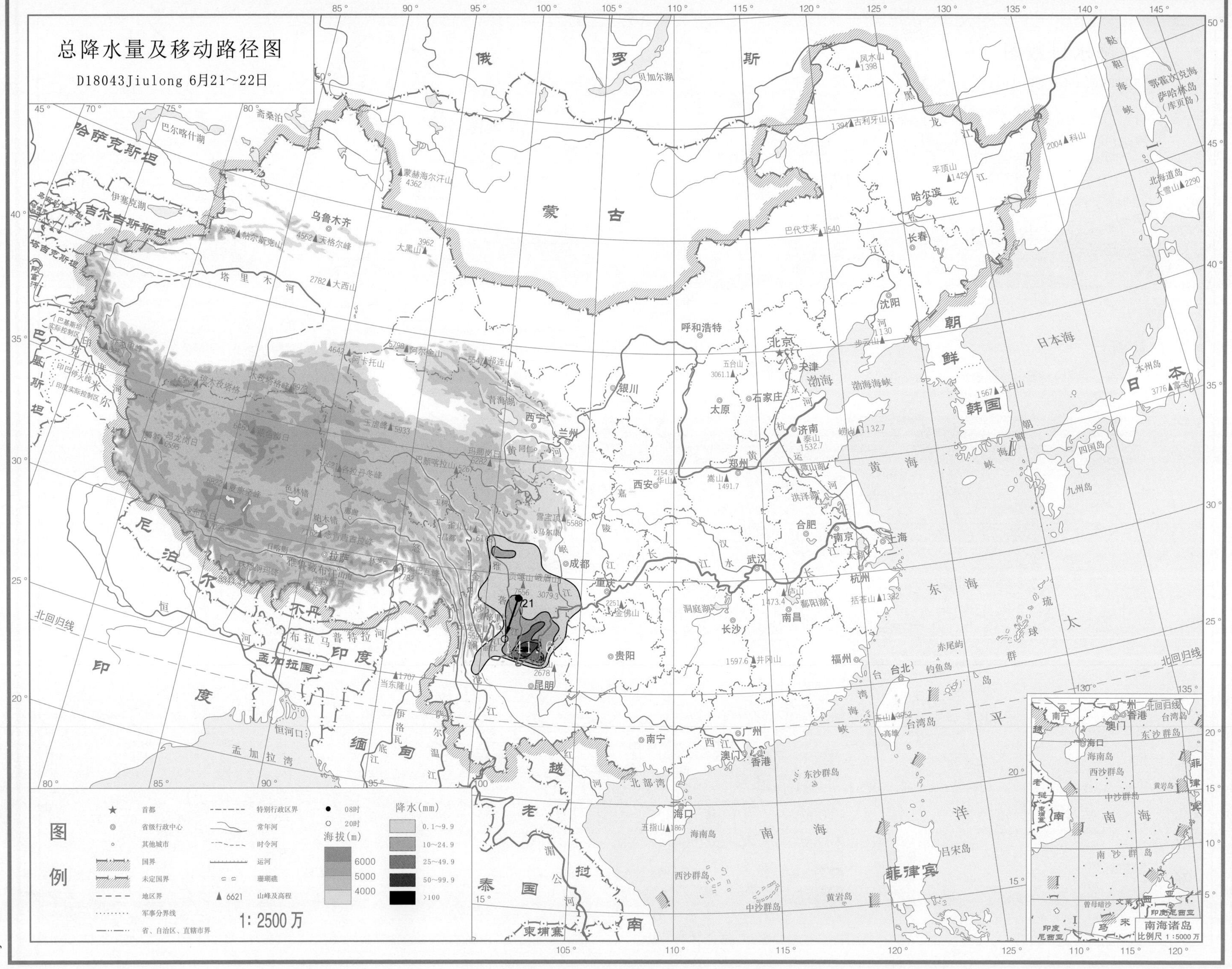
总降水量及移动路径图
D18043Jiulong 6月21～22日
图例
首都
省级行政中心
其他城市
国界
未定国界
地区界
军事分界线
特别行政区界
常年河
时令河
运河
珊瑚礁
山峰及高程
省、自治区、直辖市界
08时
20时
海拔(m)
6000
5000
4000
降水(mm)
0.1～9.9
10～24.9
25～49.9
50～99.9
>100
1:2500万
南海诸岛
比例尺 1:5000万

总降水日数图

D18043Jiulong 6月21～22日

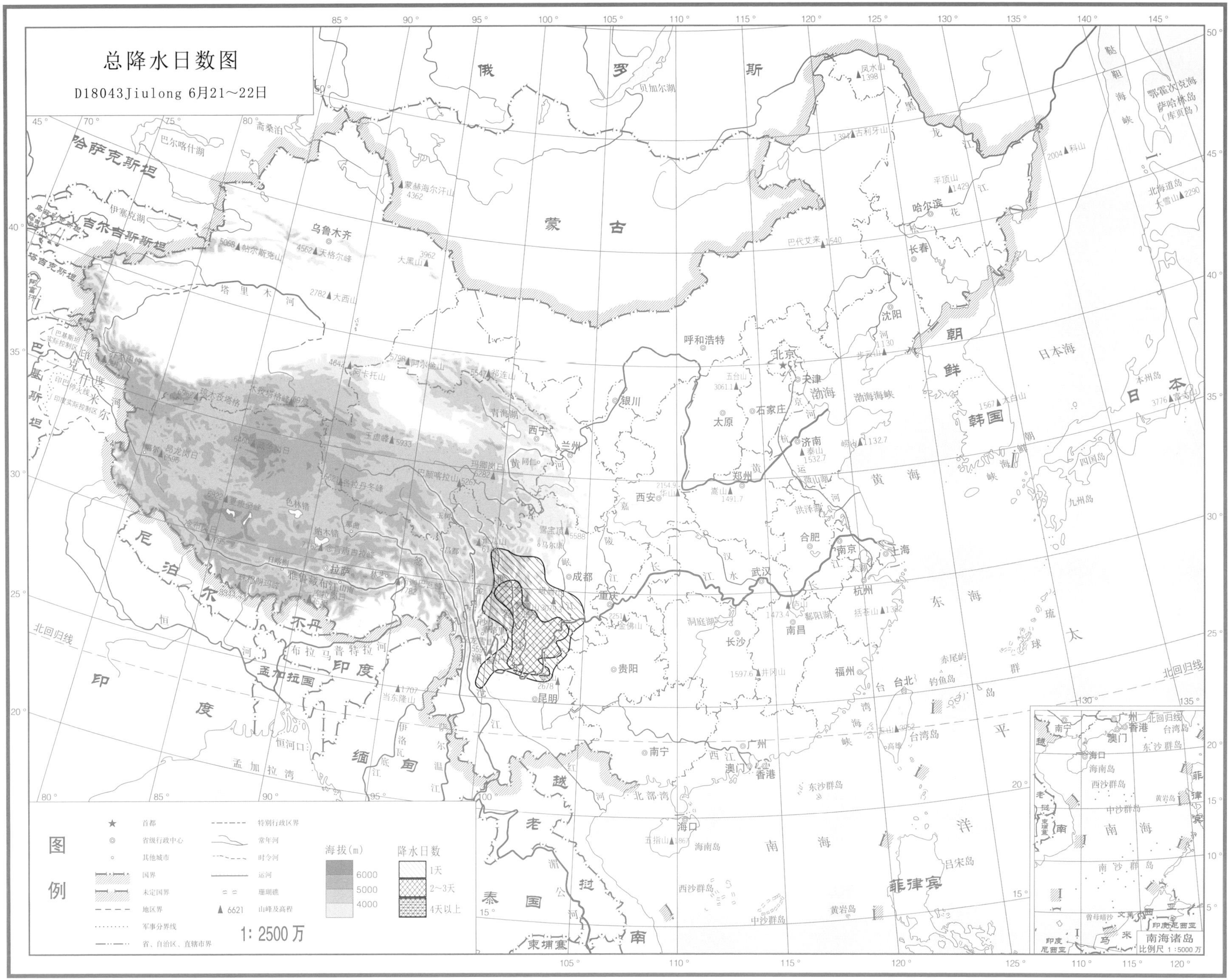

俄 罗 斯
蒙 古
哈萨克斯坦
吉尔吉斯斯坦
塔吉克斯坦
巴基斯坦
尼泊尔
不丹
印度
孟加拉国
缅甸
老挝
越南
泰国
柬埔寨
朝鲜
韩国
日本
菲律宾
日本海
黄海
东海
南海
太平洋
北回归线
图例
首都
省级行政中心
其他城市
国界
未定国界
地区界
军事分界线
省、自治区、直辖市界
特别行政区界
常年河
时令河
运河
珊瑚礁
山峰及高程
海拔(m)
6000
5000
4000
降水日数
1天
2~3天
4天以上
1: 2500万
南海诸岛
比例尺 1 : 5000 万

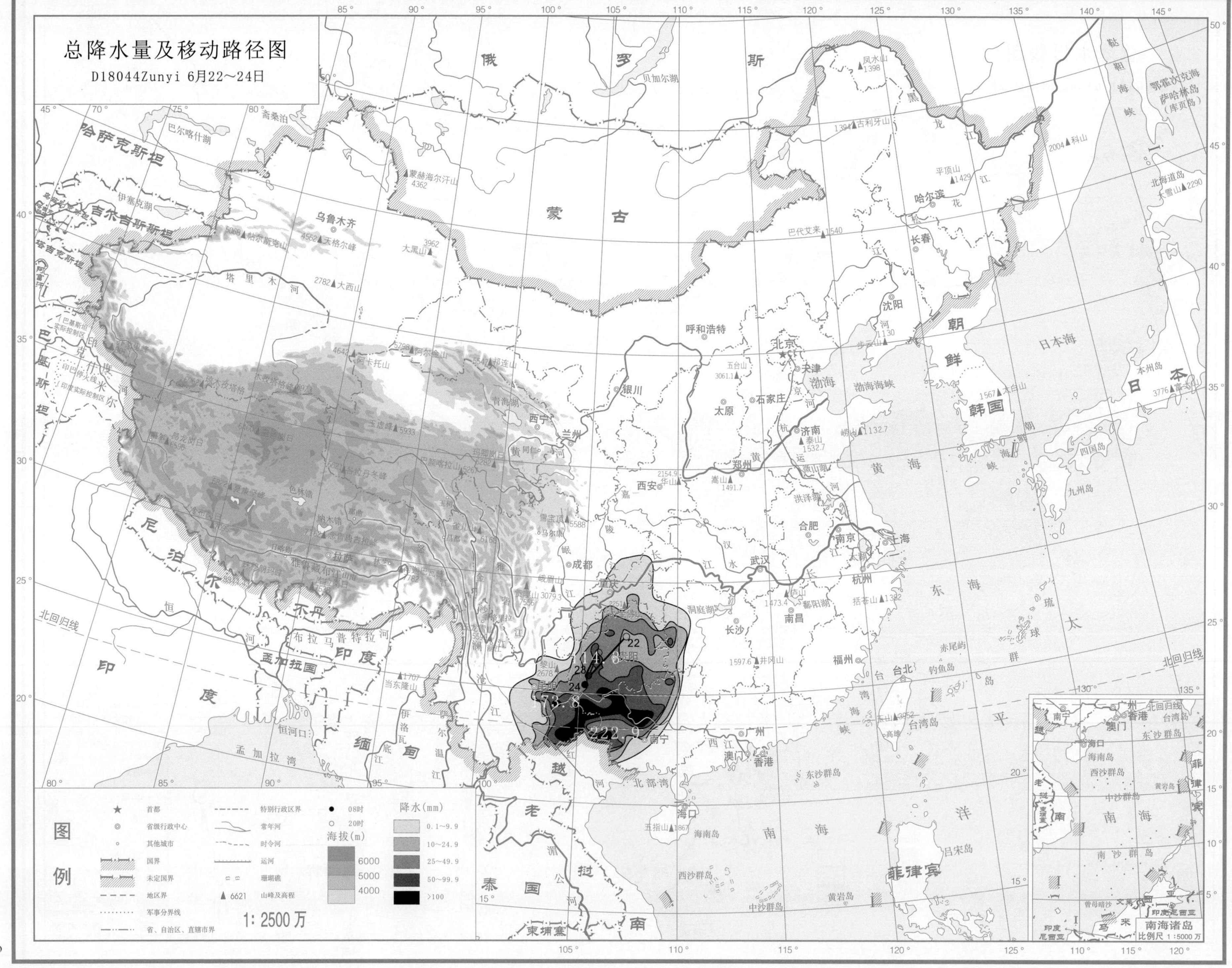
总降水量及移动路径图
D18044Zunyi 6月22~24日
22
23
24
114.8
173.8
222.9
图例
首都
省级行政中心
其他城市
国界
未定国界
地区界
军事分界线
省、自治区、直辖市界
特别行政区界
常年河
时令河
运河
珊瑚礁
6621 山峰及高程
08时
20时
海拔(m)
6000
5000
4000
降水(mm)
0.1~9.9
10~24.9
25~49.9
50~99.9
>100
1: 2500万
南海诸岛
比例尺 1:5000万

总降水日数图

D18044Zunyi 6月22～24日

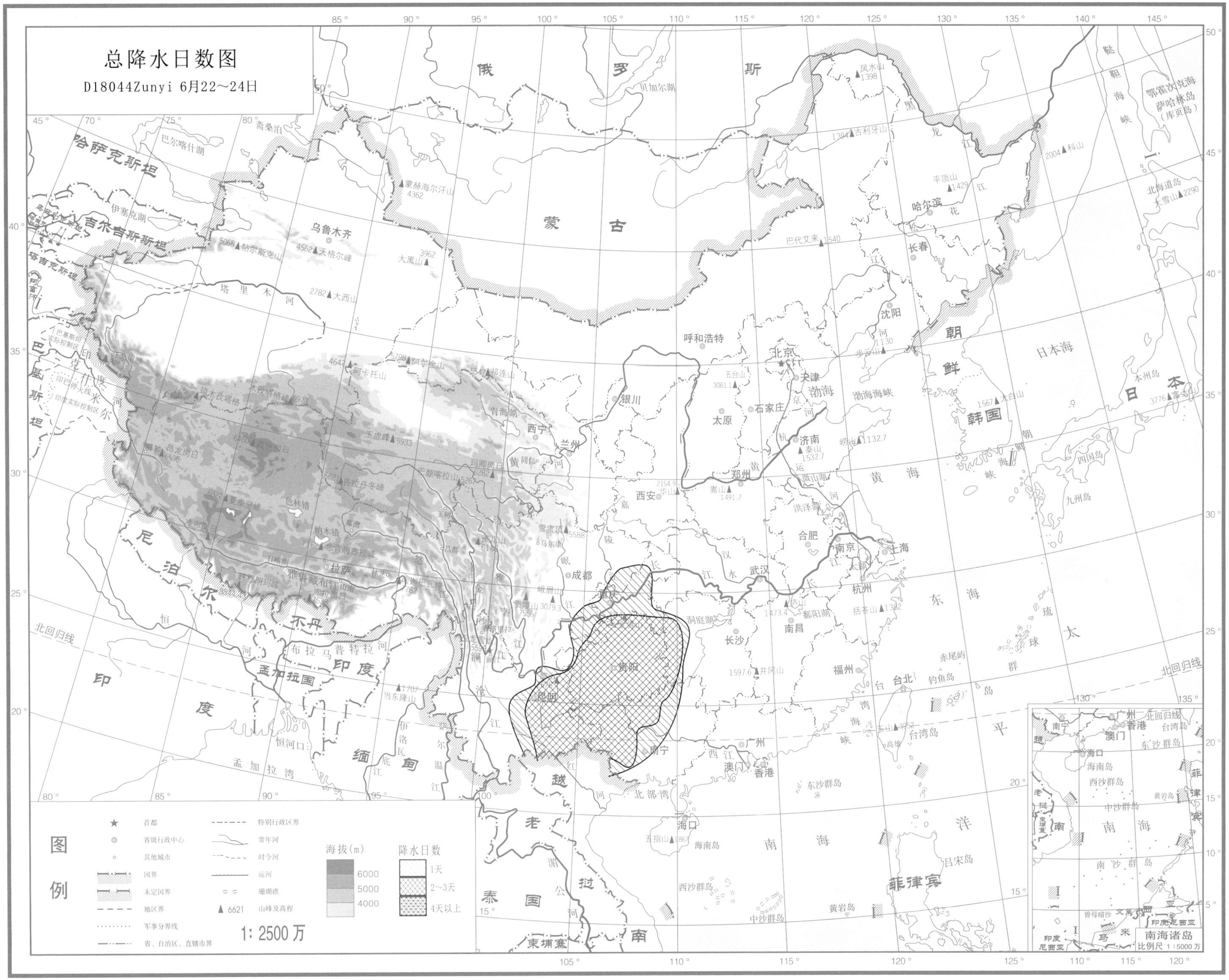

图例
首都
省级行政中心
其他城市
国界
未定国界
地区界
军事分界线
省、自治区、直辖市界
特别行政区界
常年河
时令河
运河
珊瑚礁
6621 山峰及高程
海拔（m）
6000
5000
4000
降水日数
1天
2~3天
4天以上
1：2500万
南海诸岛
比例尺 1：5000万
俄 罗 斯
蒙 古
哈萨克斯坦
吉尔吉斯斯坦
塔吉克斯坦
巴基斯坦
印 度
尼 泊 尔
不丹
孟加拉国
缅 甸
老 挝
越 南
泰 国
柬埔寨
菲律宾
朝 鲜
韩国
日 本
北京
天津
上海
重庆
乌鲁木齐
呼和浩特
银川
西宁
兰州
太原
石家庄
济南
郑州
西安
合肥
南京
杭州
武汉
长沙
南昌
福州
台北
贵阳
昆明
南宁
广州
澳门
香港
海口
成都
拉萨
哈尔滨
长春
沈阳
渤海
黄 海
东 海
南 海
日本海
太 平 洋
北回归线

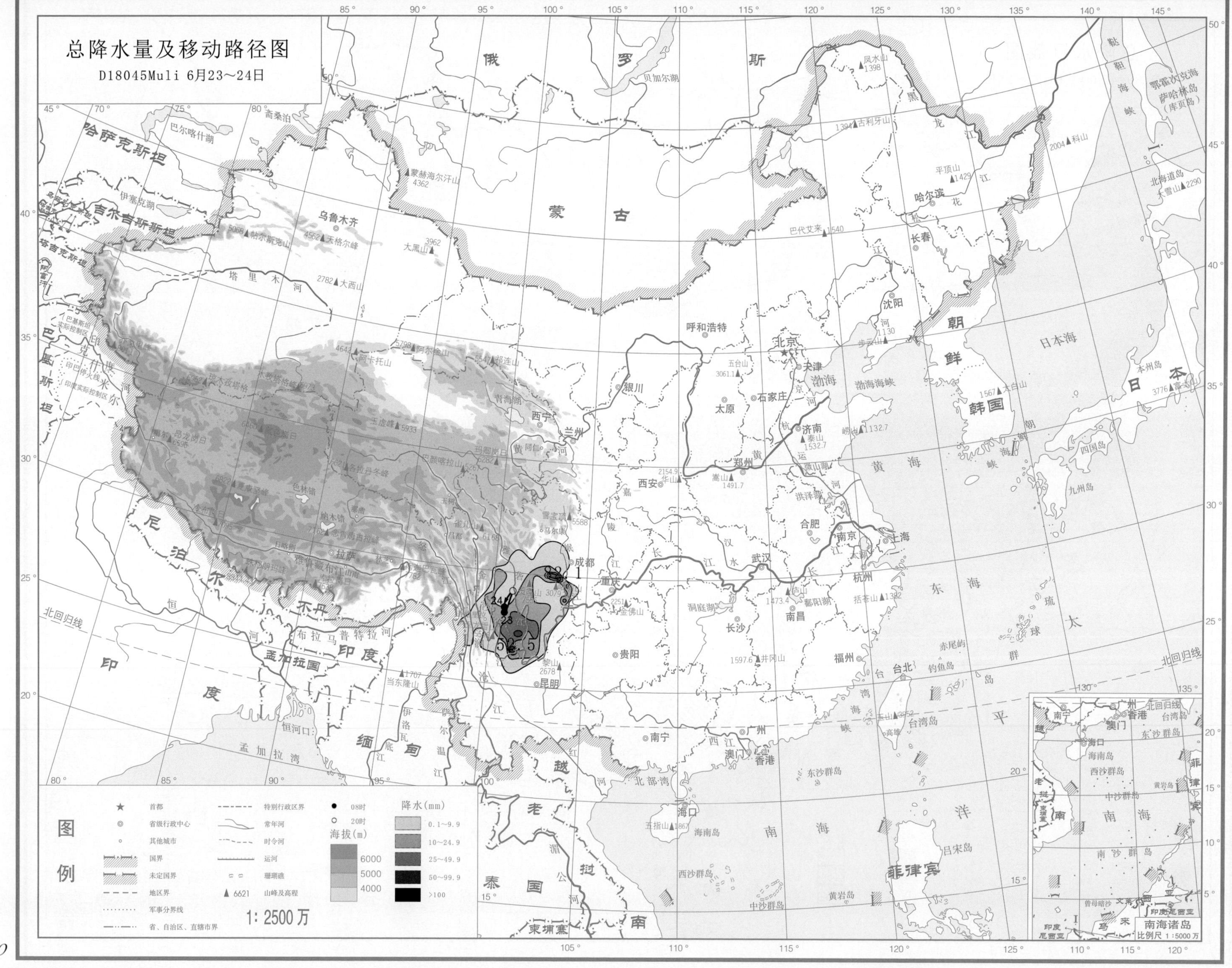

总降水量及移动路径图
D18045Muli 6月23～24日
图例
首都
省级行政中心
其他城市
国界
未定国界
地区界
军事分界线
省、自治区、直辖市界
特别行政区界
常年河
时令河
运河
珊瑚礁
山峰及高程
08时
20时
海拔(m)
6000
5000
4000
降水(mm)
0.1～9.9
10～24.9
25～49.9
50～99.9
>100
1: 2500万
南海诸岛
比例尺 1:5000万

总降水日数图

D18045Muli 6月23～24日

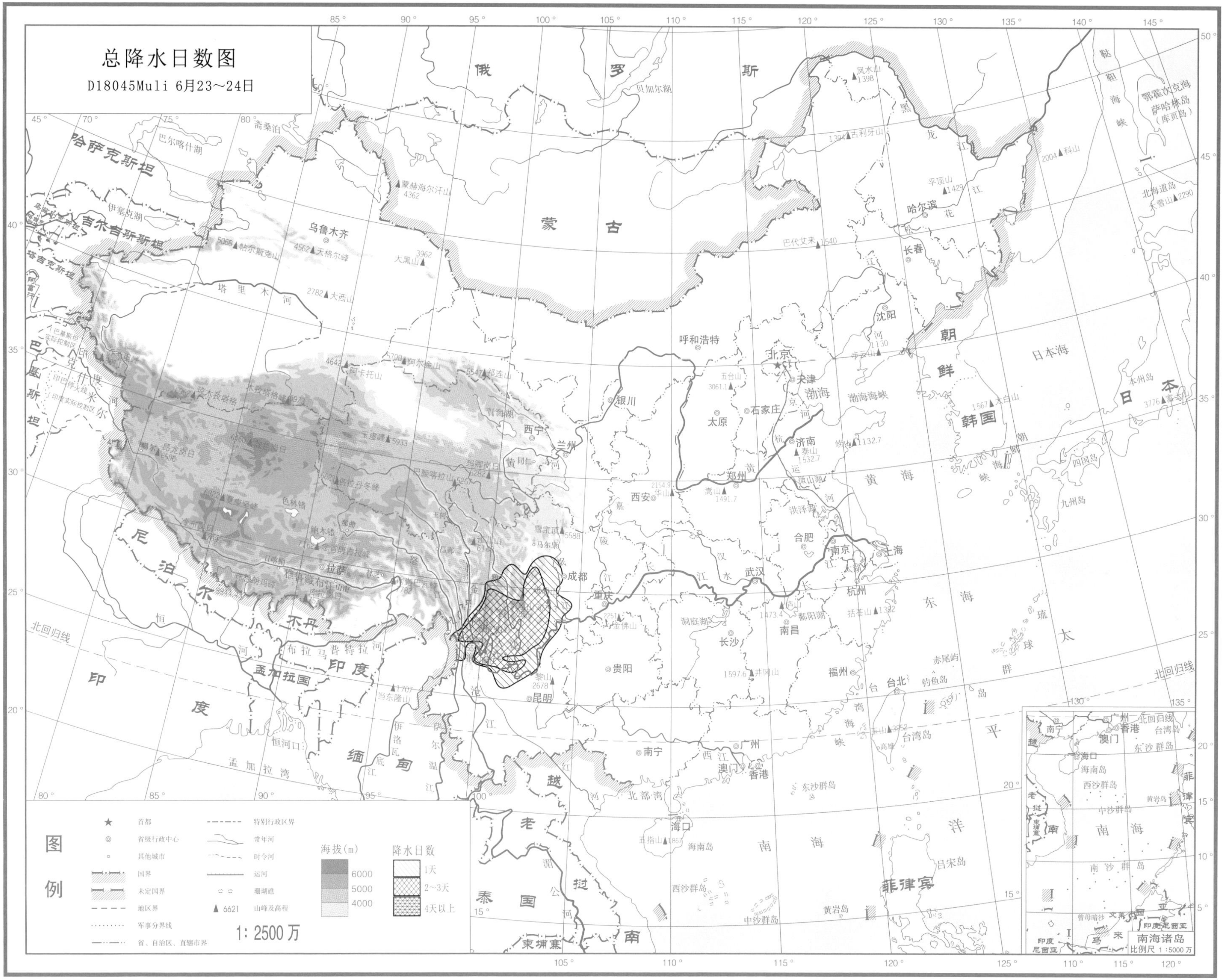

图例

★ 首都
◎ 省级行政中心
○ 其他城市
国界
未定国界
地区界
军事分界线
特别行政区界
常年河
时令河
运河
珊瑚礁
▲ 6621 山峰及高程
省、自治区、直辖市界

海拔(m)
6000
5000
4000

降水日数
1天
2～3天
4天以上

1: 2500 万

南海诸岛
比例尺 1:5000 万

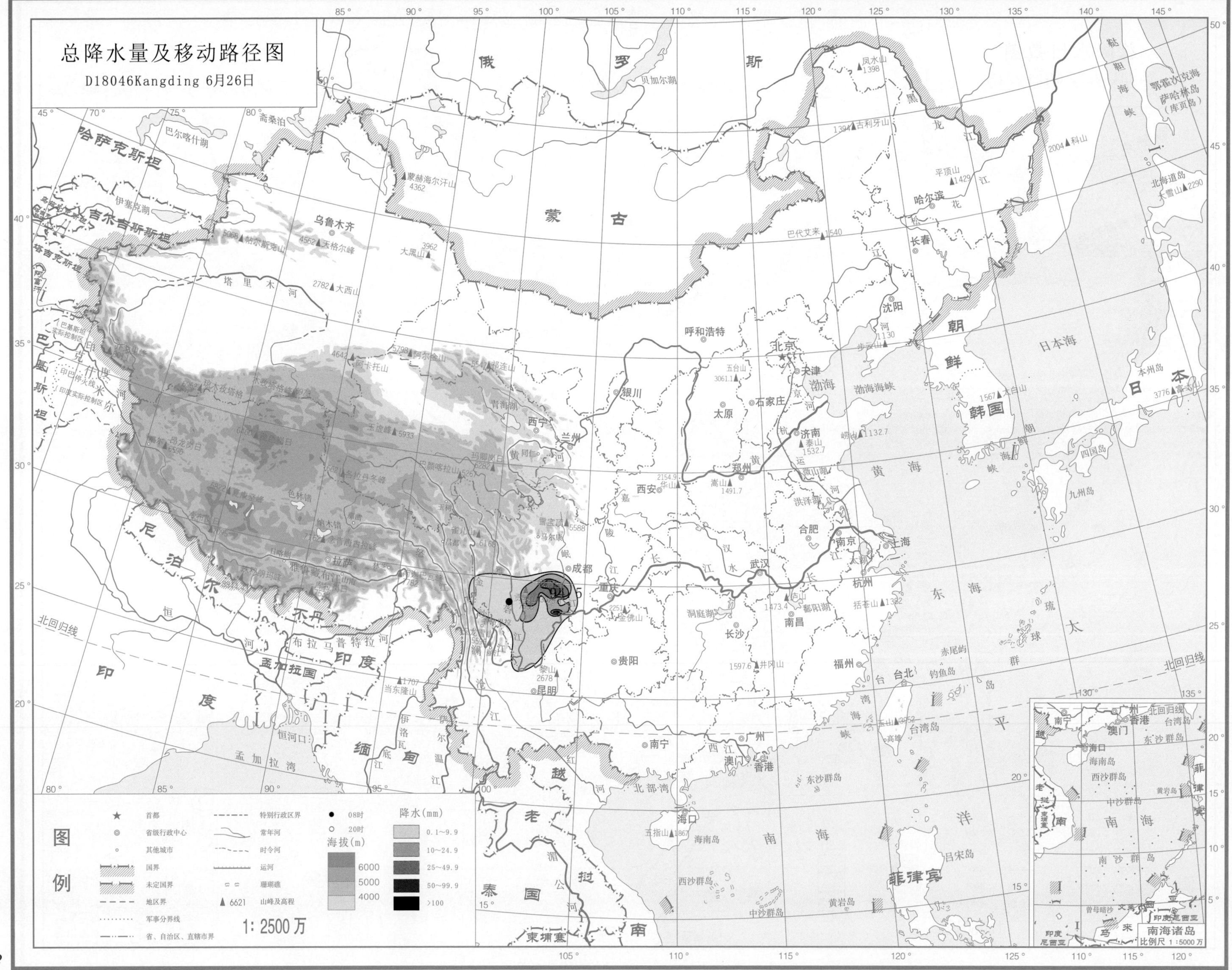
总降水量及移动路径图
D18046Kangding 6月26日
图例
首都
省级行政中心
其他城市
国界
未定国界
地区界
军事分界线
省、自治区、直辖市界
特别行政区界
常年河
时令河
运河
珊瑚礁
山峰及高程
08时
20时
海拔(m)
6000
5000
4000
降水(mm)
0.1~9.9
10~24.9
25~49.9
50~99.9
>100
1: 2500 万
南海诸岛
比例尺 1:5000 万

总降水日数图

D18046Kangding 6月26日

图例

- ★ 首都
- ◎ 省级行政中心
- ○ 其他城市
- 国界
- 未定国界
- 地区界
- 军事分界线
- 省、自治区、直辖市界
- 特别行政区界
- 常年河
- 时令河
- 运河
- 珊瑚礁
- ▲ 6621 山峰及高程

海拔(m)

- 6000
- 5000
- 4000

降水日数

- 1天
- 2~3天
- 4天以上

1∶2500万

南海诸岛

比例尺 1∶5000万

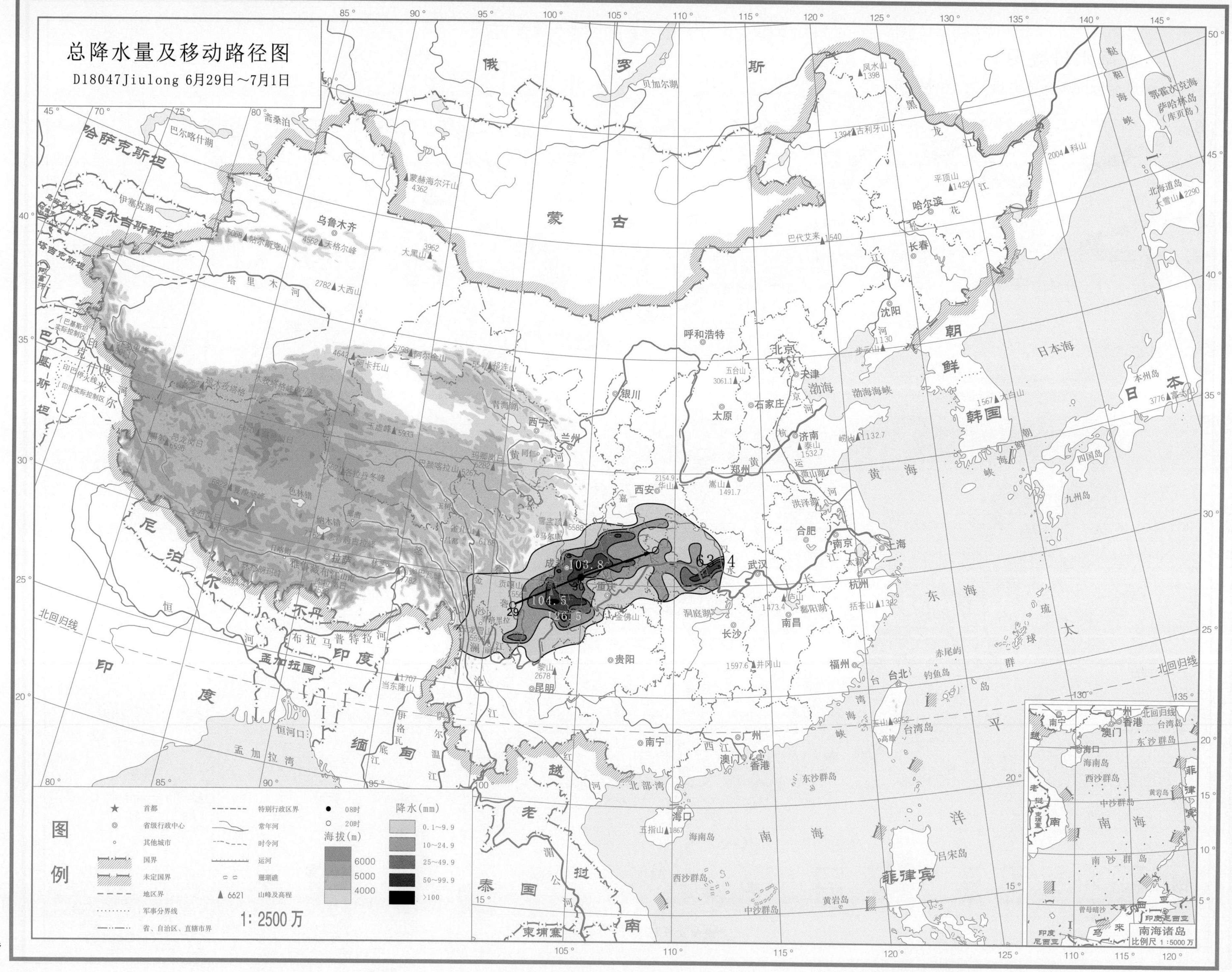

总降水量及移动路径图
D18047Jiulong 6月29日～7月1日
图例
首都
省级行政中心
其他城市
国界
未定国界
地区界
军事分界线
省、自治区、直辖市界
特别行政区界
常年河
时令河
运河
珊瑚礁
6621 山峰及高程
08时
20时
海拔(m)
6000
5000
4000
降水(mm)
0.1~9.9
10~24.9
25~49.9
50~99.9
>100
1:2500万
103.8
104.5
126.5
62.4
南海诸岛

总降水日数图

D18047Jiulong 6月29日～7月1日

图例

★ 首都
◎ 省级行政中心
○ 其他城市
国界
未定国界
地区界
军事分界线
省、自治区、直辖市界
特别行政区界
常年河
时令河
运河
珊瑚礁
▲ 6621 山峰及高程

海拔(m)
6000
5000
4000

降水日数
1天
2～3天
4天以上

1: 2500万

南海诸岛
比例尺 1：5000万

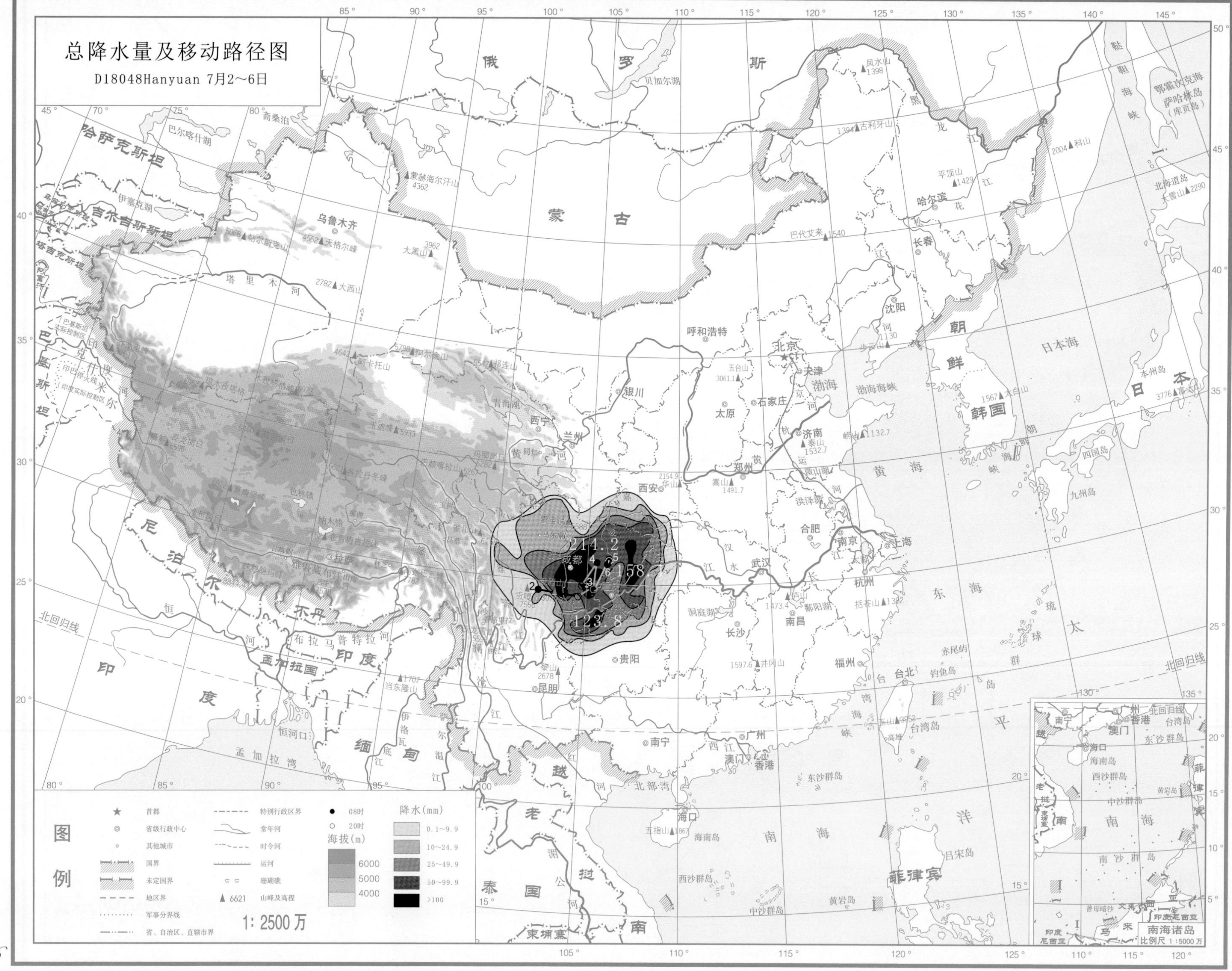

总降水量及移动路径图
D18048Hanyuan 7月2~6日
214.2
158.7
123.8
成都
贵阳
西安
武汉
重庆
昆明
俄
罗
斯
蒙
古
哈萨克斯坦
吉尔吉斯斯坦
塔吉克斯坦
尼
泊
尔
不丹
印
度
孟加拉国
缅
甸
老
挝
越
泰
国
柬埔寨
南
朝
鲜
韩国
日
本
菲律宾
北京
天津
石家庄
太原
呼和浩特
银川
兰州
西宁
拉萨
乌鲁木齐
郑州
济南
合肥
南京
上海
杭州
南昌
长沙
福州
台北
广州
南宁
海口
香港
澳门
沈阳
长春
哈尔滨
贝加尔湖
巴尔喀什湖
青海湖
洞庭湖
鄱阳湖
洪泽湖
渤海
黄海
东海
日本海
南海
渤海海峡
台湾海峡
太
平
洋
北回归线
图
例
首都
省级行政中心
其他城市
国界
未定国界
地区界
军事分界线
省、自治区、直辖市界
特别行政区界
常年河
时令河
运河
珊瑚礁
6621 山峰及高程
08时
20时
海拔(m)
6000
5000
4000
降水(mm)
0.1~9.9
10~24.9
25~49.9
50~99.9
>100
1:2500万
南海诸岛
比例尺 1:5000万

总降水日数图

D18048Hanyuan 7月2～6日

图例

★ 首都
◎ 省级行政中心
○ 其他城市
国界
未定国界
地区界
军事分界线
省、自治区、直辖市界
特别行政区界
常年河
时令河
运河
珊瑚礁
▲ 6621 山峰及高程

海拔(m)
6000
5000
4000

降水日数
1天
2～3天
4天以上

1：2500万

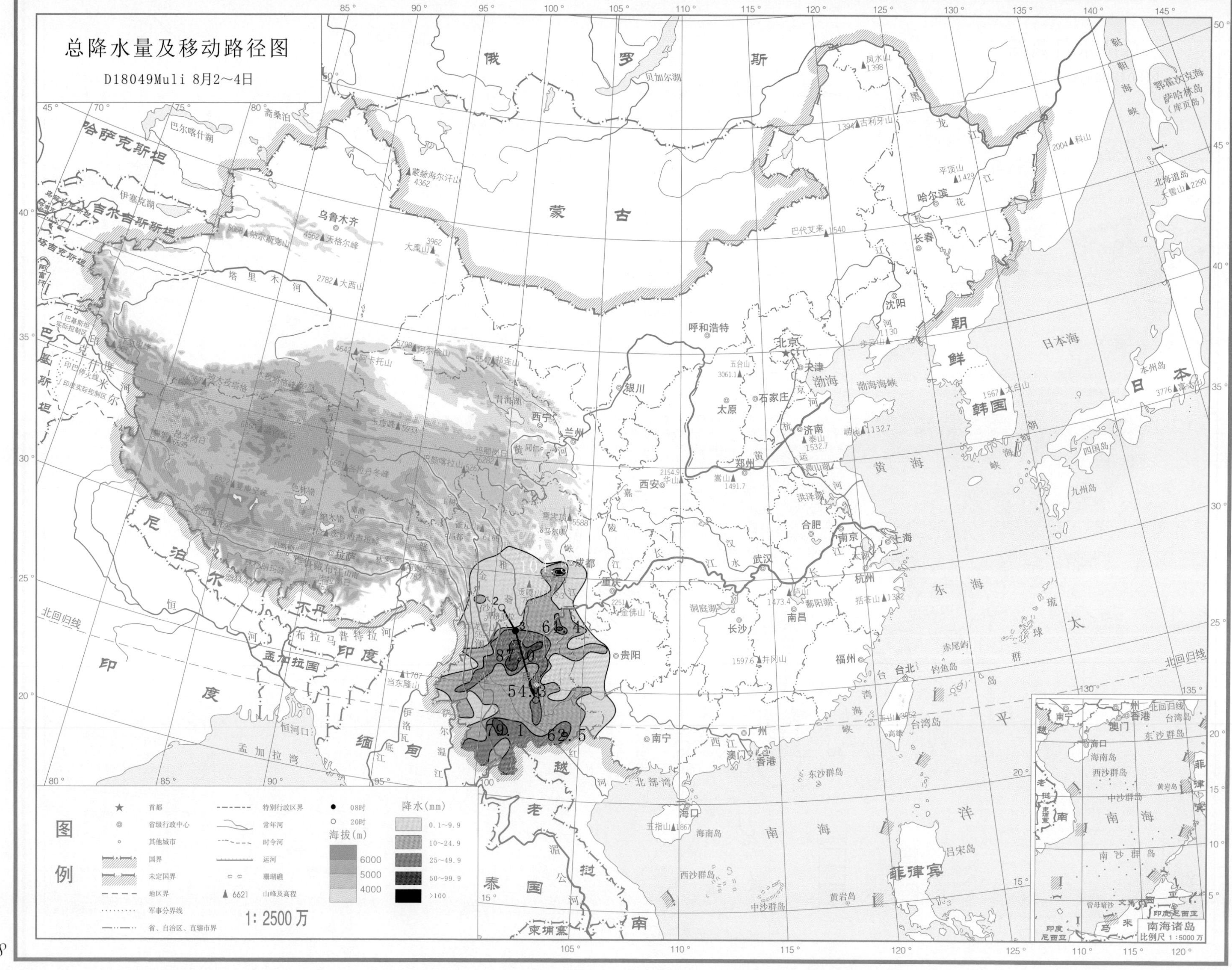
总降水量及移动路径图
D18049Muli 8月2~4日
图例
1:2500万
降水(mm)
0.1~9.9
10~24.9
25~49.9
50~99.9
>100
海拔(m)
6000
5000
4000
08时
20时
104.0
61.4
87.0
54.3
79.1
62.5
南海诸岛
比例尺 1:5000万

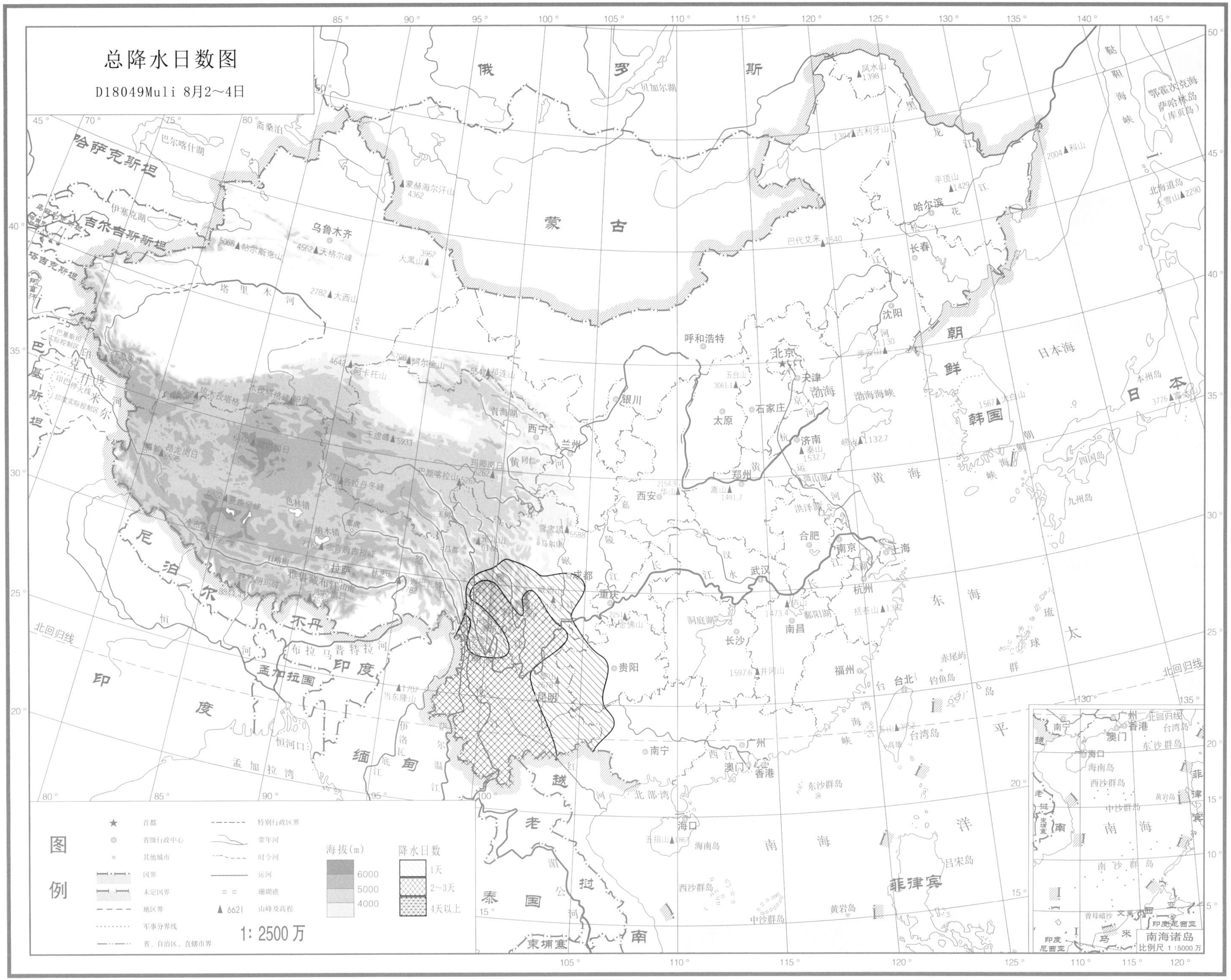

总降水日数图

D18049Muli 8月2～4日

图例

★ 首都
◎ 省级行政中心
○ 其他城市
国界
未定国界
地区界
军事分界线
省、自治区、直辖市界
特别行政区界
常年河
时令河
运河
珊瑚礁
▲6621 山峰及高程

海拔(m)
6000
5000
4000

降水日数
1天
2～3天
4天以上

1：2500万

南海诸岛
比例尺 1：5000万

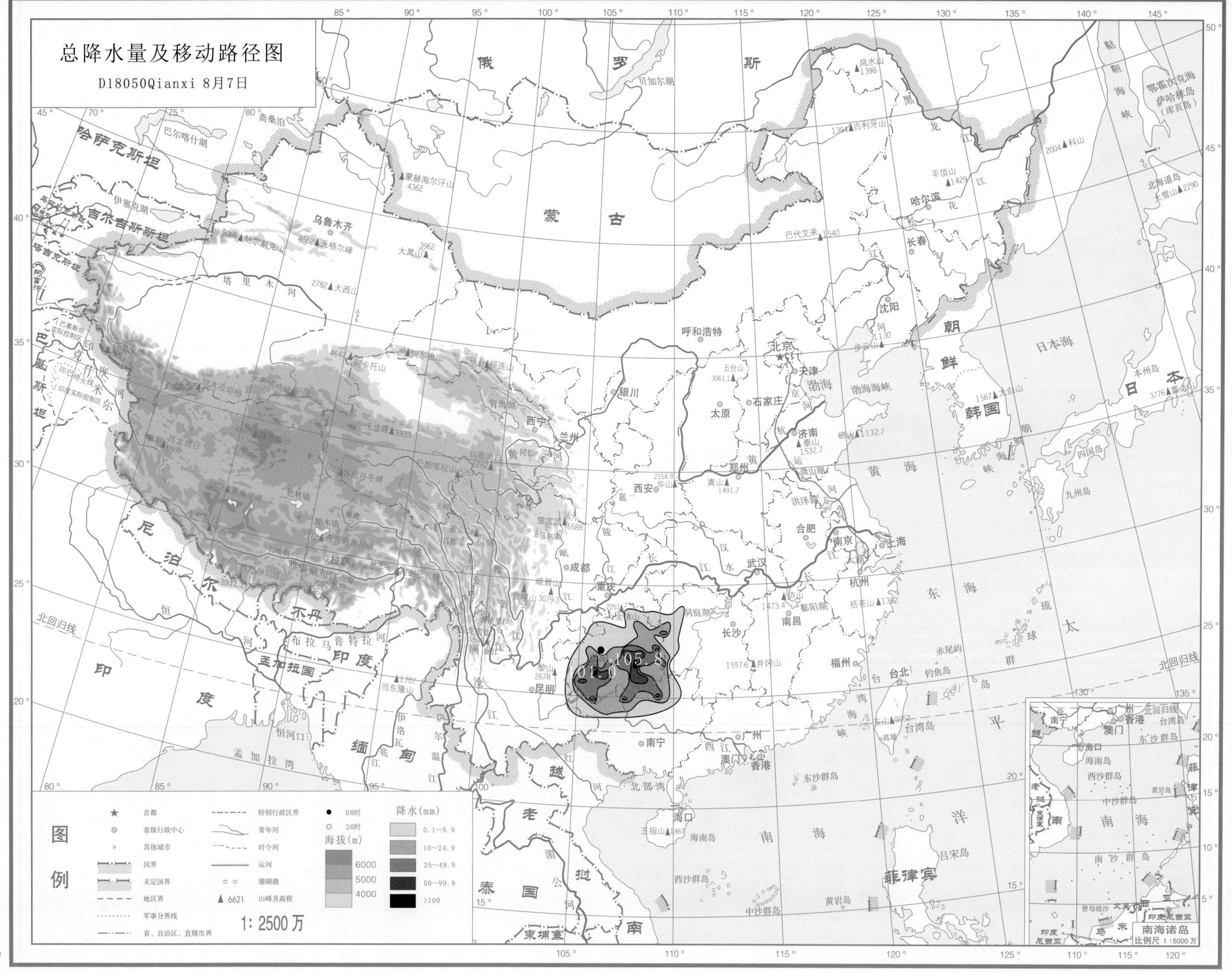
总降水量及移动路径图
D18050Qianxi 8月7日
105.8
101.0
图例
首都
省级行政中心
其他城市
国界
未定国界
地区界
军事分界线
省、自治区、直辖市界
特别行政区界
常年河
时令河
运河
珊瑚礁
6621 山峰及高程
08时
20时
海拔(m)
6000
5000
4000
降水(mm)
0.1~9.9
10~24.9
25~49.9
50~99.9
>100
1:2500万
南海诸岛
比例尺 1:5000万

总降水日数图

D18050Qianxi 8月7日

俄罗斯
蒙古
哈萨克斯坦
吉尔吉斯斯坦
塔吉克斯坦
阿富汗
巴基斯坦
尼泊尔
不丹
印度
孟加拉国
缅甸
老挝
泰国
柬埔寨
越南
朝鲜
韩国
日本
菲律宾

乌鲁木齐
呼和浩特
北京
天津
石家庄
太原
济南
银川
西宁
兰州
西安
郑州
合肥
南京
上海
杭州
武汉
成都
重庆
贵阳
长沙
南昌
福州
台北
昆明
南宁
广州
澳门
香港
海口
拉萨
沈阳
长春
哈尔滨

日本海
渤海
黄海
东海
南海
太平洋
北部湾
孟加拉湾
北回归线

南海诸岛
比例尺 1:5000万

图例

★	首都
◎	省级行政中心
○	其他城市
	国界
	未定国界
	地区界
	军事分界线
	省、自治区、直辖市界
	特别行政区界
	常年河
	时令河
	运河
	珊瑚礁
▲6621	山峰及高程

海拔(m)

6000
5000
4000

降水日数

1天
2~3天
4天以上

1：2500万

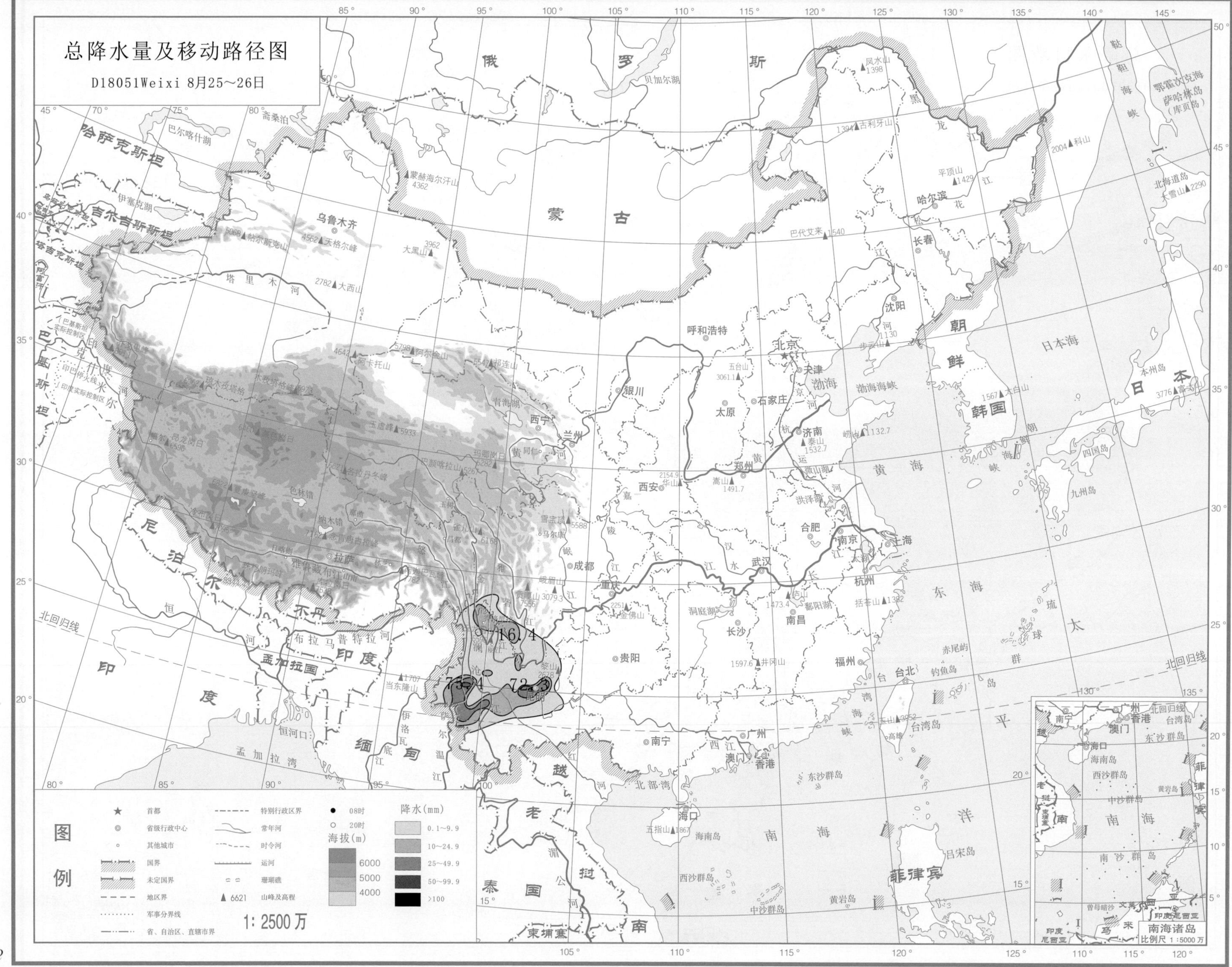
总降水量及移动路径图
D18051Weixi 8月25～26日
16.4
73.4
72.3
图例
首都
省级行政中心
其他城市
国界
未定国界
地区界
军事分界线
省、自治区、直辖市界
特别行政区界
常年河
时令河
运河
珊瑚礁
6621 山峰及高程
08时
20时
海拔(m)
6000
5000
4000
降水(mm)
0.1~9.9
10~24.9
25~49.9
50~99.9
>100
1: 2500 万
南海诸岛
比例尺 1:5000 万

总降水日数图

D18051Weixi 8月25～26日

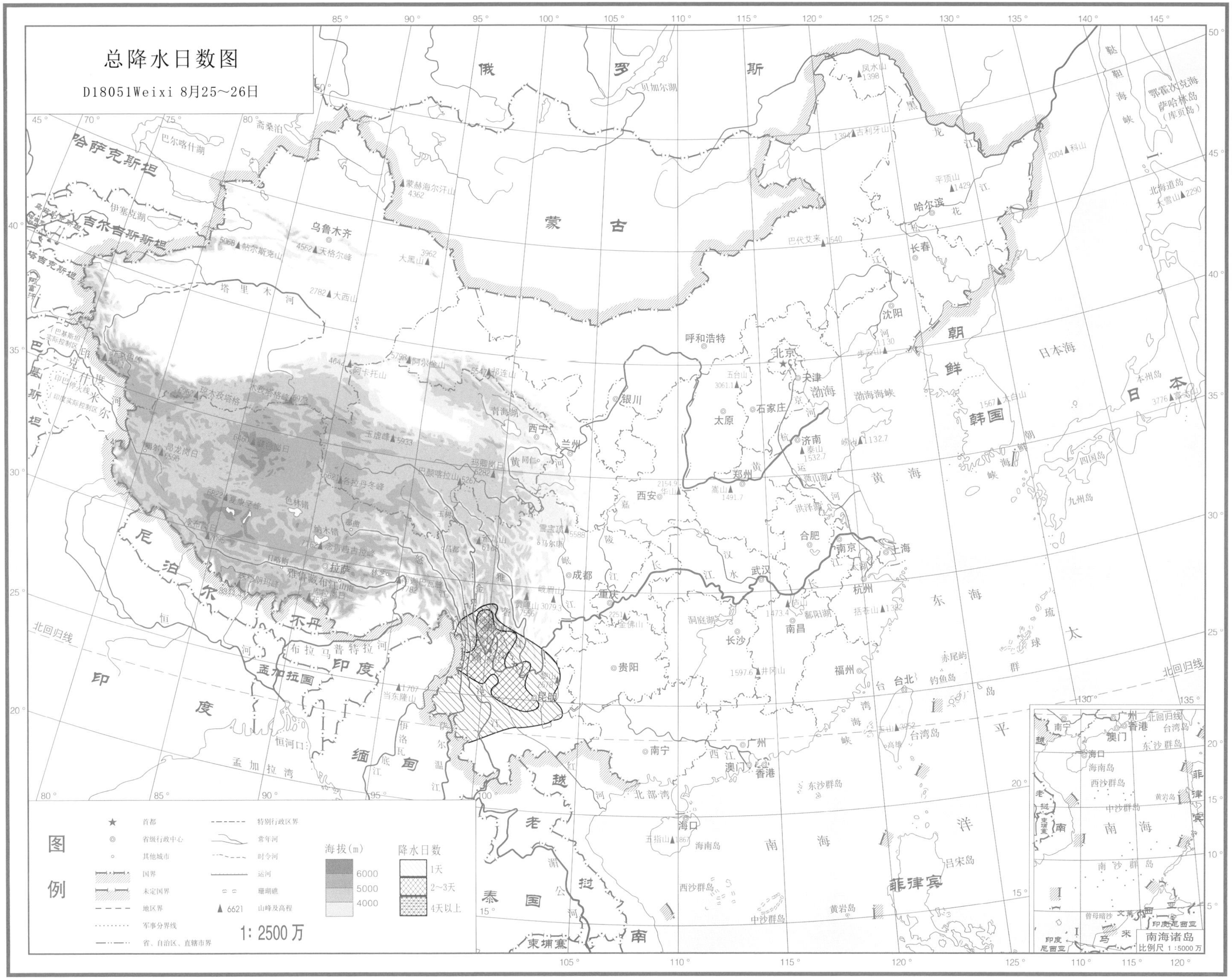

图例

★ 首都
◎ 省级行政中心
○ 其他城市
国界
未定国界
地区界
军事分界线
省、自治区、直辖市界
特别行政区界
常年河
时令河
运河
珊瑚礁
▲ 6621 山峰及高程

海拔(m)
6000
5000
4000

降水日数
1天
2～3天
4天以上

1: 2500 万

南海诸岛
比例尺 1:5000 万

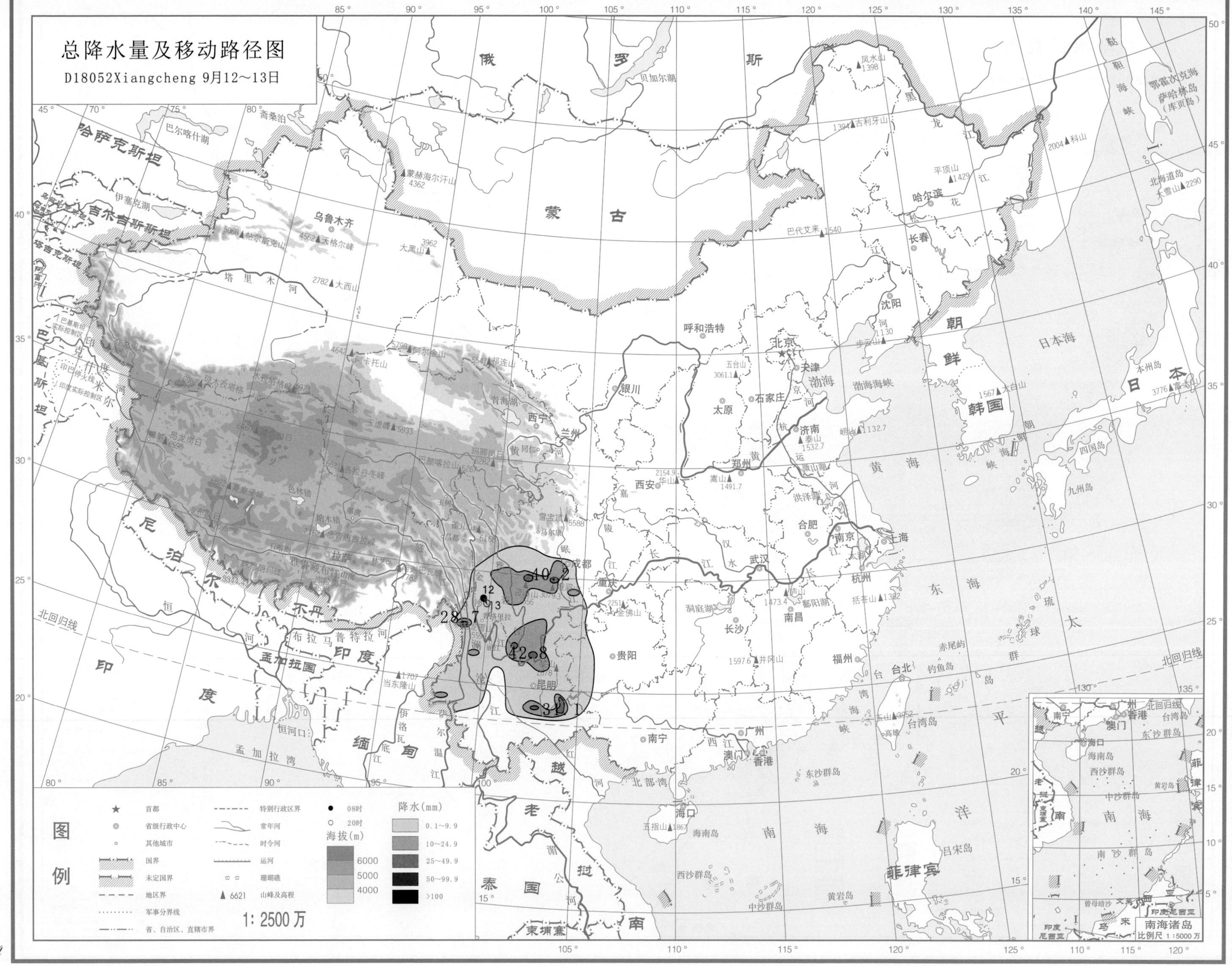
总降水量及移动路径图
D18052Xiangcheng 9月12～13日
图例
1:2500万
降水(mm)
0.1~9.9
10~24.9
25~49.9
50~99.9
>100
海拔(m)
6000
5000
4000
08时
20时
南海诸岛
比例尺 1:5000万

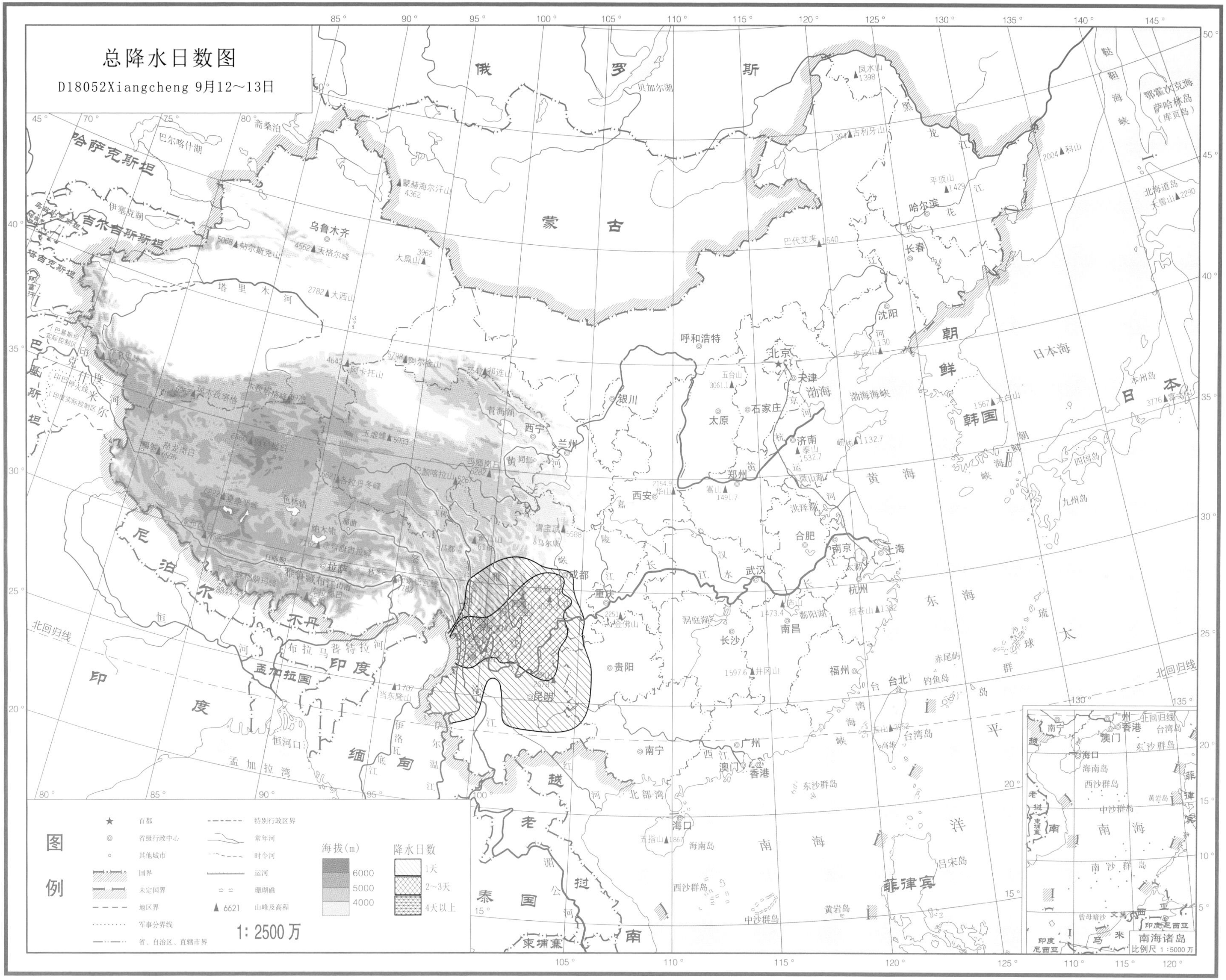

总降水日数图

D18052Xiangcheng 9月12～13日

图例

★ 首都
◎ 省级行政中心
○ 其他城市
国界
未定国界
地区界
军事分界线
特别行政区界
常年河
时令河
运河
珊瑚礁
▲6621 山峰及高程
省、自治区、直辖市界

海拔（m）
6000
5000
4000

降水日数
1天
2～3天
4天以上

1：2500万

南海诸岛 比例尺 1：5000万

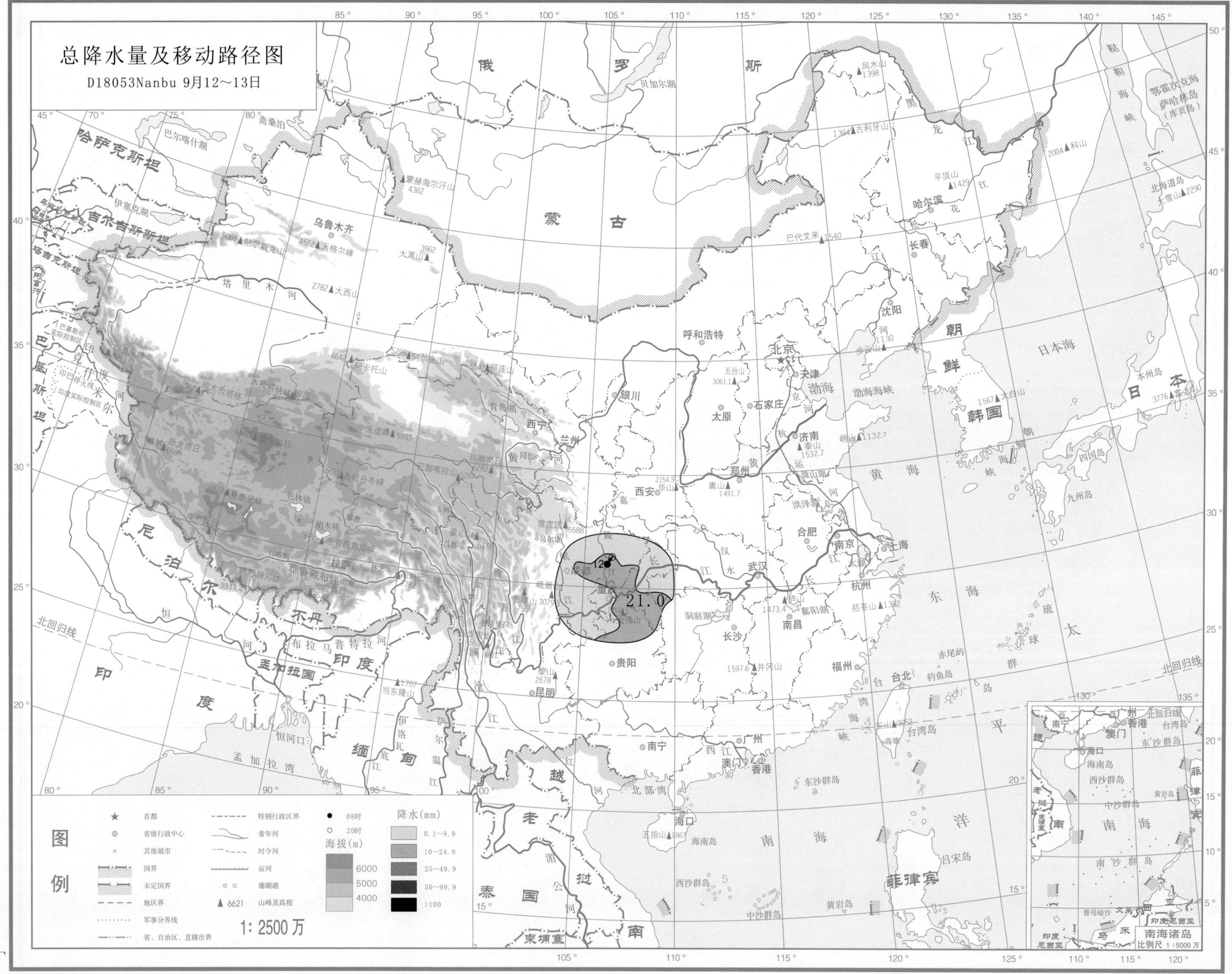
总降水量及移动路径图
D18053Nanbu 9月12～13日
12
21.0
图例
首都
省级行政中心
其他城市
国界
未定国界
地区界
军事分界线
省、自治区、直辖市界
特别行政区界
常年河
时令河
运河
珊瑚礁
6621 山峰及高程
08时
20时
海拔(m)
6000
5000
4000
降水(mm)
0.1～9.9
10～24.9
25～49.9
50～99.9
>100
1: 2500 万
南海诸岛
比例尺 1:5000 万
俄罗斯
蒙古
哈萨克斯坦
吉尔吉斯斯坦
塔吉克斯坦
尼泊尔
不丹
印度
孟加拉国
缅甸
老挝
越南
泰国
柬埔寨
朝鲜
韩国
日本
菲律宾
北京
天津
石家庄
太原
呼和浩特
沈阳
长春
哈尔滨
济南
郑州
西安
银川
兰州
西宁
乌鲁木齐
拉萨
成都
重庆
贵阳
昆明
南宁
广州
长沙
武汉
南昌
合肥
南京
上海
杭州
福州
台北
海口
澳门
香港
渤海
黄海
东海
南海
日本海
太平洋
北回归线

总降水日数图

D18053Nanbu 9月12～13日

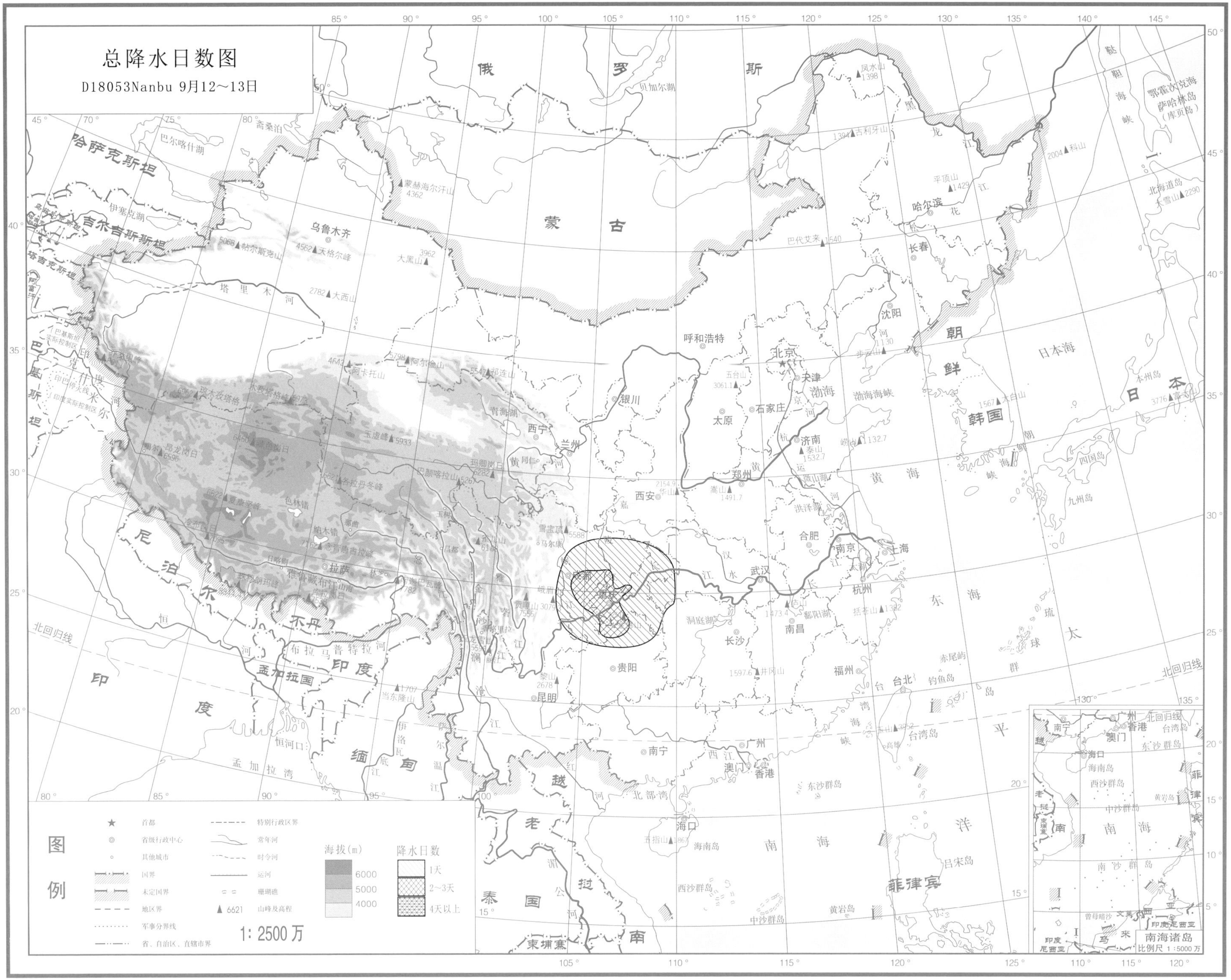

图例

★ 首都
◎ 省级行政中心
○ 其他城市
国界
未定国界
地区界
军事分界线
省、自治区、直辖市界
特别行政区界
常年河
时令河
运河
珊瑚礁
▲ 6621 山峰及高程

海拔(m)
6000
5000
4000

降水日数
1天
2~3天
4天以上

1：2500万

南海诸岛
比例尺 1：5000万

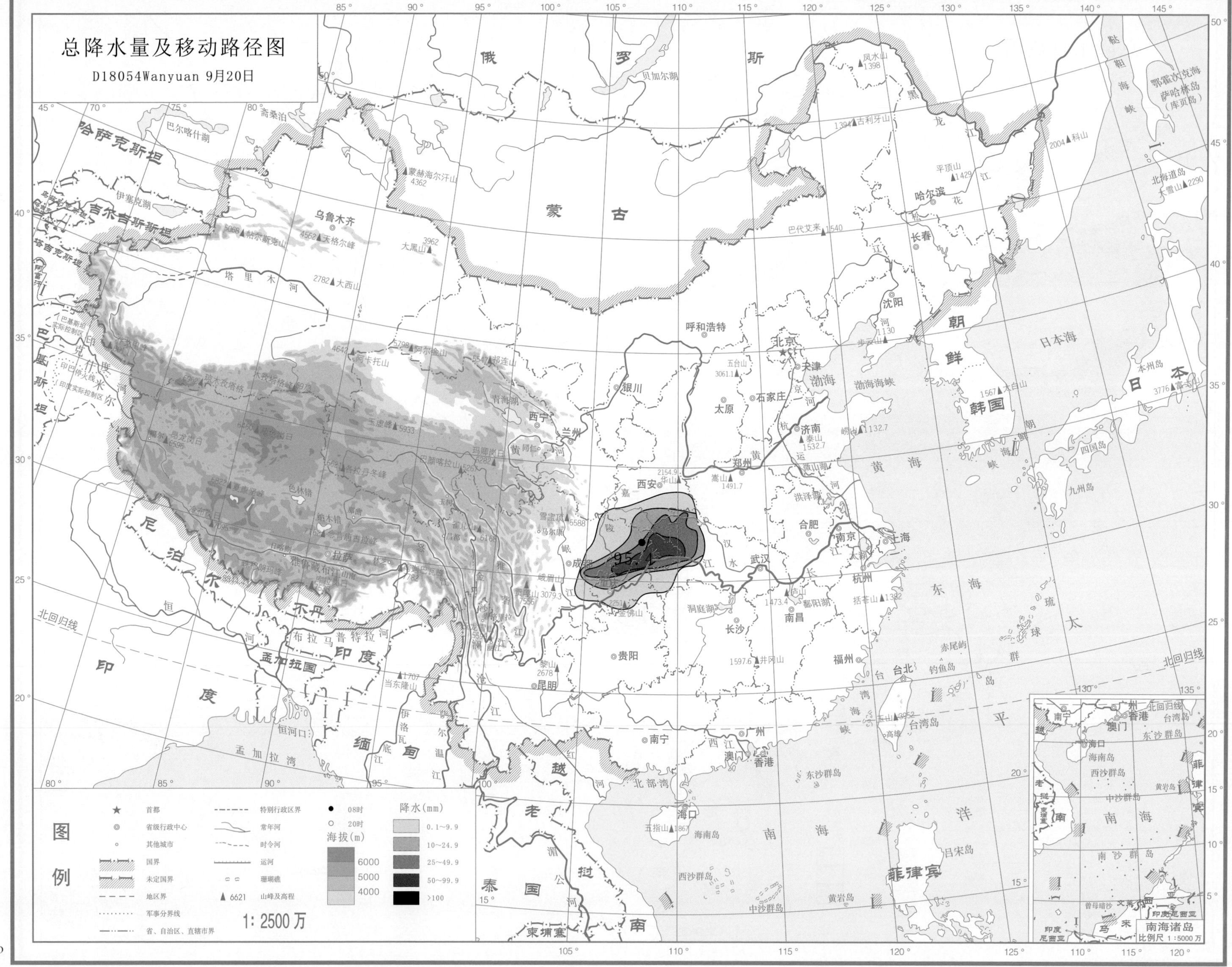
总降水量及移动路径图
D18054Wanyuan 9月20日
95.1
图例
首都
省级行政中心
其他城市
国界
未定国界
地区界
军事分界线
省、自治区、直辖市界
特别行政区界
常年河
时令河
运河
珊瑚礁
6621 山峰及高程
08时
20时
海拔(m)
6000
5000
4000
降水(mm)
0.1~9.9
10~24.9
25~49.9
50~99.9
>100
1: 2500万
南海诸岛
比例尺 1:5000万

总降水日数图

D18054Wanyuan 9月20日

图例

★ 首都
◎ 省级行政中心
○ 其他城市
国界
未定国界
地区界
军事分界线
省、自治区、直辖市界
特别行政区界
常年河
时令河
运河
珊瑚礁
▲ 6621 山峰及高程

海拔(m)
6000
5000
4000

降水日数
1天
2~3天
4天以上

1: 2500万

南海诸岛
比例尺 1:5000万

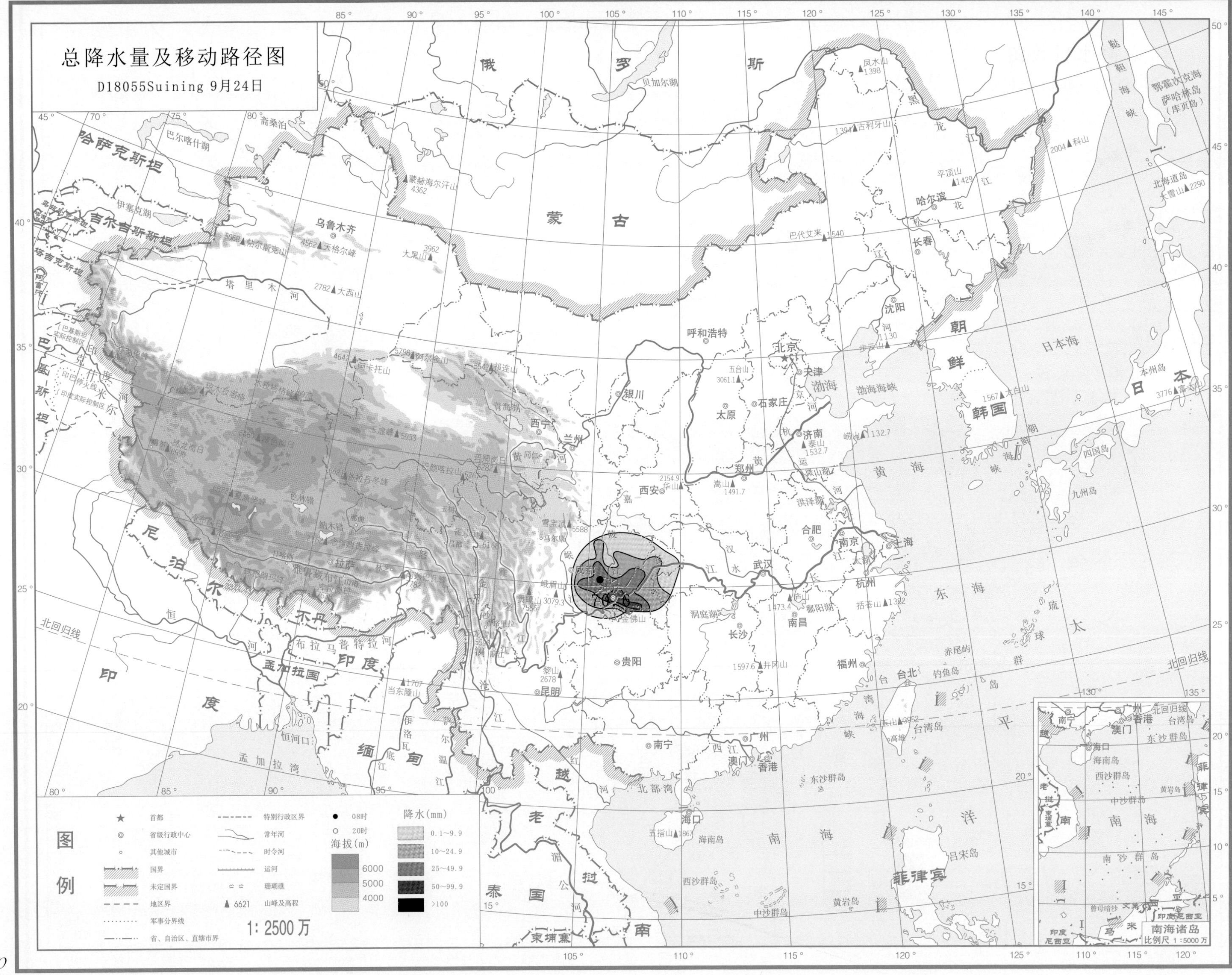
总降水量及移动路径图
D18055Suining 9月24日
图例
首都
省级行政中心
其他城市
国界
未定国界
地区界
军事分界线
省、自治区、直辖市界
特别行政区界
常年河
时令河
运河
珊瑚礁
6621 山峰及高程
08时
20时
海拔(m)
6000
5000
4000
降水(mm)
0.1~9.9
10~24.9
25~49.9
50~99.9
>100
1：2500万
南海诸岛
比例尺 1：5000万

总降水日数图

D18055Suining 9月24日

图例

- ★ 首都
- ◎ 省级行政中心
- ○ 其他城市
- 国界
- 未定国界
- 地区界
- 军事分界线
- 省、自治区、直辖市界
- 特别行政区界
- 常年河
- 时令河
- 运河
- 珊瑚礁
- ▲ 6621 山峰及高程

海拔(m)

- 6000
- 5000
- 4000

降水日数

- 1天
- 2~3天
- 4天以上

1: 2500 万

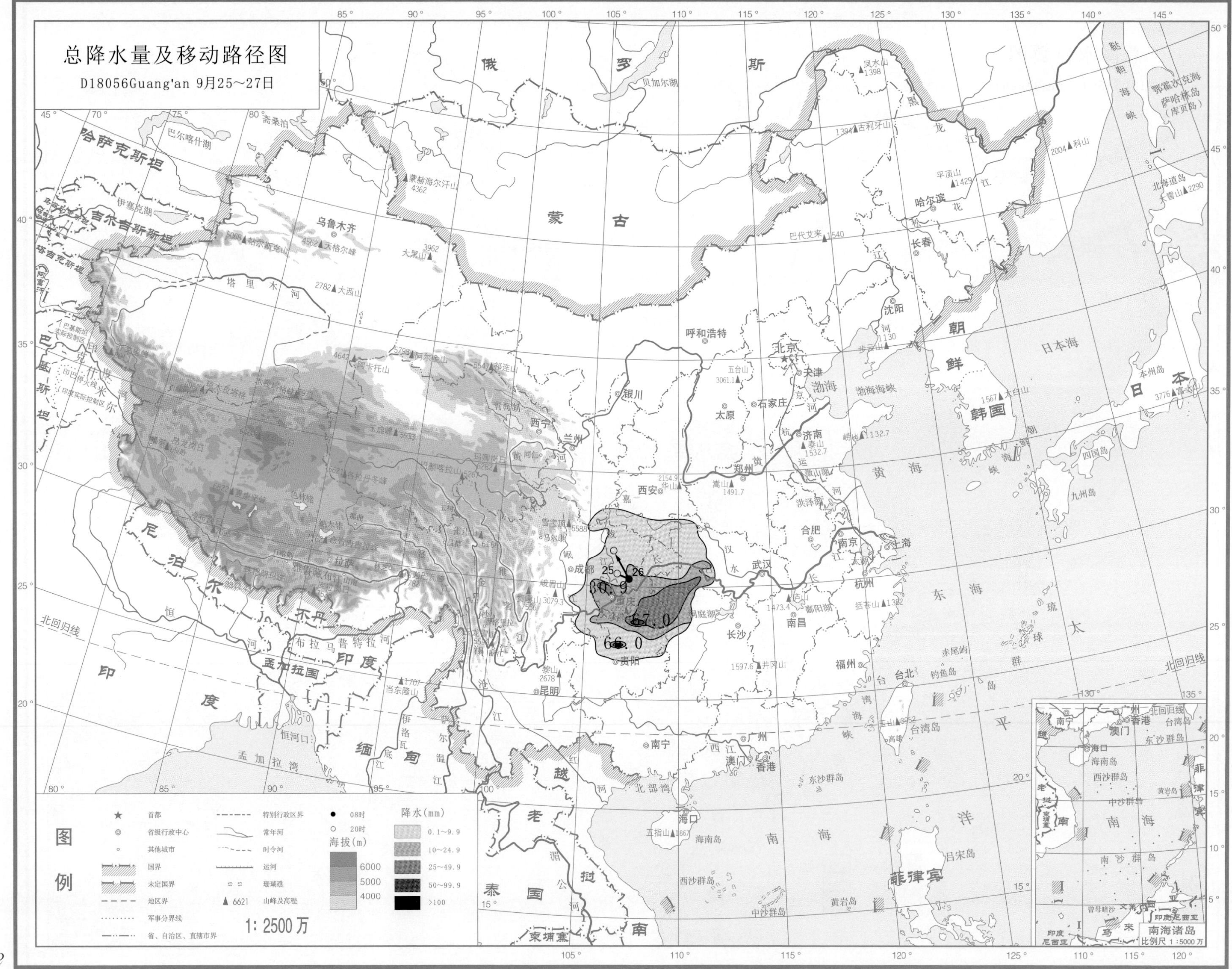

总降水量及移动路径图
D18056Guang'an 9月25～27日
30.9
67.0
66.0
25
26
图例
首都
省级行政中心
其他城市
国界
未定国界
地区界
军事分界线
省、自治区、直辖市界
特别行政区界
常年河
时令河
运河
珊瑚礁
6621 山峰及高程
08时
20时
海拔(m)
6000
5000
4000
降水(mm)
0.1～9.9
10～24.9
25～49.9
50～99.9
>100
1:2500万
南海诸岛
比例尺 1:5000万

总降水日数图

D18056Guang'an 9月25～27日

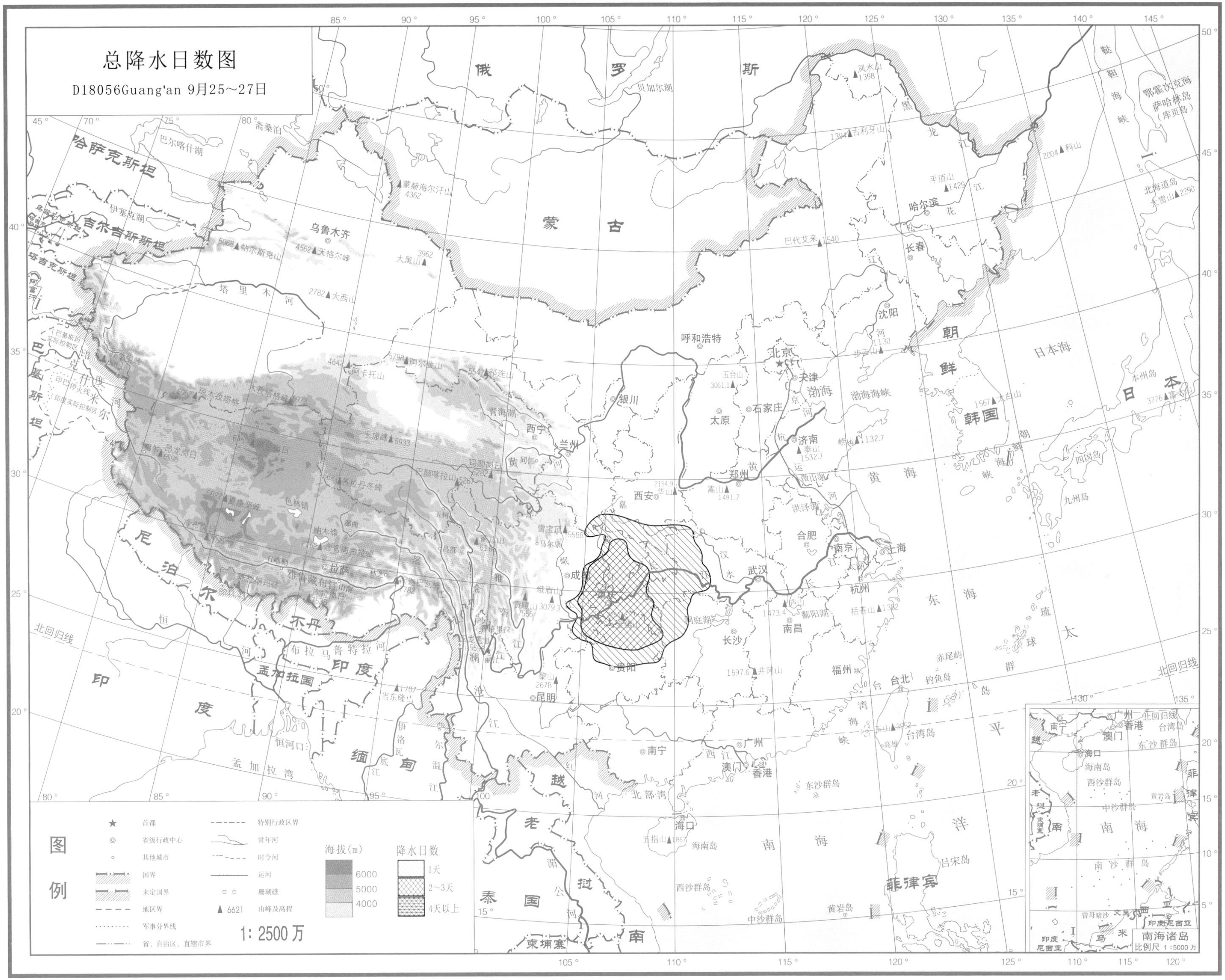

图例

★ 首都
◎ 省级行政中心
○ 其他城市
国界
未定国界
地区界
军事分界线
省、自治区、直辖市界
特别行政区界
常年河
时令河
运河
珊瑚礁
▲6621 山峰及高程

海拔(m)
6000
5000
4000

降水日数
1天
2～3天
4天以上

1：2500万

南海诸岛
比例尺 1：5000万

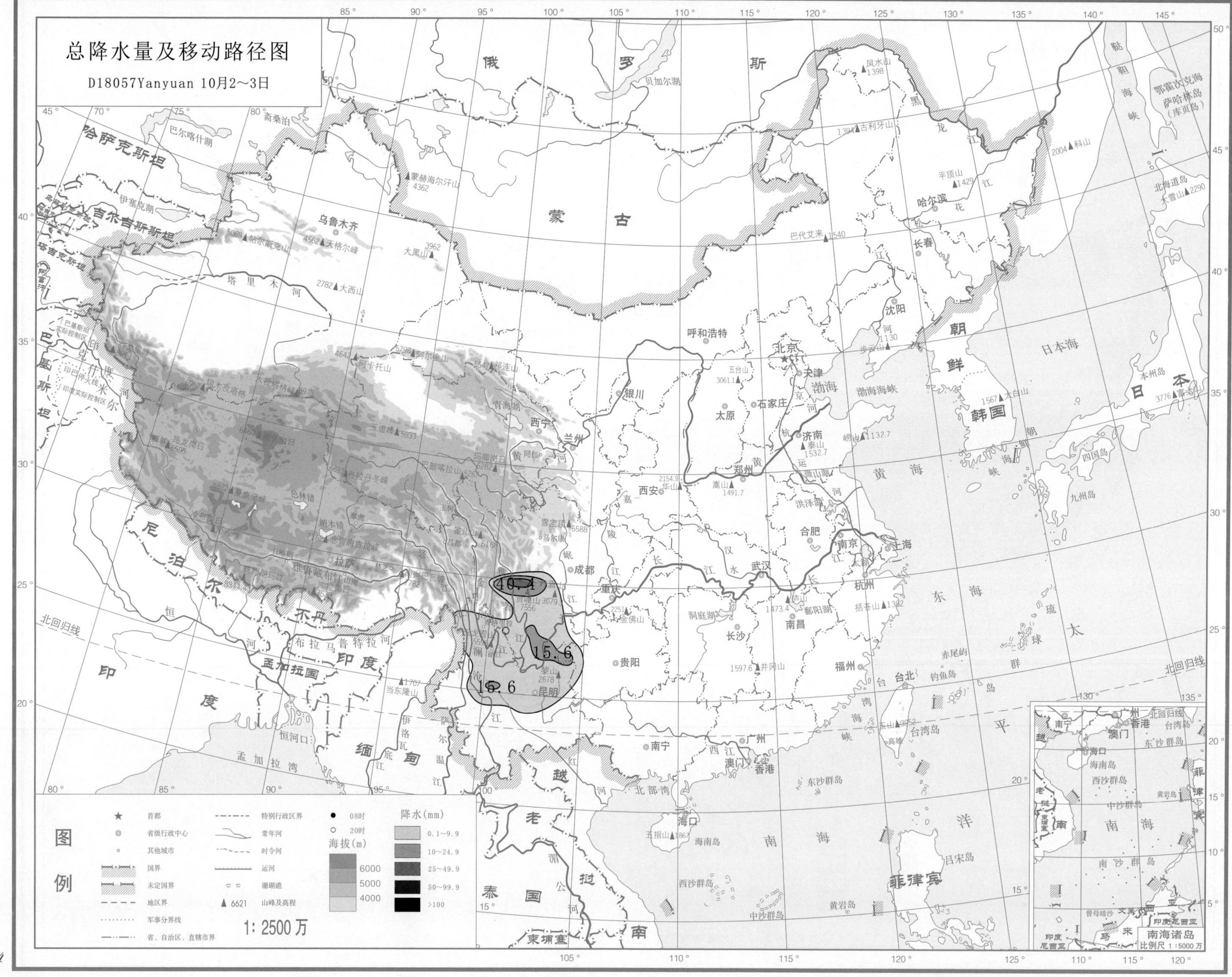

总降水量及移动路径图
D18057Yanyuan 10月2~3日
40.4
15.6
15.6
俄 罗 斯
蒙 古
哈萨克斯坦
吉尔吉斯斯坦
塔吉克斯坦
尼 泊 尔
不丹
孟加拉国
印 度
缅 甸
越
老
泰 国
柬埔寨
朝 鲜
韩国
日 本
菲律宾
乌鲁木齐
西宁
兰州
银川
呼和浩特
北京
天津
石家庄
太原
济南
郑州
西安
成都
重庆
贵阳
昆明
拉萨
武汉
长沙
南昌
合肥
南京
上海
杭州
福州
台北
广州
南宁
海口
香港
澳门
沈阳
长春
哈尔滨
渤海
黄 海
东 海
日本海
南 海
太 平 洋
南海诸岛
比例尺 1:5000万
北回归线
图例
首都
省级行政中心
其他城市
国界
未定国界
地区界
军事分界线
省、自治区、直辖市界
特别行政区界
常年河
时令河
运河
珊瑚礁
山峰及高程
08时
20时
海拔(m)
6000
5000
4000
降水(mm)
0.1~9.9
10~24.9
25~49.9
50~99.9
>100
1: 2500 万

总降水日数图

D18057Yanyuan 10月2～3日

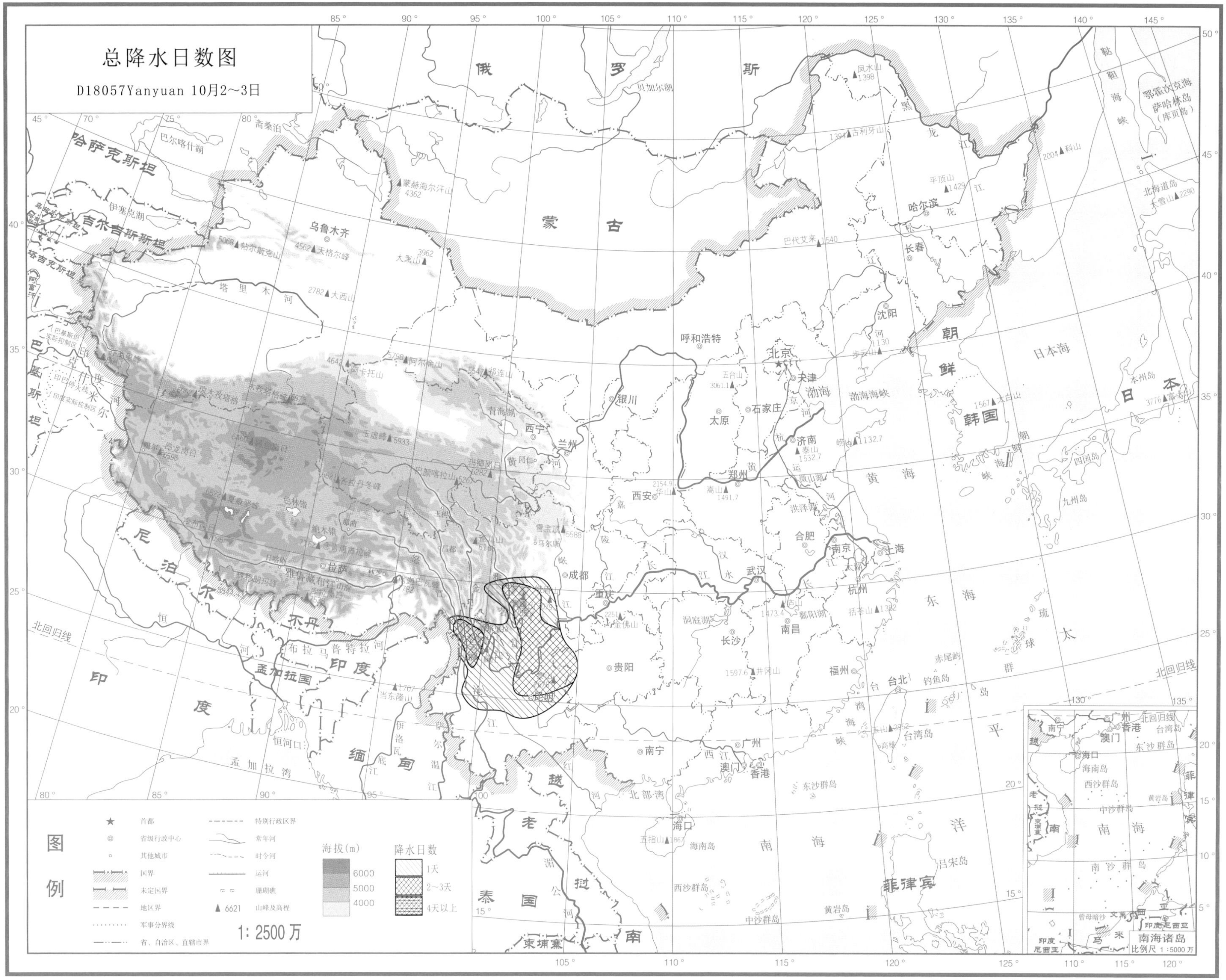

图例

★ 首都
◎ 省级行政中心
○ 其他城市
国界
未定国界
地区界
军事分界线
省、自治区、直辖市界
特别行政区界
常年河
时令河
运河
珊瑚礁
▲ 6621 山峰及高程

海拔(m)
6000
5000
4000

降水日数
1天
2～3天
4天以上

1∶2500万

南海诸岛
比例尺 1∶5000万

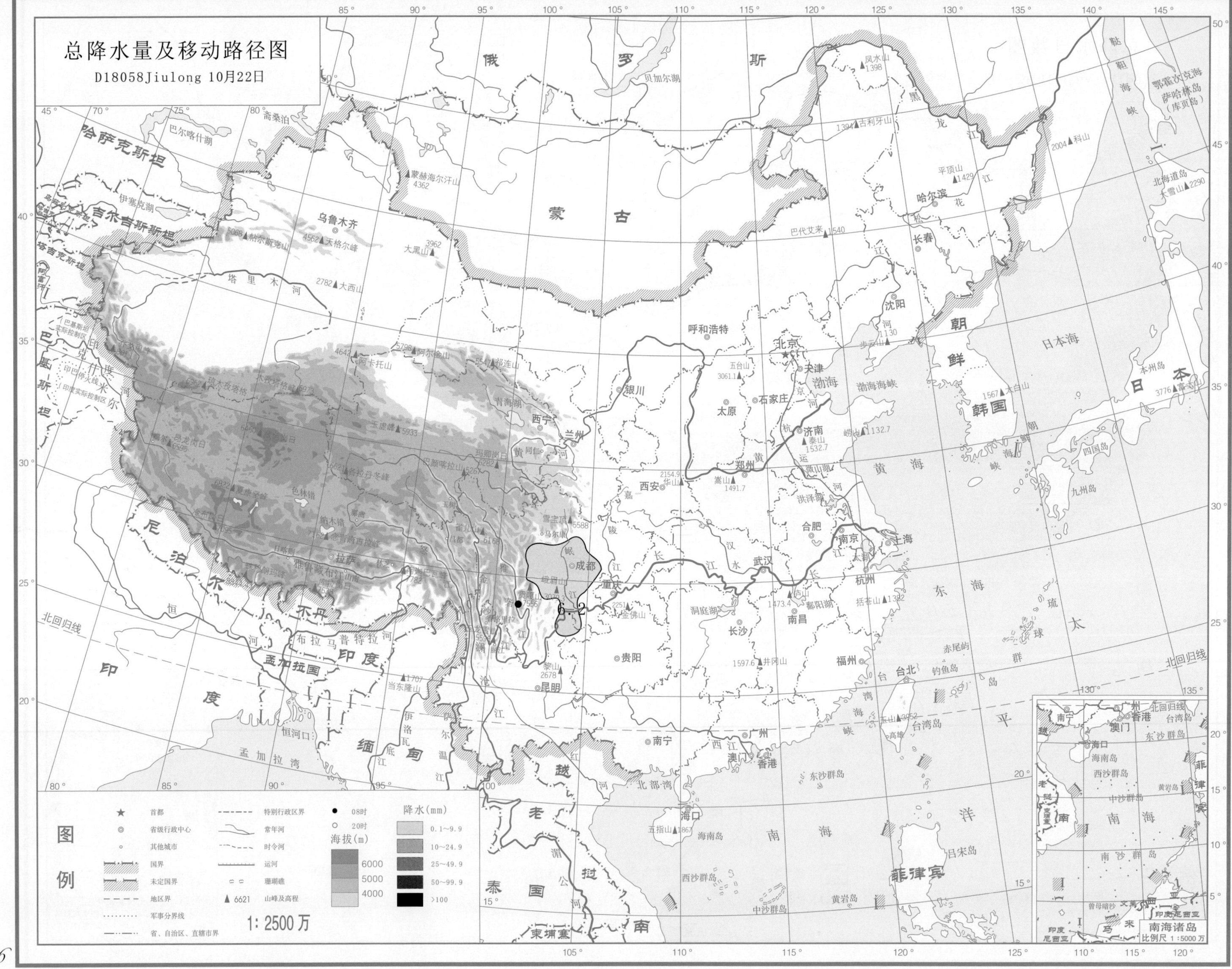
总降水量及移动路径图
D18058Jiulong 10月22日
图例
首都
省级行政中心
其他城市
国界
未定国界
地区界
军事分界线
省、自治区、直辖市界
特别行政区界
常年河
时令河
运河
珊瑚礁
6621 山峰及高程
08时
20时
海拔(m)
6000
5000
4000
降水(mm)
0.1~9.9
10~24.9
25~49.9
50~99.9
>100
1: 2500万
南海诸岛
比例尺 1:5000万
俄
罗
斯
蒙
古
哈萨克斯坦
吉尔吉斯斯坦
塔吉克斯坦
尼
泊
尔
不丹
印
度
孟加拉国
缅
甸
老
挝
泰
国
越
南
柬埔寨
朝
鲜
韩国
日
本
菲律宾
北京
天津
石家庄
太原
呼和浩特
沈阳
长春
哈尔滨
济南
郑州
西安
银川
兰州
西宁
乌鲁木齐
拉萨
成都
重庆
武汉
合肥
南京
上海
杭州
南昌
长沙
贵阳
昆明
南宁
广州
福州
台北
香港
澳门
海口
黄海
东海
南海
日本海
渤海
台湾岛
海南岛
北回归线

总降水日数图

D18058Jiulong 10月22日

图例

- ★ 首都
- ◎ 省级行政中心
- ∘ 其他城市
- 国界
- 未定国界
- 地区界
- 军事分界线
- 省、自治区、直辖市界
- 特别行政区界
- 常年河
- 时令河
- 运河
- 珊瑚礁
- ▲6621 山峰及高程

海拔(m)：6000、5000、4000

降水日数：1天；2~3天；4天以上

1∶2500万

南海诸岛 比例尺 1∶5000万

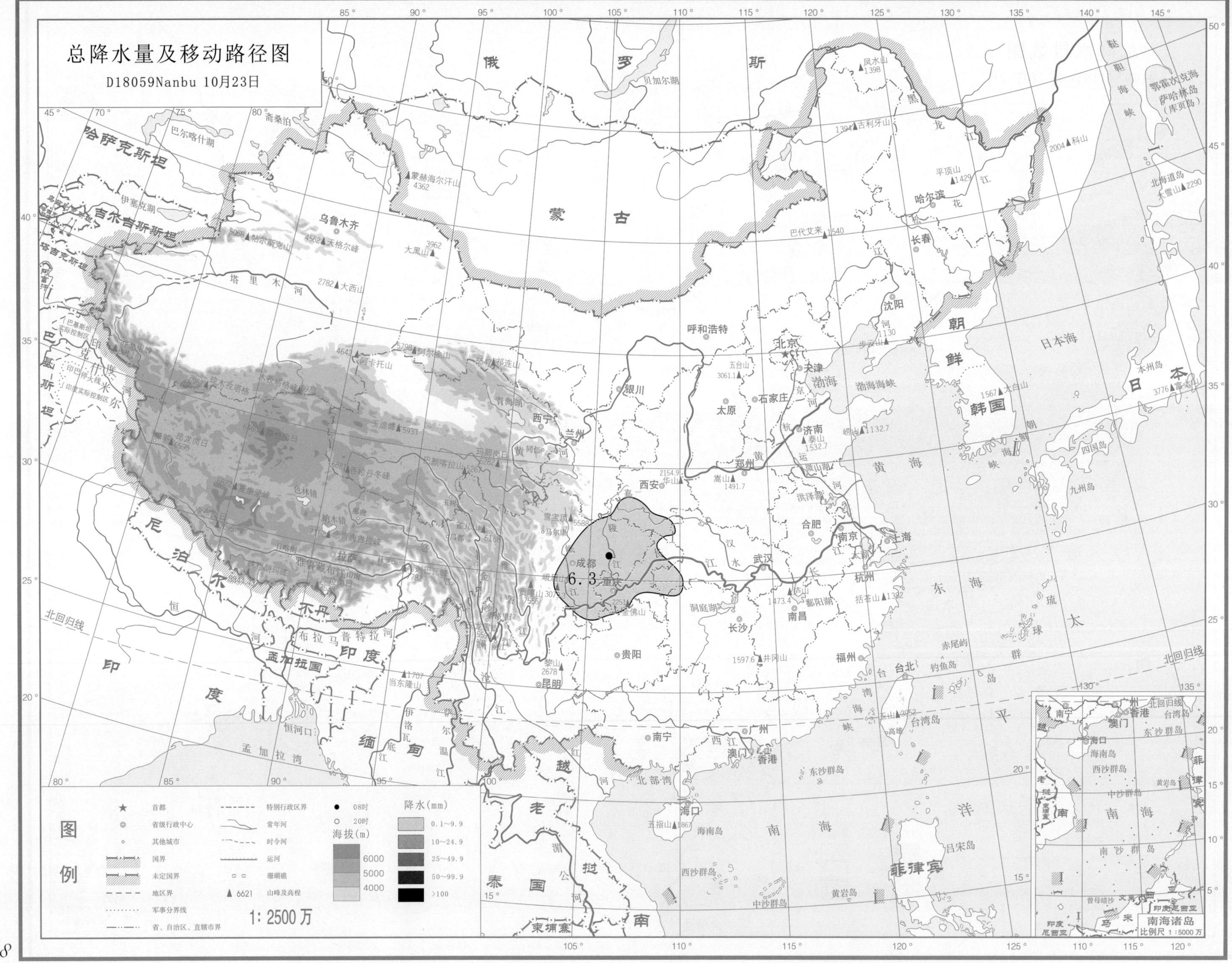

总降水量及移动路径图
D18059Nanbu 10月23日
6.3
图例
1: 2500万
降水(mm)
海拔(m)

总降水日数图

D18059Nanbu 10月23日

图例

★ 首都
◎ 省级行政中心
○ 其他城市
国界
未定国界
地区界
军事分界线
省、自治区、直辖市界
特别行政区界
常年河
时令河
运河
珊瑚礁
▲ 6621 山峰及高程

海拔(m)
6000
5000
4000

降水日数
1天
2~3天
4天以上

1:2500万

南海诸岛
比例尺 1:5000万

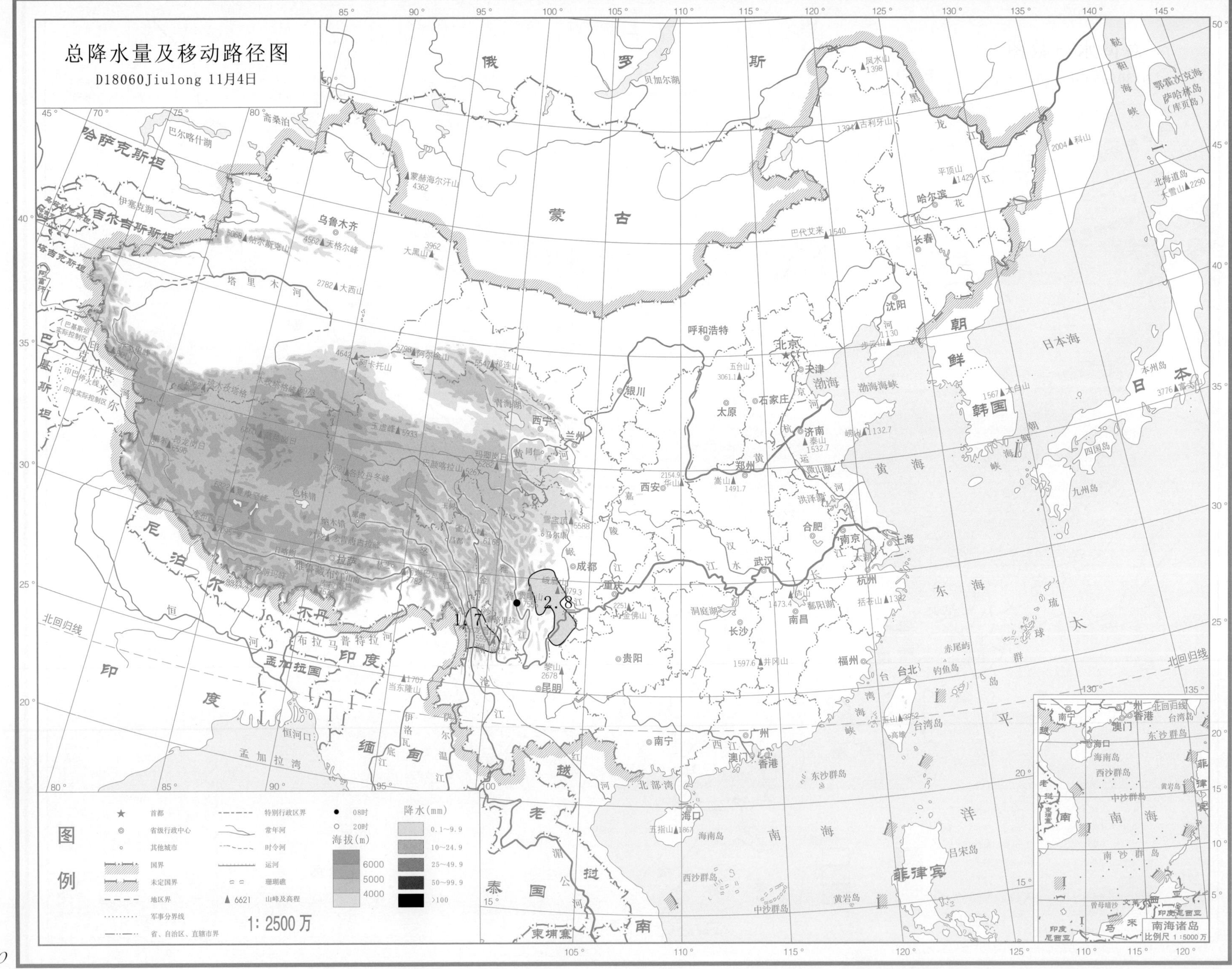
总降水量及移动路径图
D18060Jiulong 11月4日
1.7
2.8
图例
首都
省级行政中心
其他城市
国界
未定国界
地区界
军事分界线
省、自治区、直辖市界
特别行政区界
常年河
时令河
运河
珊瑚礁
6621 山峰及高程
08时
20时
海拔(m)
6000
5000
4000
降水(mm)
0.1~9.9
10~24.9
25~49.9
50~99.9
>100
1:2500万
南海诸岛
比例尺 1:5000万

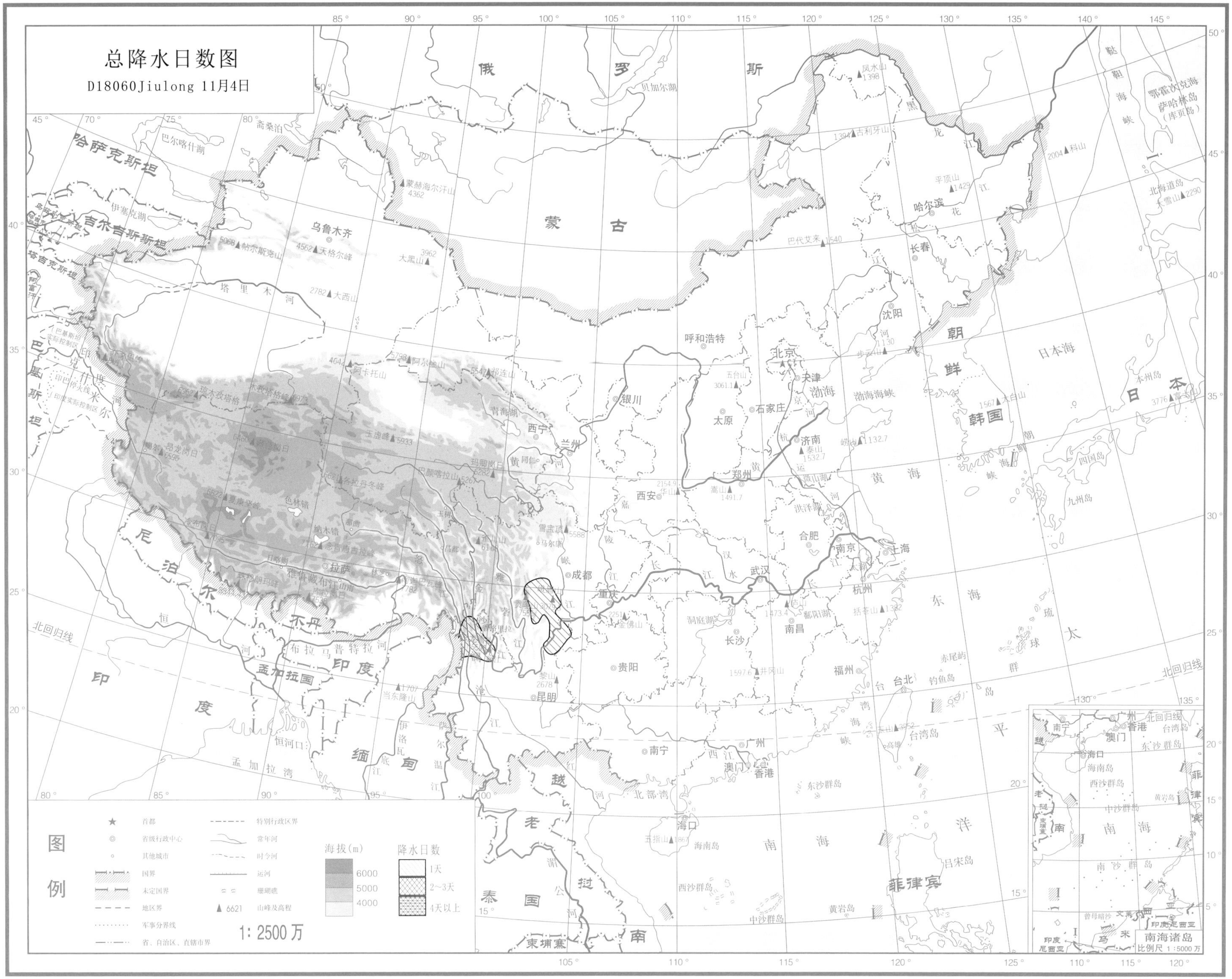

总降水日数图
D18060Jiulong 11月4日
图例
首都
省级行政中心
其他城市
国界
未定国界
地区界
军事分界线
省、自治区、直辖市界
特别行政区界
常年河
时令河
运河
珊瑚礁
6621 山峰及高程
海拔(m)
6000
5000
4000
降水日数
1天
2~3天
4天以上
1: 2500万
南海诸岛
比例尺 1：5000万
俄罗斯
蒙古
哈萨克斯坦
吉尔吉斯斯坦
塔吉克斯坦
阿富汗
巴基斯坦
印度
尼泊尔
不丹
孟加拉国
缅甸
老挝
越南
泰国
柬埔寨
朝鲜
韩国
日本
菲律宾
北京
天津
石家庄
太原
呼和浩特
沈阳
长春
哈尔滨
济南
郑州
西安
银川
兰州
西宁
乌鲁木齐
拉萨
成都
重庆
贵阳
昆明
南宁
广州
香港
澳门
海口
长沙
武汉
南昌
合肥
南京
上海
杭州
福州
台北
日本海
黄海
渤海
东海
南海
太平洋
北回归线

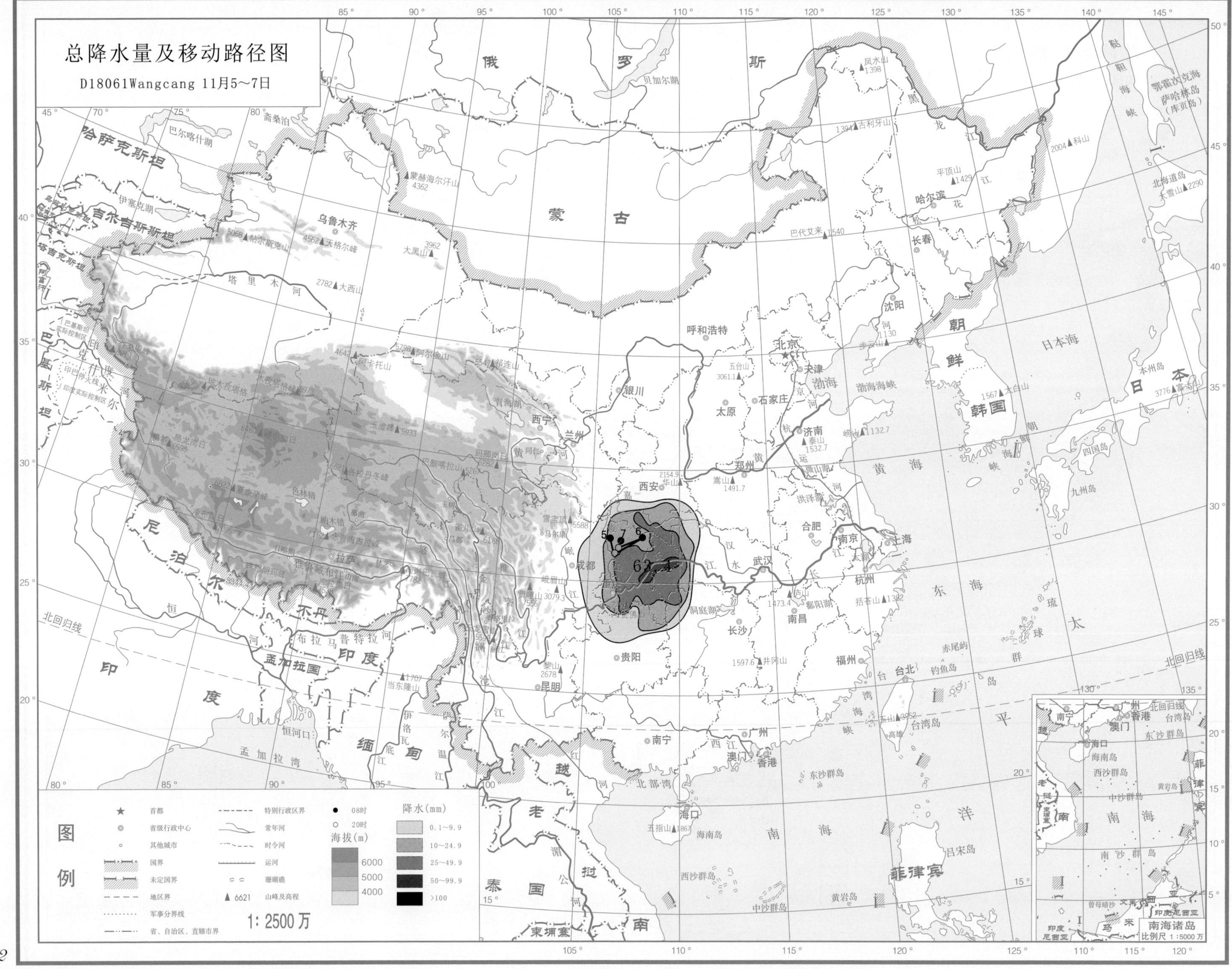
总降水量及移动路径图
D18061Wangcang 11月5～7日
图例
首都
省级行政中心
其他城市
国界
未定国界
地区界
军事分界线
省、自治区、直辖市界
特别行政区界
常年河
时令河
运河
珊瑚礁
6621 山峰及高程
08时
20时
海拔(m)
6000
5000
4000
降水(mm)
0.1～9.9
10～24.9
25～49.9
50～99.9
>100
1: 2500 万
南海诸岛
比例尺 1:5000 万

总降水日数图

D18061Wangcang 11月5~7日

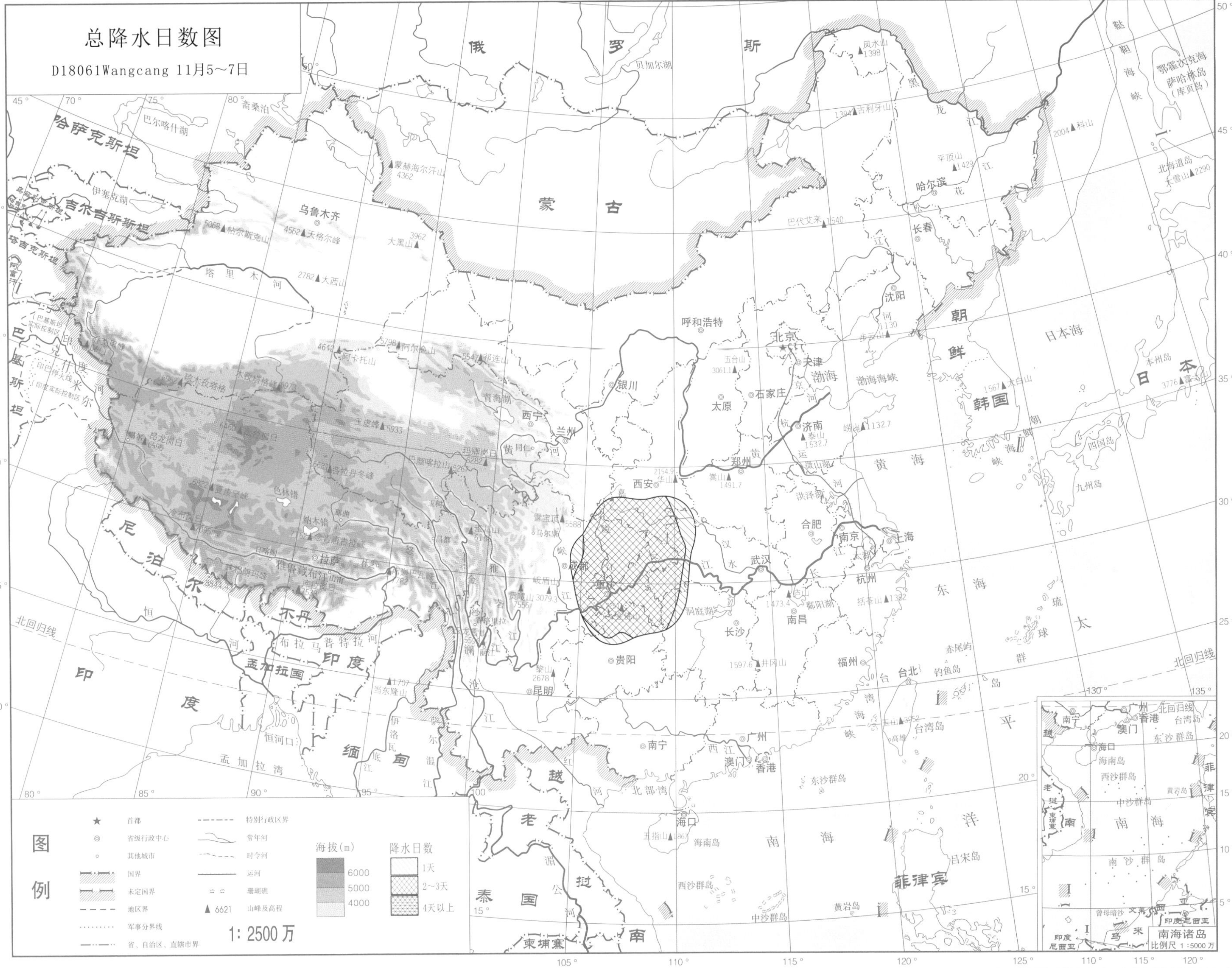

图例

★ 首都
◎ 省级行政中心
○ 其他城市
国界
未定国界
地区界
军事分界线
省、自治区、直辖市界
特别行政区界
常年河
时令河
运河
珊瑚礁
▲ 6621 山峰及高程

海拔(m)
6000
5000
4000

降水日数
1天
2~3天
4天以上

1:2500万

南海诸岛
比例尺 1:5000万

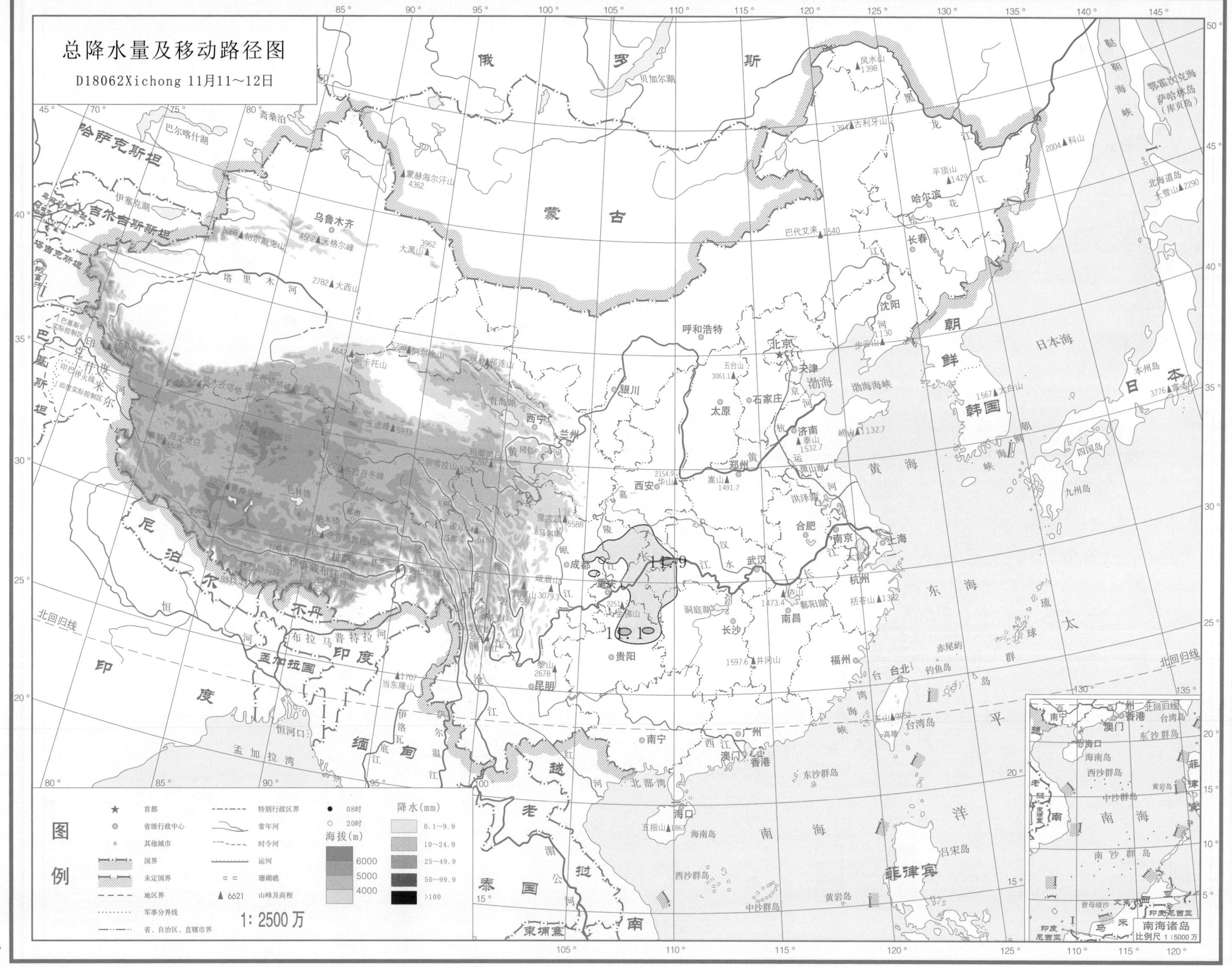
总降水量及移动路径图
D18062Xichong 11月11～12日
图例
首都
省级行政中心
其他城市
国界
未定国界
地区界
军事分界线
省、自治区、直辖市界
特别行政区界
常年河
时令河
运河
珊瑚礁
山峰及高程
08时
20时
海拔(m)
6000
5000
4000
降水(mm)
0.1～9.9
10～24.9
25～49.9
50～99.9
>100
1: 2500万
南海诸岛
比例尺 1:5000万
俄罗斯
蒙古
哈萨克斯坦
吉尔吉斯斯坦
塔吉克斯坦
巴基斯坦
尼泊尔
不丹
印度
孟加拉国
缅甸
老挝
泰国
越南
柬埔寨
朝鲜
韩国
日本
菲律宾
北京
天津
石家庄
太原
呼和浩特
沈阳
长春
哈尔滨
济南
郑州
西安
银川
兰州
西宁
乌鲁木齐
拉萨
成都
重庆
贵阳
昆明
南宁
广州
长沙
武汉
南昌
合肥
南京
上海
杭州
福州
台北
海口
香港
澳门
渤海
黄海
东海
南海
日本海
太平洋
北回归线

总降水日数图

D18062Xichong 11月11～12日

图例

符号	说明
★	首都
◎	省级行政中心
○	其他城市
	国界
	未定国界
	地区界
	军事分界线
	省、自治区、直辖市界
	特别行政区界
	常年河
	时令河
	运河
	珊瑚礁
▲ 6621	山峰及高程

海拔(m)：6000、5000、4000

降水日数：1天、2～3天、4天以上

1：2500万

南海诸岛 比例尺 1：5000万

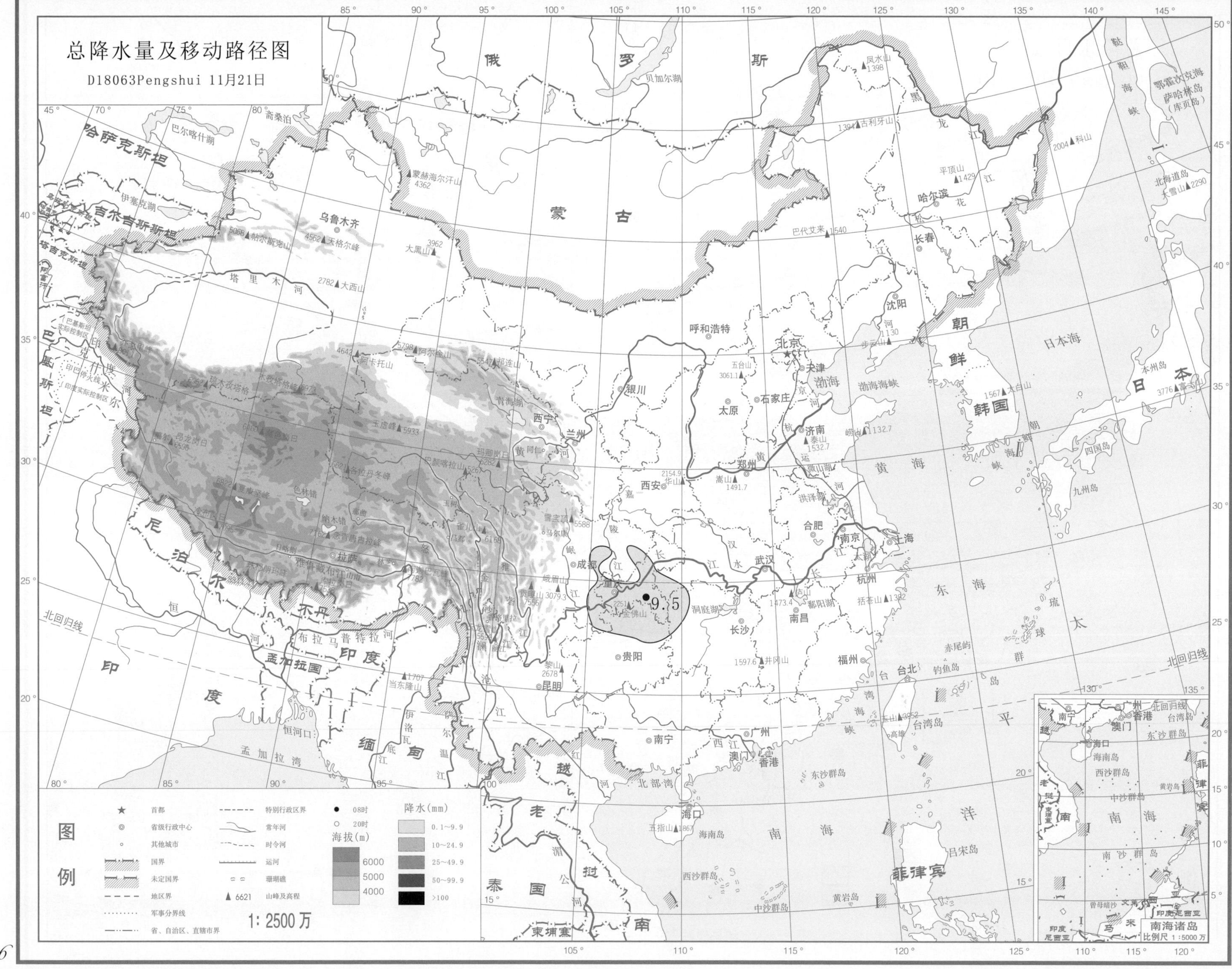
总降水量及移动路径图
D18063Pengshui 11月21日
9.5
俄 罗 斯
蒙 古
哈萨克斯坦
吉尔吉斯斯坦
塔吉克斯坦
巴基斯坦
尼泊尔
不丹
孟加拉国
印度
缅甸
老挝
泰国
越南
柬埔寨
朝鲜
韩国
日本
菲律宾
乌鲁木齐
呼和浩特
北京
天津
石家庄
太原
银川
西宁
兰州
西安
郑州
济南
合肥
南京
上海
武汉
杭州
成都
重庆
长沙
南昌
贵阳
福州
台北
昆明
南宁
广州
澳门
香港
海口
哈尔滨
长春
沈阳
拉萨
日本海
黄海
东海
南海
渤海
太平洋
北回归线
图例
首都
省级行政中心
其他城市
国界
未定国界
地区界
军事分界线
省、自治区、直辖市界
特别行政区界
常年河
时令河
运河
珊瑚礁
6621 山峰及高程
08时
20时
降水(mm)
0.1~9.9
10~24.9
25~49.9
50~99.9
>100
海拔(m)
6000
5000
4000
1: 2500万
南海诸岛
比例尺 1:5000万

总降水日数图

D18063Pengshui 11月21日

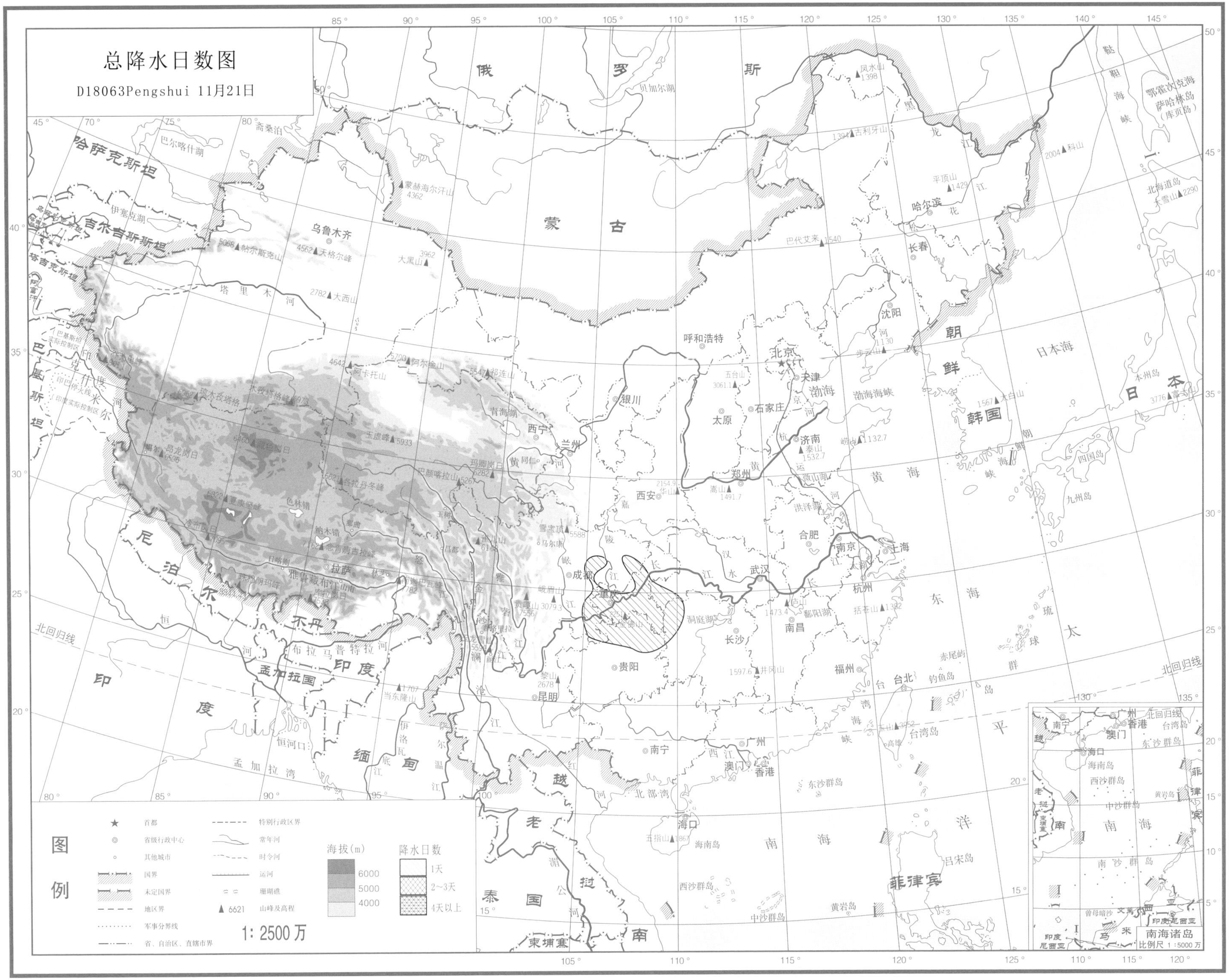

图例

★ 首都
◎ 省级行政中心
○ 其他城市
国界
未定国界
地区界
军事分界线
省、自治区、直辖市界
特别行政区界
常年河
时令河
运河
珊瑚礁
▲6621 山峰及高程

海拔(m)
6000
5000
4000

降水日数
1天
2~3天
4天以上

1:2500万

南海诸岛
比例尺 1:5000万

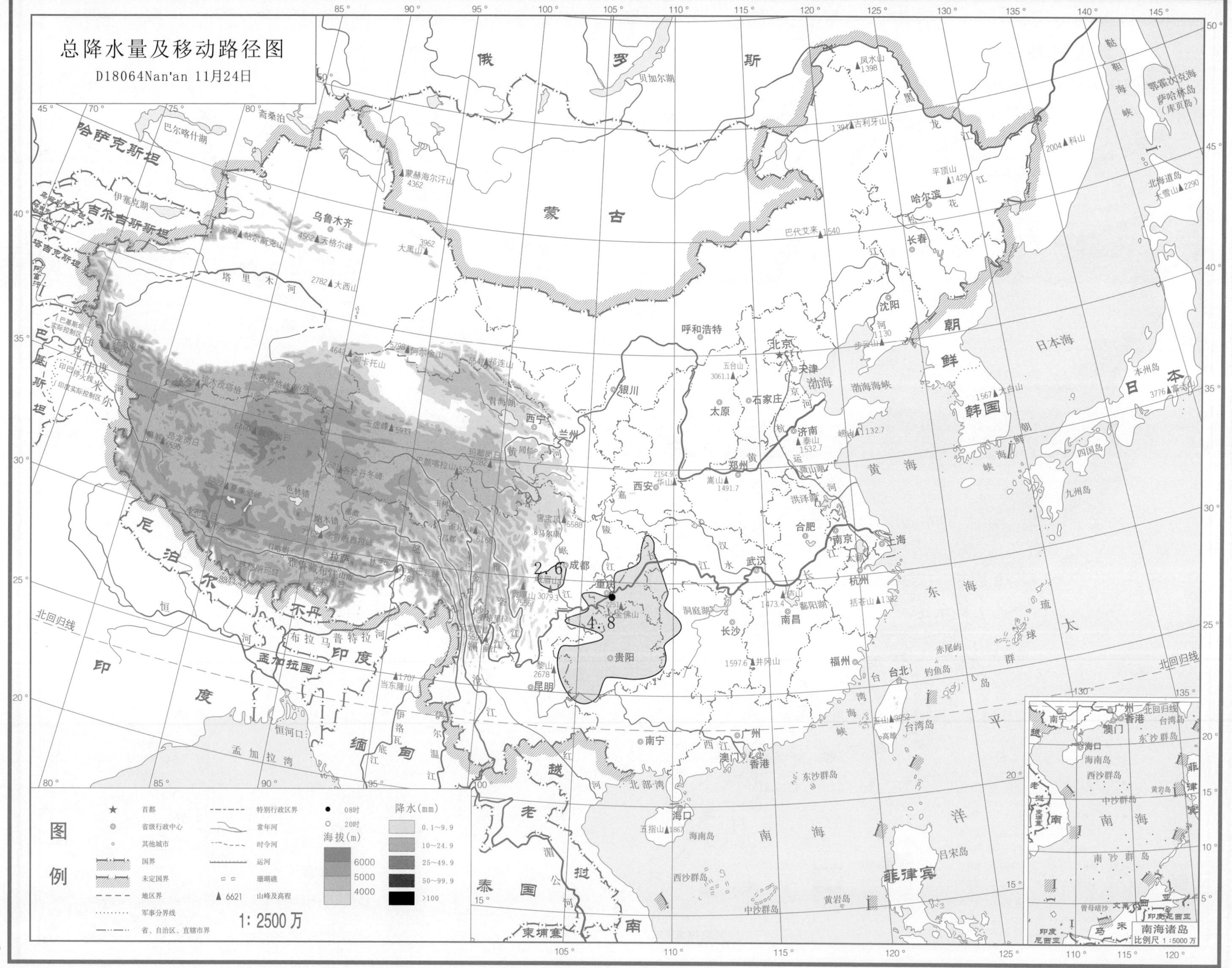
总降水量及移动路径图
D18064Nan'an 11月24日
图例
首都
省级行政中心
其他城市
国界
未定国界
地区界
军事分界线
省、自治区、直辖市界
特别行政区界
常年河
时令河
运河
珊瑚礁
山峰及高程
08时
20时
海拔(m)
6000
5000
4000
降水(mm)
0.1~9.9
10~24.9
25~49.9
50~99.9
>100
1: 2500万
南海诸岛
比例尺 1:5000万
2.6
4.8

总降水日数图

D18064Nan'an 11月24日

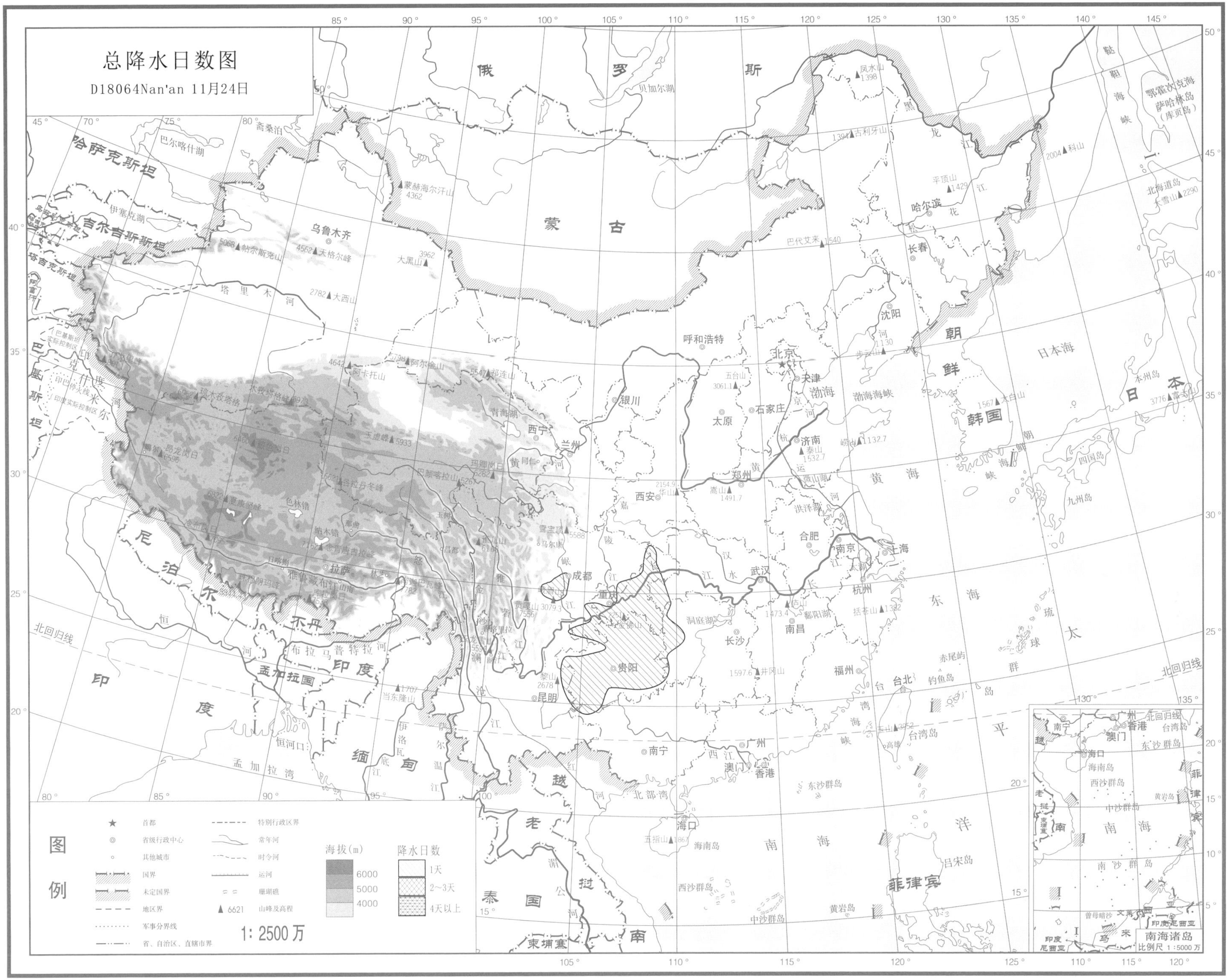

图例

★ 首都
◎ 省级行政中心
○ 其他城市
国界
未定国界
地区界
军事分界线
省、自治区、直辖市界
特别行政区界
常年河
时令河
运河
珊瑚礁
▲6621 山峰及高程

海拔(m)
6000
5000
4000

降水日数
1天
2～3天
4天以上

1:2500万

南海诸岛
比例尺 1:5000万

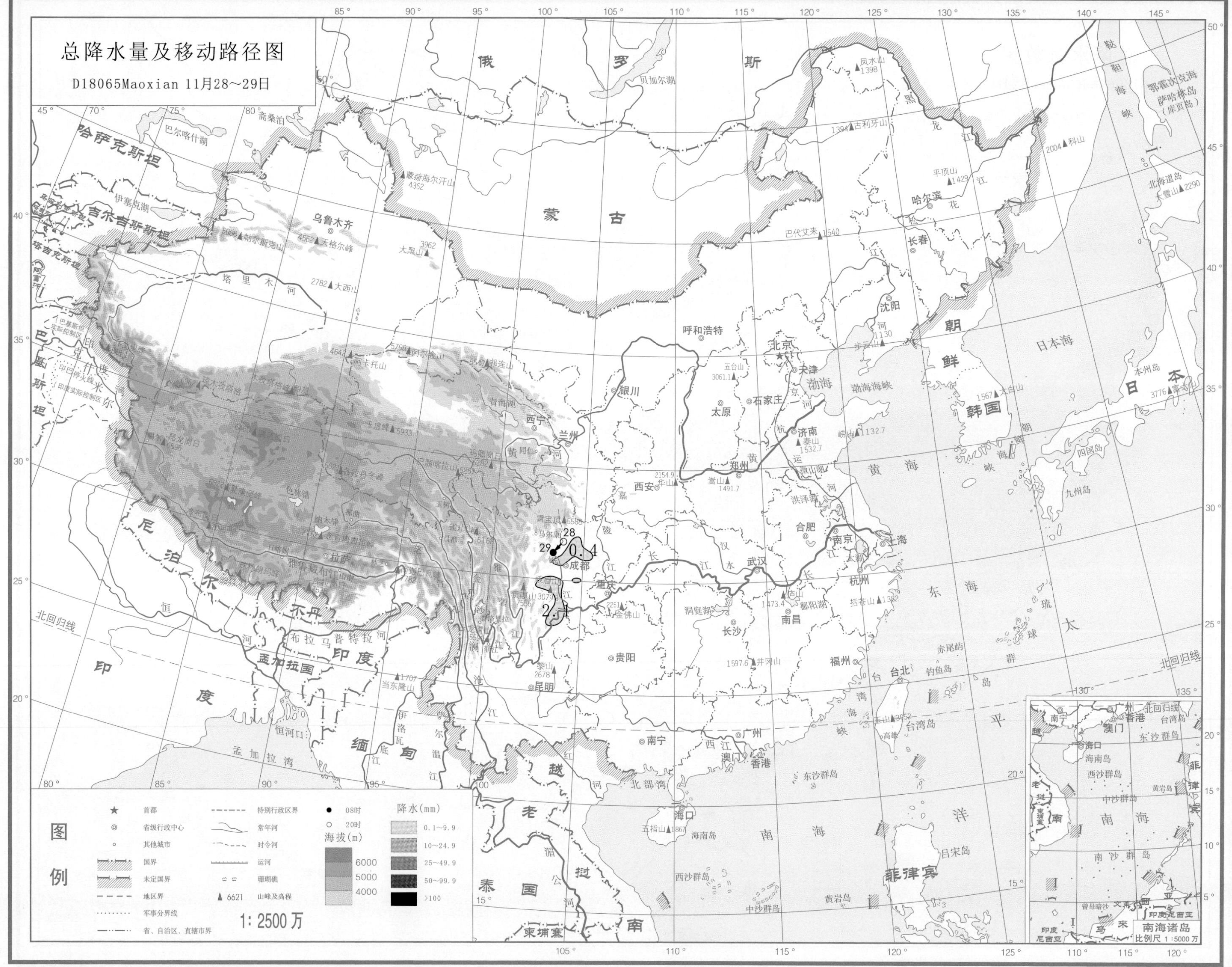
总降水量及移动路径图
D18065Maoxian 11月28～29日
28
29
0.4
2.1
图例
首都
省级行政中心
其他城市
国界
未定国界
地区界
军事分界线
省、自治区、直辖市界
特别行政区界
常年河
时令河
运河
珊瑚礁
6621 山峰及高程
● 08时
○ 20时
海拔(m)
6000
5000
4000
降水(mm)
0.1～9.9
10～24.9
25～49.9
50～99.9
>100
1: 2500 万
南海诸岛
比例尺 1:5000 万

总降水日数图

D18065Maoxian 11月28~29日

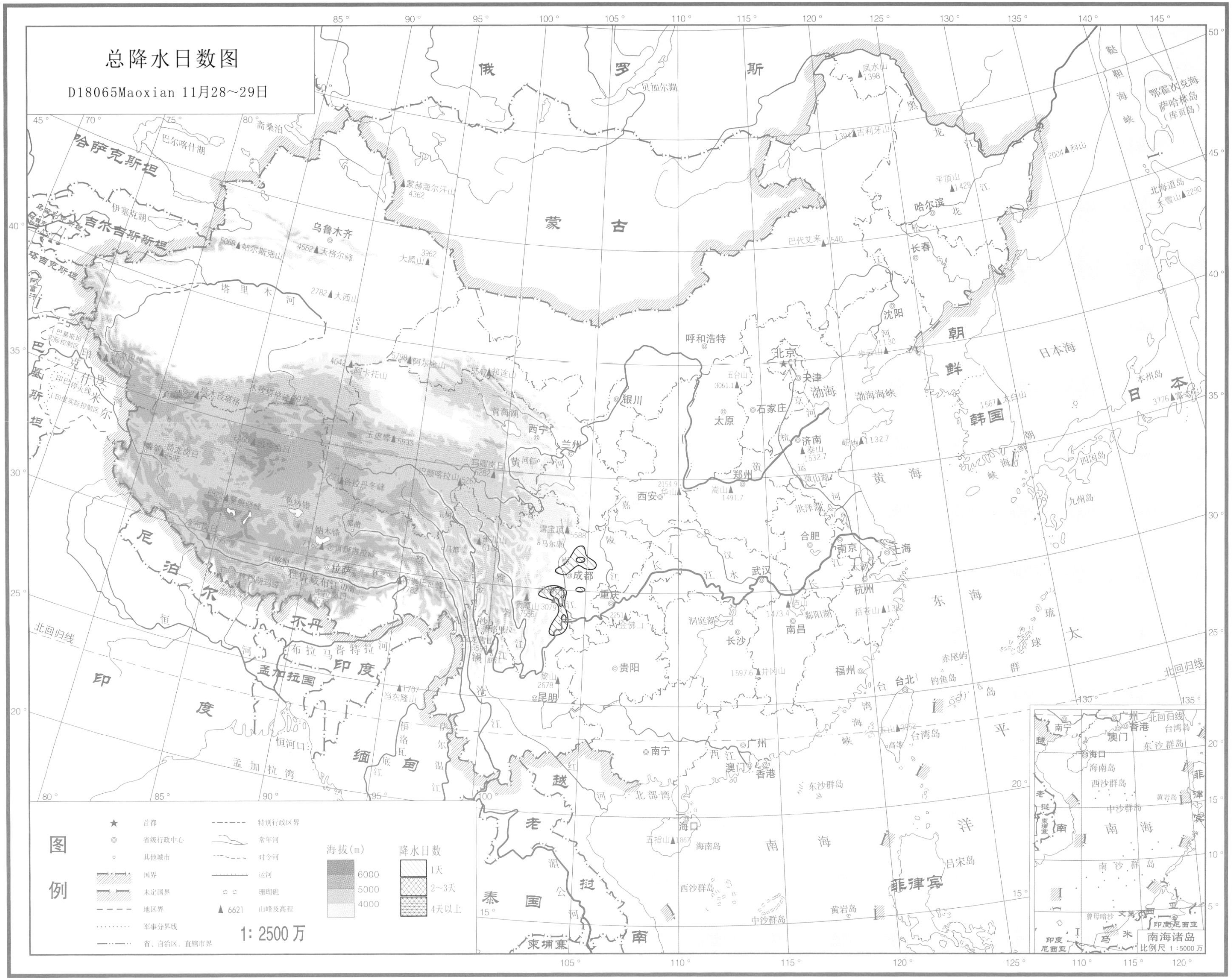

图例

★ 首都
◎ 省级行政中心
○ 其他城市
国界
未定国界
地区界
军事分界线
省、自治区、直辖市界
特别行政区界
常年河
时令河
运河
珊瑚礁
▲6621 山峰及高程

海拔(m)
6000
5000
4000

降水日数
1天
2~3天
4天以上

1:2500万

南海诸岛
比例尺 1:5000万

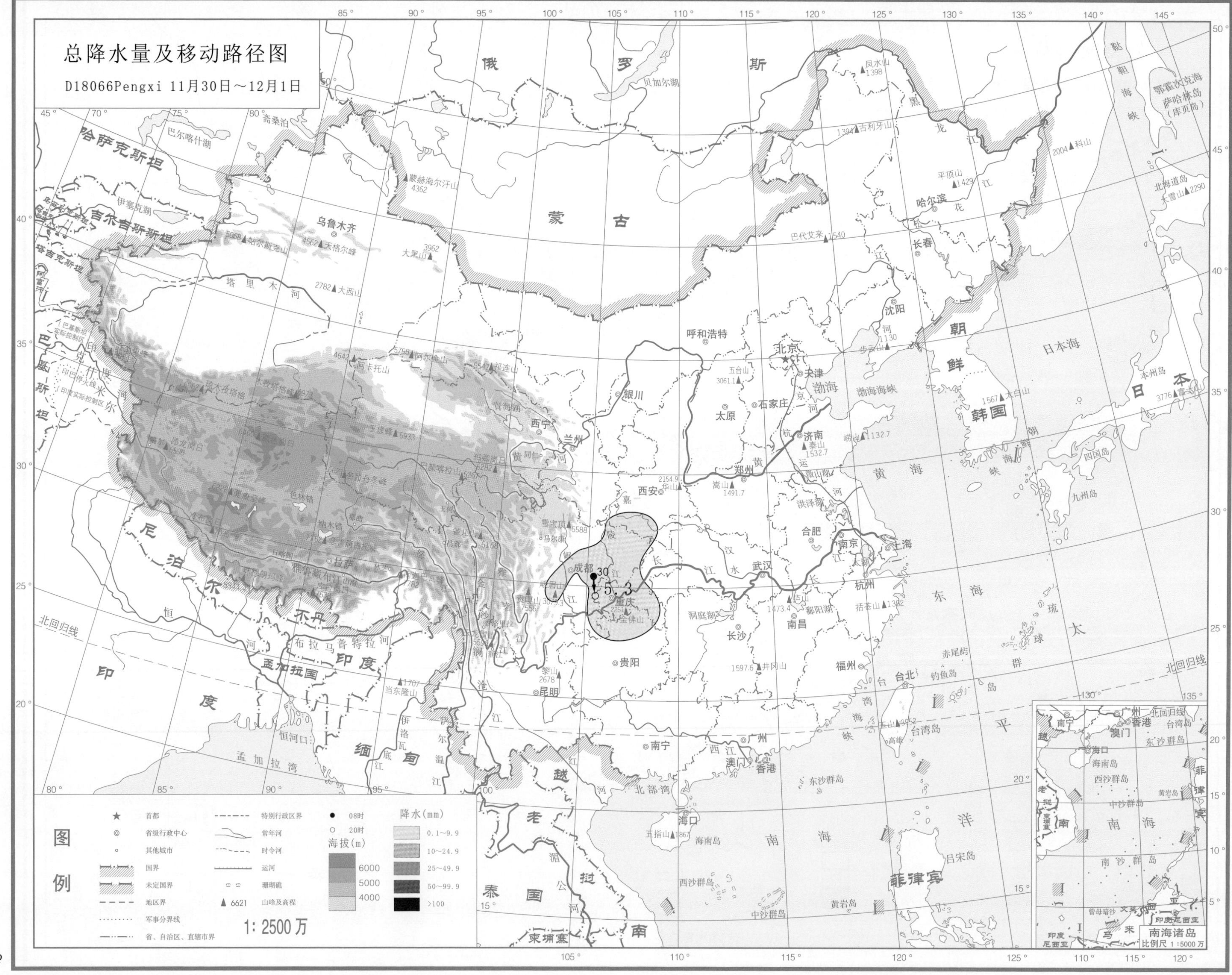

总降水量及移动路径图
D18066Pengxi 11月30日～12月1日
30
5.3
成都
重庆
贵阳
昆明
西安
武汉
长沙
南宁
广州
北京
上海
图例
首都
省级行政中心
其他城市
国界
未定国界
地区界
军事分界线
省、自治区、直辖市界
特别行政区界
常年河
时令河
运河
珊瑚礁
6621 山峰及高程
08时
20时
海拔(m)
6000
5000
4000
降水(mm)
0.1~9.9
10~24.9
25~49.9
50~99.9
>100
1:2500万
南海诸岛
比例尺 1:5000万

总降水日数图

D18066Pengxi 11月30日～12月1日

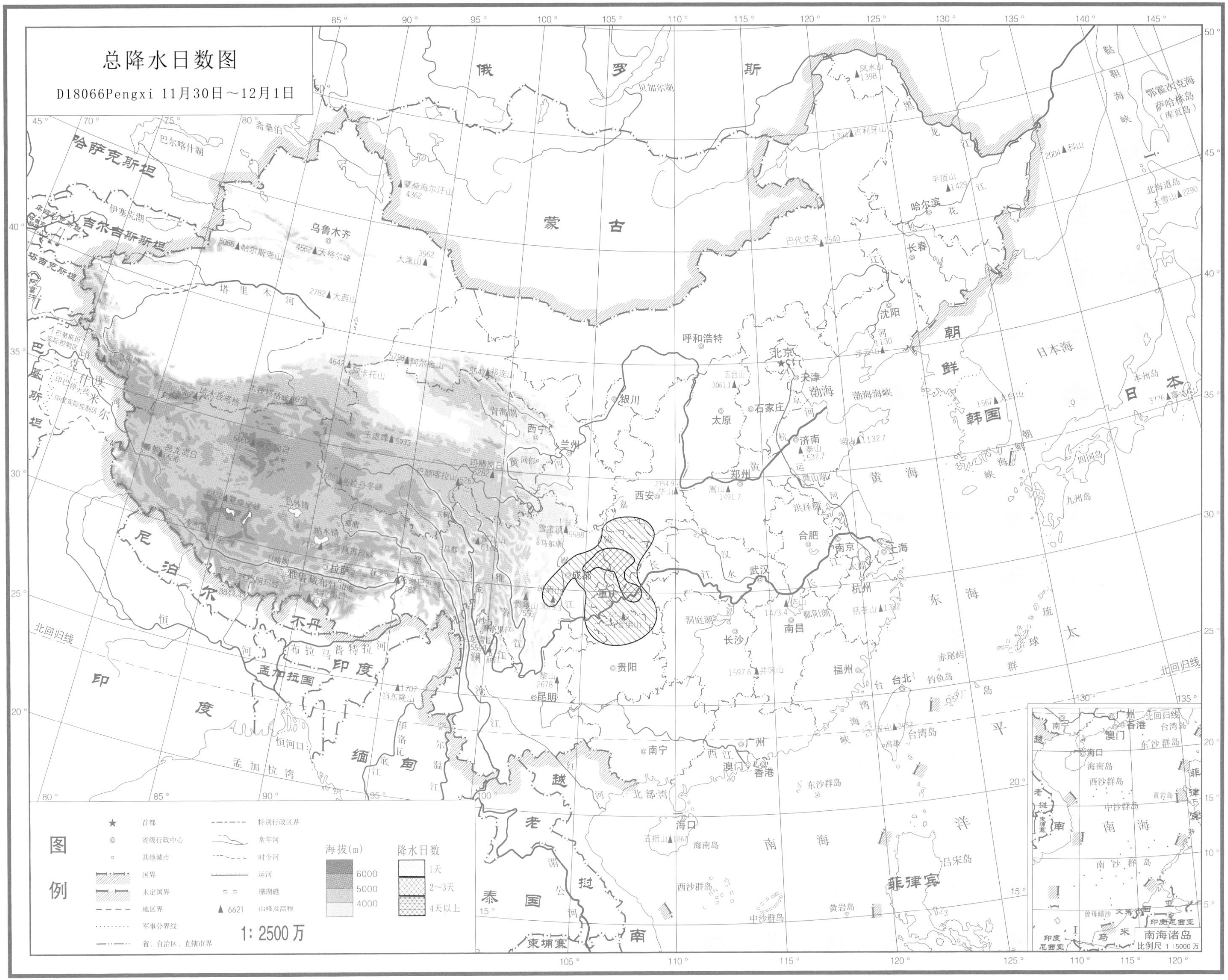

图例

★ 首都
◎ 省级行政中心
○ 其他城市
国界
未定国界
地区界
军事分界线
省、自治区、直辖市界
特别行政区界
常年河
时令河
运河
珊瑚礁
▲ 6621 山峰及高程

海拔(m)
6000
5000
4000

降水日数
1天
2～3天
4天以上

1：2500万

南海诸岛
比例尺 1：5000万

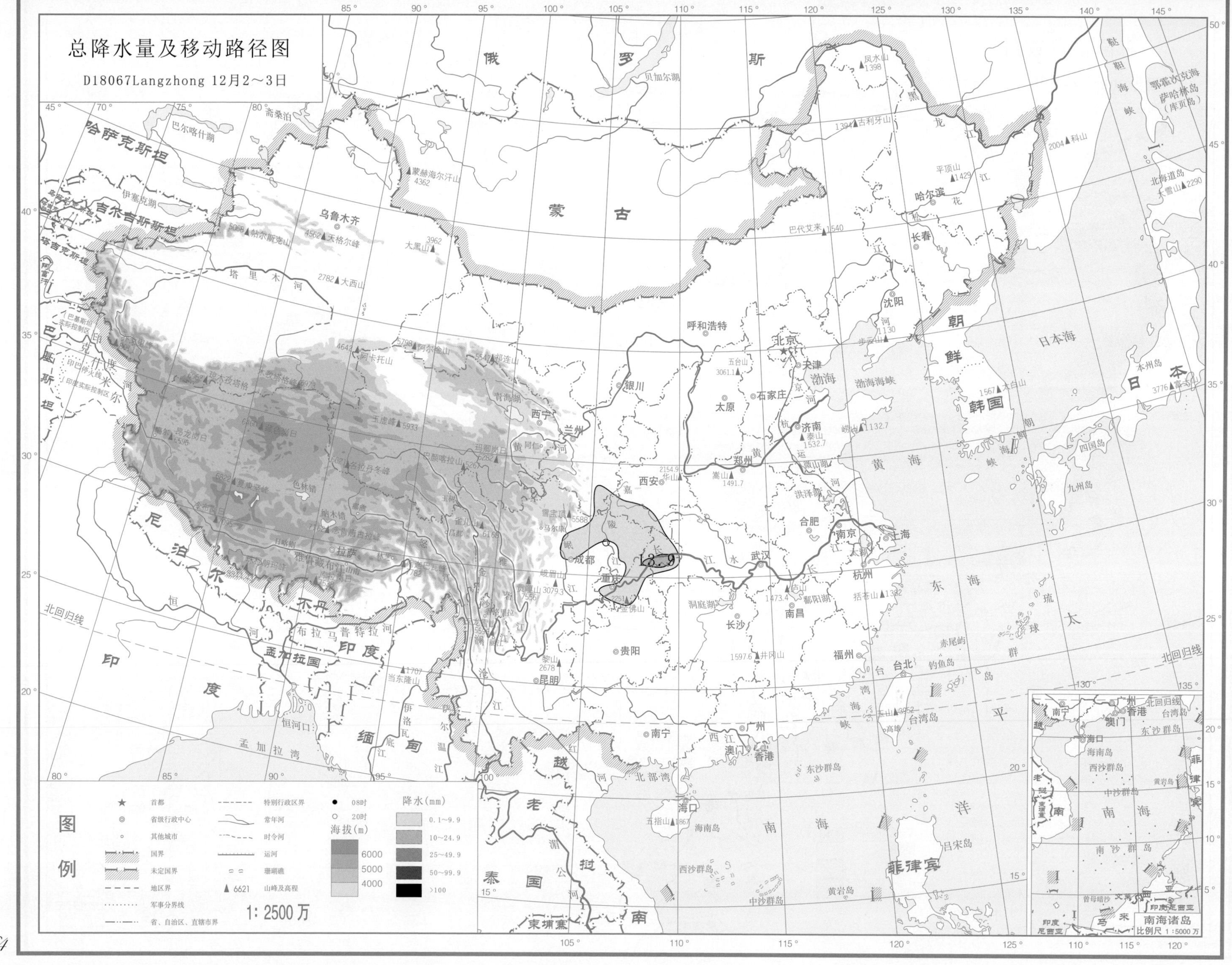

总降水量及移动路径图
D18067Langzhong 12月2～3日
图例
首都
省级行政中心
其他城市
国界
未定国界
地区界
军事分界线
省、自治区、直辖市界
特别行政区界
常年河
时令河
运河
珊瑚礁
6621 山峰及高程
08时
20时
海拔(m)
6000
5000
4000
降水(mm)
0.1～9.9
10～24.9
25～49.9
50～99.9
>100
1: 2500 万
13.9
俄 罗 斯
蒙 古
哈萨克斯坦
吉尔吉斯斯坦
塔吉克斯坦
巴基斯坦
尼泊尔
不丹
印度
孟加拉国
缅甸
老挝
越南
泰国
柬埔寨
菲律宾
朝鲜
韩国
日本
北京
天津
石家庄
太原
呼和浩特
沈阳
长春
哈尔滨
济南
郑州
西安
银川
兰州
西宁
乌鲁木齐
拉萨
成都
重庆
贵阳
昆明
南宁
广州
香港
澳门
海口
长沙
武汉
南昌
合肥
南京
上海
杭州
福州
台北
渤海
黄海
东海
南海
日本海
太平洋
南海诸岛
比例尺 1:5000 万

总降水日数图

D18067Langzhong 12月2～3日

图例

★ 首都
◎ 省级行政中心
○ 其他城市
国界
未定国界
地区界
军事分界线
省、自治区、直辖市界
特别行政区界
常年河
时令河
运河
珊瑚礁
▲6621 山峰及高程

海拔(m)
6000
5000
4000

降水日数
1天
2～3天
4天以上

1：2500万

南海诸岛
比例尺 1：5000万

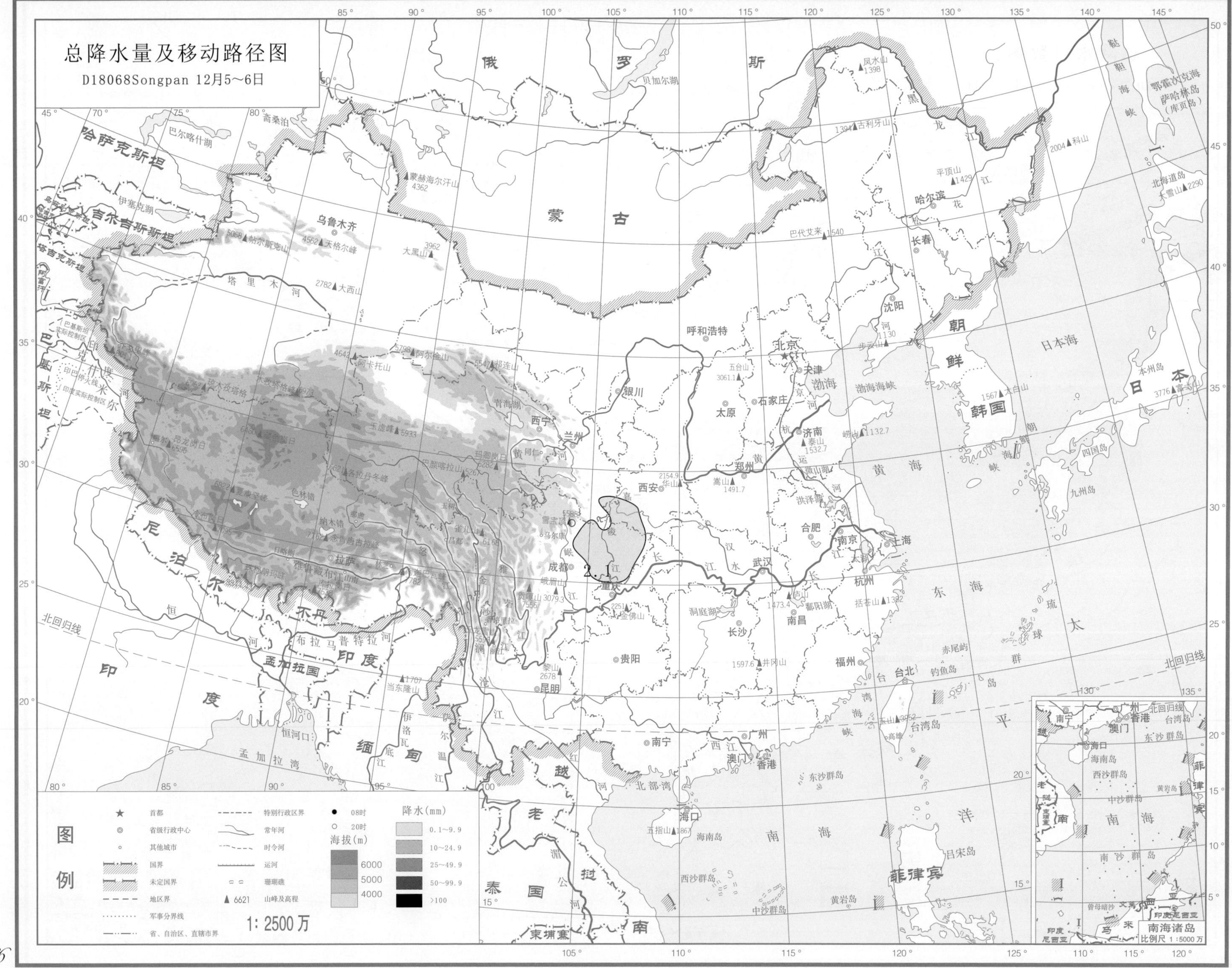
总降水量及移动路径图
D18068Songpan 12月5～6日
图例
1: 2500万
南海诸岛
比例尺 1:5000万

总降水日数图

D18068Songpan 12月5～6日

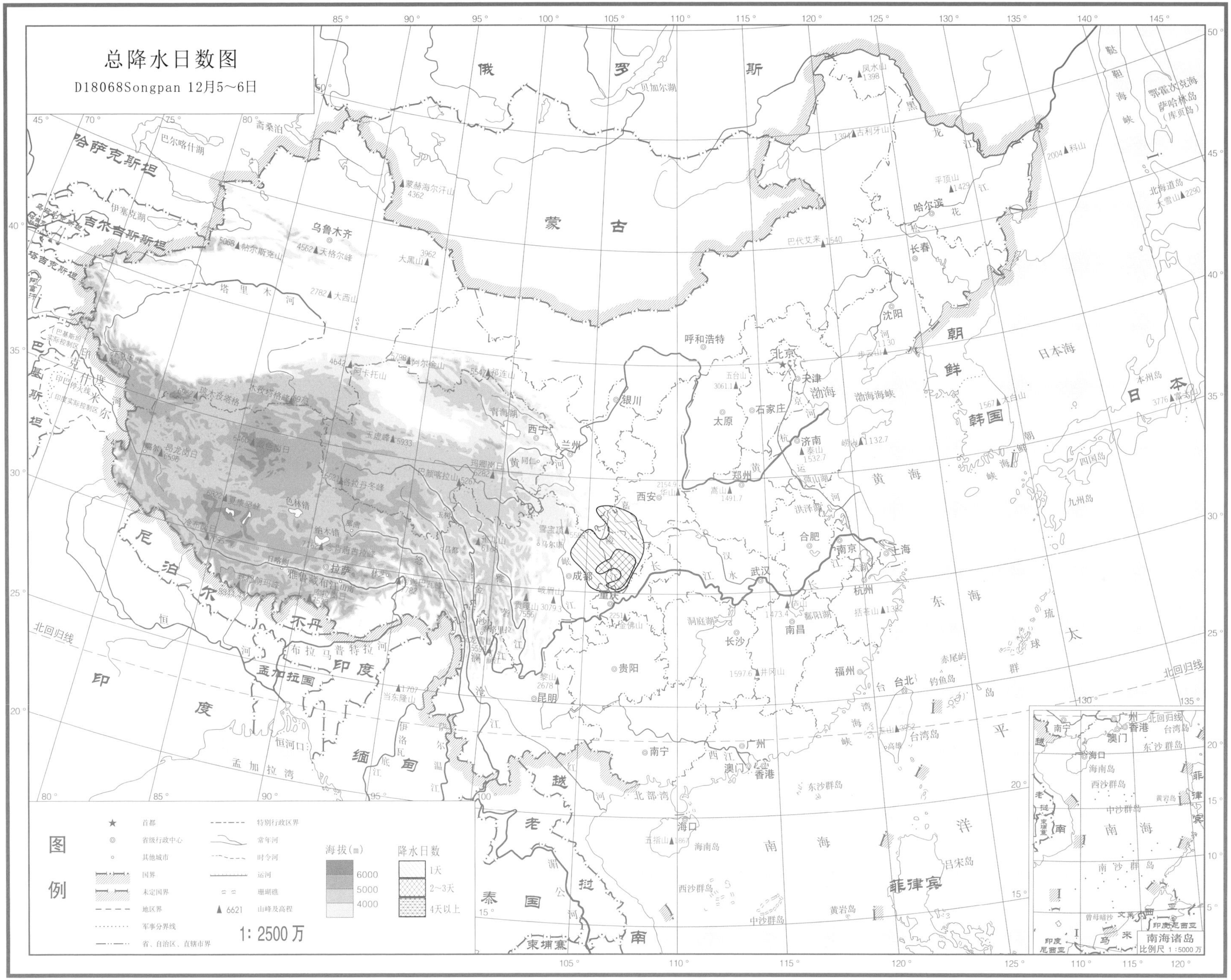

图例

★ 首都
◎ 省级行政中心
○ 其他城市
国界
未定国界
地区界
军事分界线
省、自治区、直辖市界
特别行政区界
常年河
时令河
运河
珊瑚礁
▲ 6621 山峰及高程

海拔(m)
6000
5000
4000

降水日数
1天
2～3天
4天以上

1：2500 万

南海诸岛
比例尺 1：5000 万

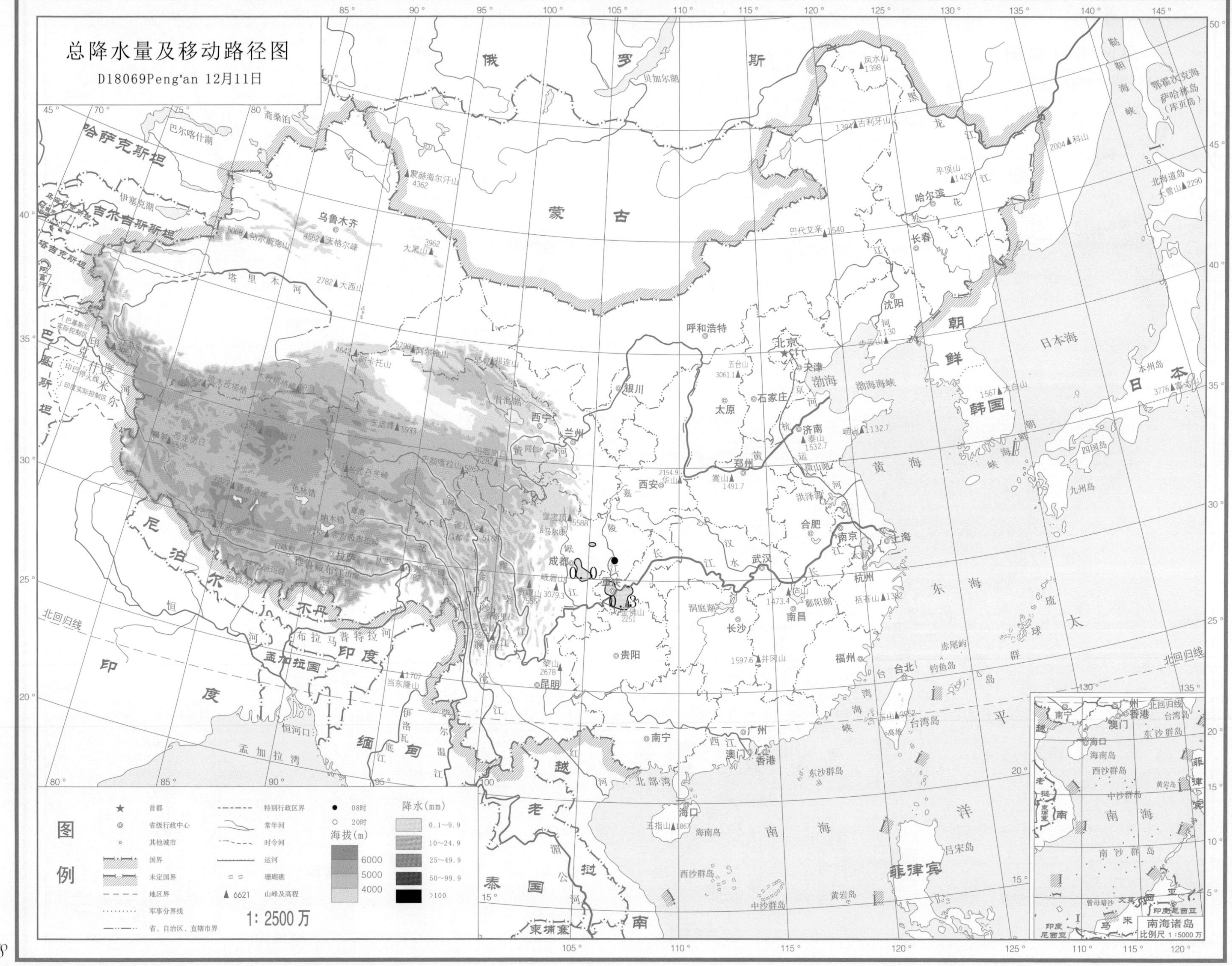
总降水量及移动路径图
D18069Peng'an 12月11日
图例
降水(mm)
海拔(m)
1: 2500万
南海诸岛

总降水日数图

D18069Peng'an 12月11日

俄 罗 斯

蒙 古

哈萨克斯坦

吉尔吉斯斯坦

塔吉克斯坦

阿富汗

巴基斯坦

印度

尼泊尔

不丹

孟加拉国

缅甸

老挝

泰国

柬埔寨

越南

朝鲜

韩国

日本

菲律宾

乌鲁木齐

拉萨

西宁

兰州

银川

呼和浩特

北京

天津

石家庄

太原

济南

郑州

西安

成都

重庆

贵阳

昆明

南宁

广州

澳门

香港

海口

长沙

武汉

南昌

合肥

南京

上海

杭州

福州

台北

沈阳

长春

哈尔滨

日本海

渤海

黄海

东海

南海

太平洋

北回归线

图例

★	首都
◎	省级行政中心
○	其他城市
	国界
	未定国界
	地区界
	军事分界线
	省、自治区、直辖市界
	特别行政区界
	常年河
	时令河
	运河
	珊瑚礁
▲ 6621	山峰及高程

海拔(m)：6000、5000、4000

降水日数：1天、2~3天、4天以上

1: 2500万

南海诸岛

比例尺 1：5000万

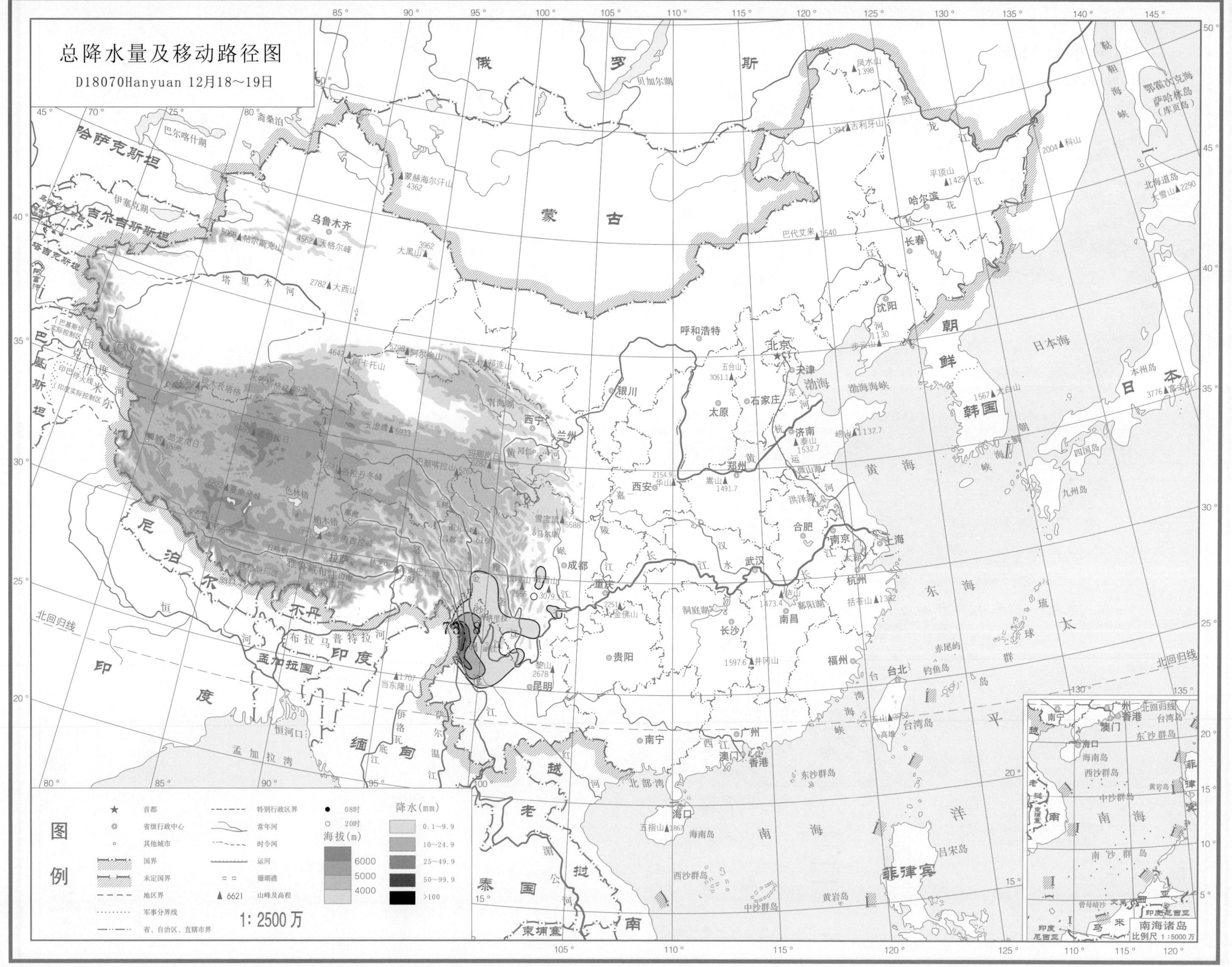
总降水量及移动路径图
D18070Hanyuan 12月18～19日
图例
首都
省级行政中心
其他城市
国界
未定国界
地区界
军事分界线
省、自治区、直辖市界
特别行政区界
常年河
时令河
运河
珊瑚礁
6621 山峰及高程
08时
20时
降水(mm)
0.1～9.9
10～24.9
25～49.9
50～99.9
>100
海拔(m)
6000
5000
4000
1：2500万
南海诸岛
比例尺 1：5000万

总降水日数图

D18070Hanyuan 12月18～19日

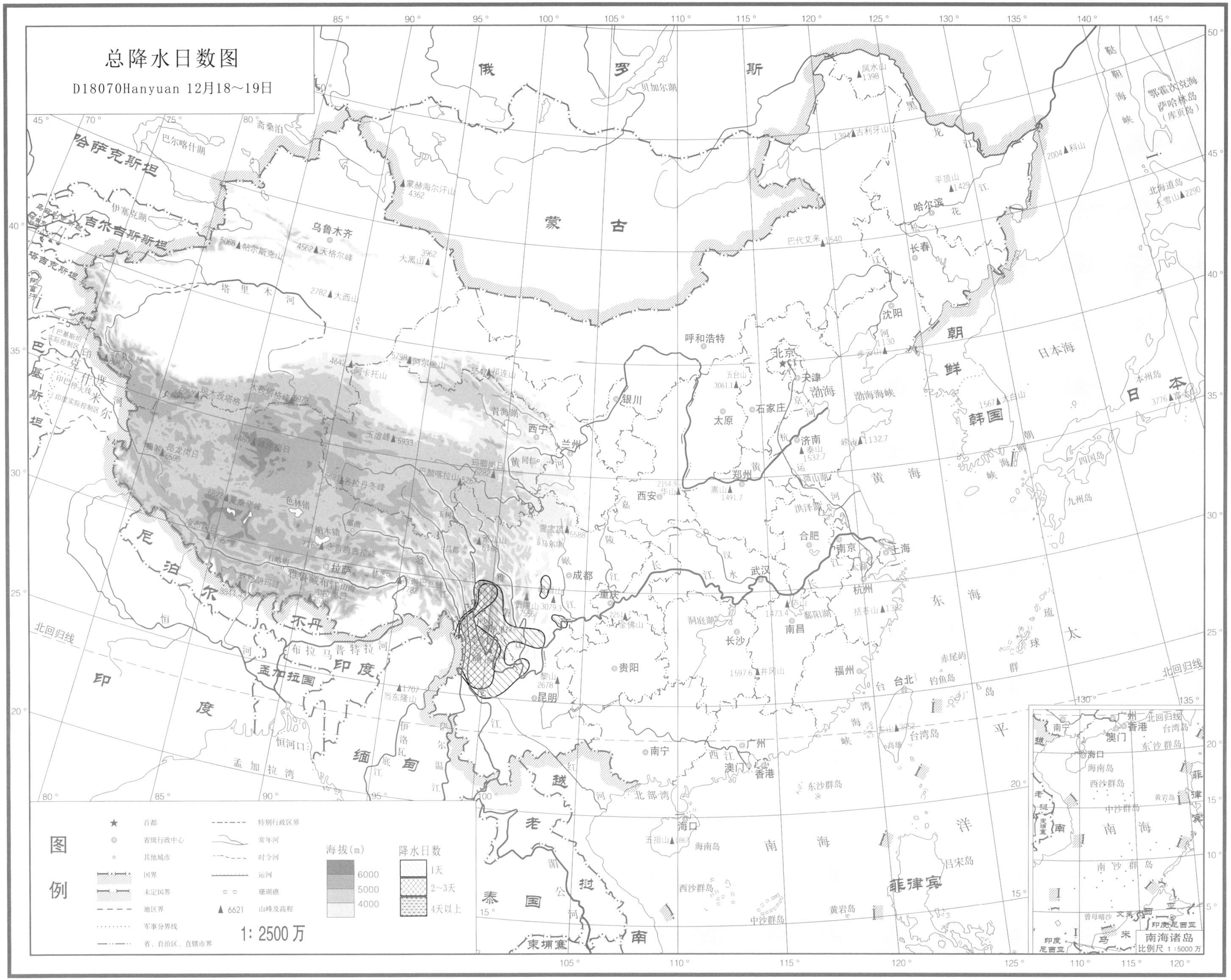

图例

★ 首都
◎ 省级行政中心
○ 其他城市
国界
未定国界
地区界
军事分界线
省、自治区、直辖市界
特别行政区界
常年河
时令河
运河
珊瑚礁
▲6621 山峰及高程

海拔(m)
6000
5000
4000

降水日数
1天
2～3天
4天以上

1: 2500 万

南海诸岛
比例尺 1:5000 万

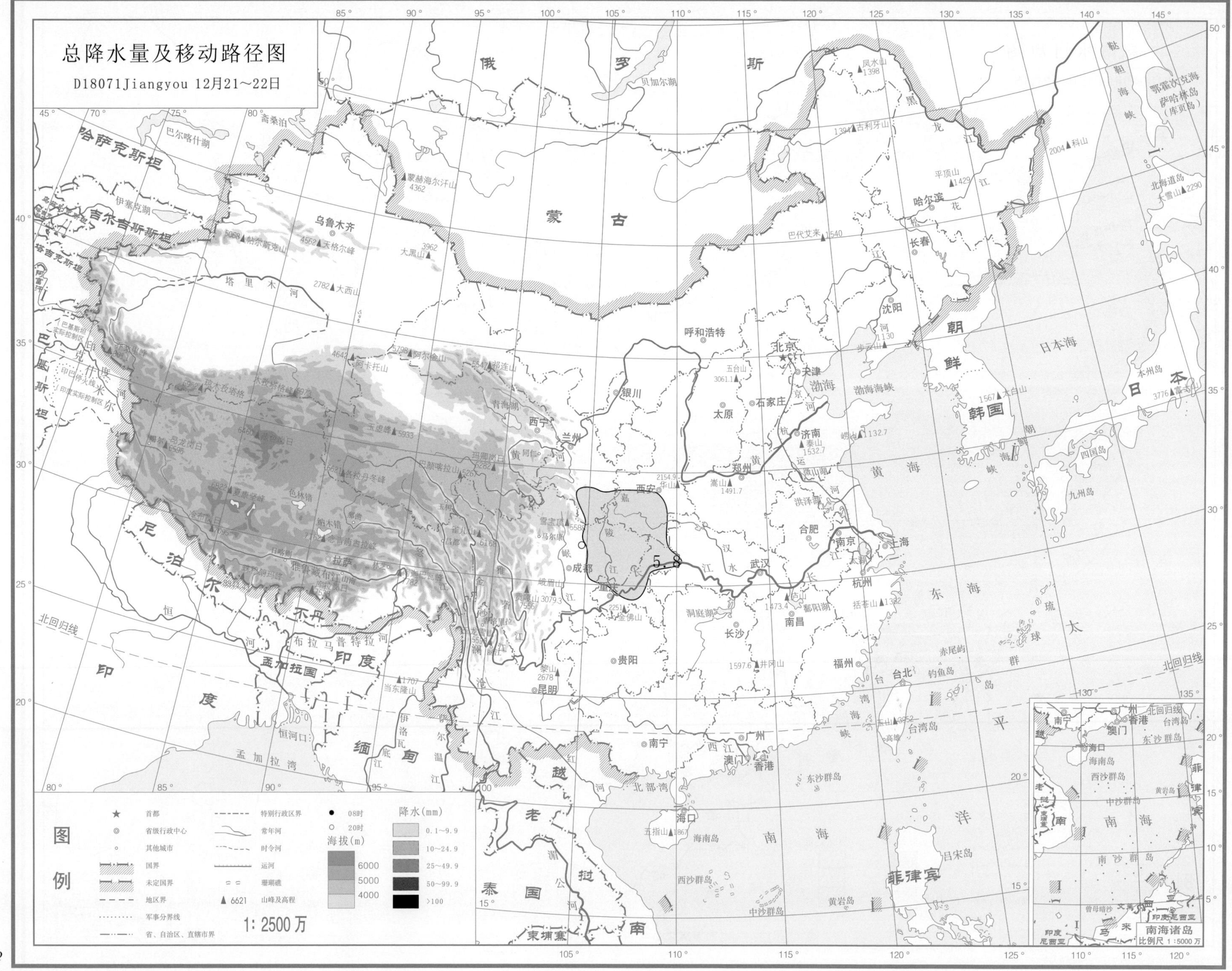
总降水量及移动路径图
D18071Jiangyou 12月21～22日
5.8
俄 罗 斯
蒙 古
哈萨克斯坦
吉尔吉斯斯坦
塔吉克斯坦
巴基斯坦
尼 泊 尔
不丹
印 度
孟加拉国
缅 甸
老 挝
泰 国
柬埔寨
越 南
朝 鲜
韩国
日 本
菲律宾
北京
天津
石家庄
太原
呼和浩特
沈阳
长春
哈尔滨
济南
郑州
西安
银川
兰州
西宁
乌鲁木齐
拉萨
成都
重庆
贵阳
昆明
武汉
长沙
南昌
合肥
南京
上海
杭州
福州
台北
广州
南宁
澳门
香港
海口
渤海
黄 海
东 海
南 海
太 平 洋
日本海
北回归线
图 例
首都
省级行政中心
其他城市
国界
未定国界
地区界
军事分界线
省、自治区、直辖市界
特别行政区界
常年河
时令河
运河
珊瑚礁
6621 山峰及高程
08时
20时
降水(mm)
0.1～9.9
10～24.9
25～49.9
50～99.9
>100
海拔(m)
6000
5000
4000
1: 2500 万
南海诸岛
比例尺 1:5000 万

总降水日数图

D18071Jiangyou 12月21～22日

图例

- ★ 首都
- ◎ 省级行政中心
- ○ 其他城市
- 国界
- 未定国界
- 地区界
- 军事分界线
- 省、自治区、直辖市界
- 特别行政区界
- 常年河
- 时令河
- 运河
- 珊瑚礁
- ▲ 6621 山峰及高程

海拔(m)：6000、5000、4000

降水日数：1天、2～3天、4天以上

1：2500万

南海诸岛 比例尺 1：5000万

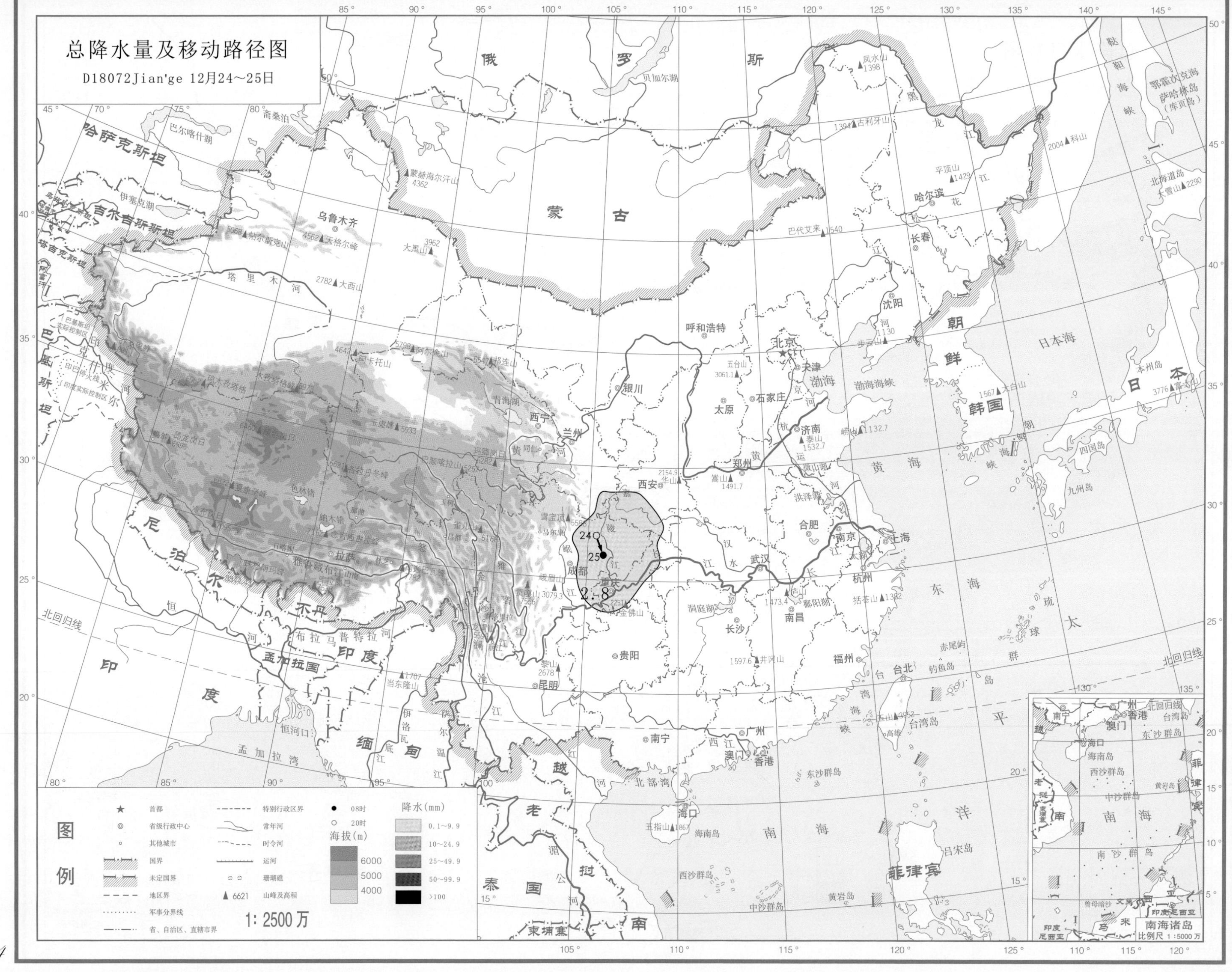

总降水量及移动路径图
D18072Jian'ge 12月24～25日
图例
首都
省级行政中心
其他城市
国界
未定国界
地区界
军事分界线
省、自治区、直辖市界
特别行政区界
常年河
时令河
运河
珊瑚礁
6621 山峰及高程
08时
20时
海拔(m)
6000
5000
4000
降水(mm)
0.1～9.9
10～24.9
25～49.9
50～99.9
>100
1:2500万
南海诸岛
比例尺 1:5000万

总降水日数图

D18072Jian'ge 12月24~25日

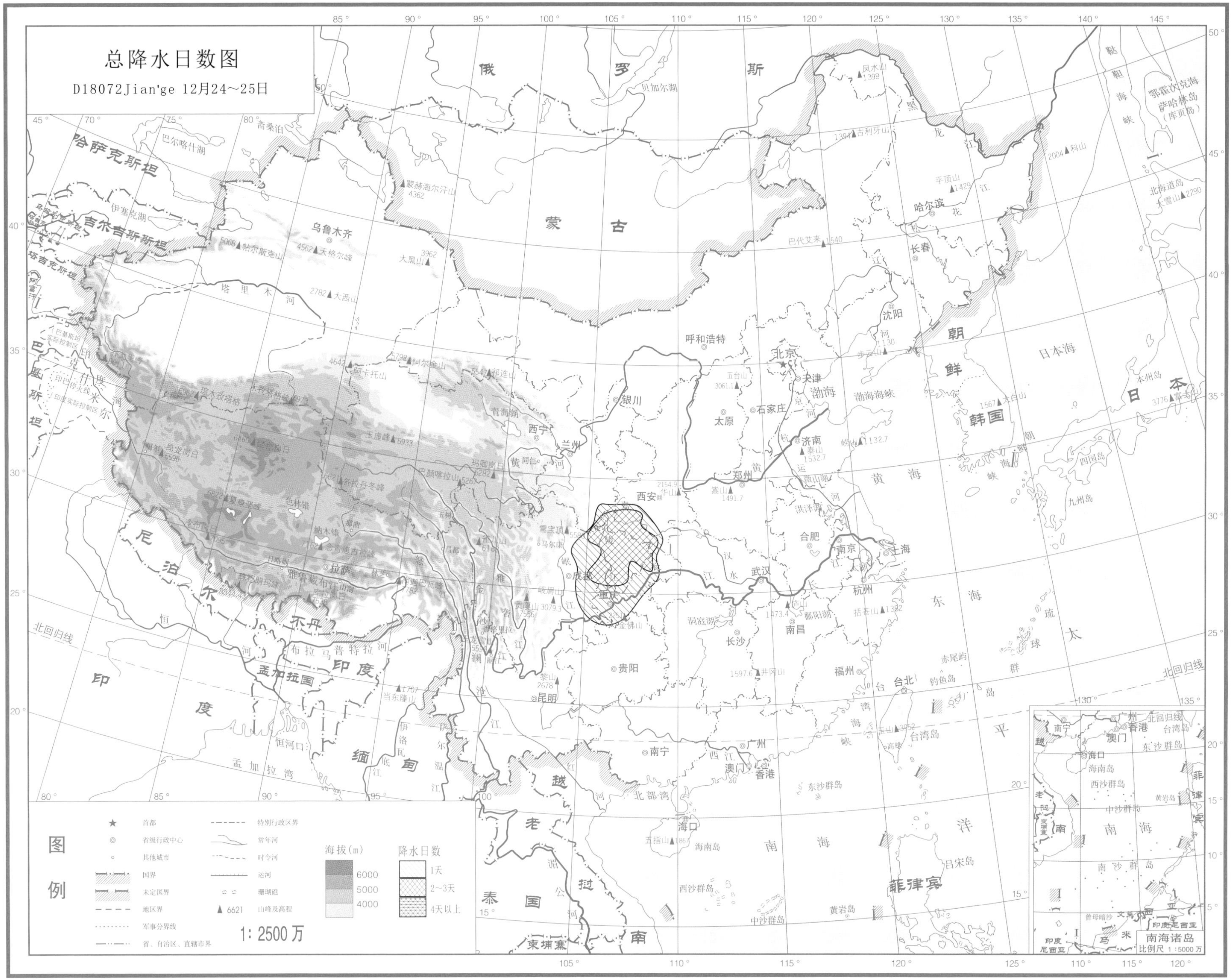

图例
首都
省级行政中心
其他城市
国界
未定国界
地区界
军事分界线
省、自治区、直辖市界
特别行政区界
常年河
时令河
运河
珊瑚礁
6621 山峰及高程
海拔(m)
6000
5000
4000
降水日数
1天
2~3天
4天以上
1: 2500万
俄罗斯
蒙古
哈萨克斯坦
吉尔吉斯斯坦
塔吉克斯坦
尼泊尔
不丹
孟加拉国
印度
缅甸
老挝
越南
泰国
柬埔寨
朝鲜
韩国
日本
菲律宾
北京
天津
石家庄
太原
呼和浩特
沈阳
长春
哈尔滨
济南
郑州
西安
银川
兰州
西宁
乌鲁木齐
拉萨
成都
重庆
贵阳
昆明
南宁
武汉
长沙
南昌
合肥
南京
上海
杭州
福州
台北
广州
香港
澳门
海口
日本海
渤海
黄海
东海
南海
太平洋
北回归线
南海诸岛
比例尺 1:5000万

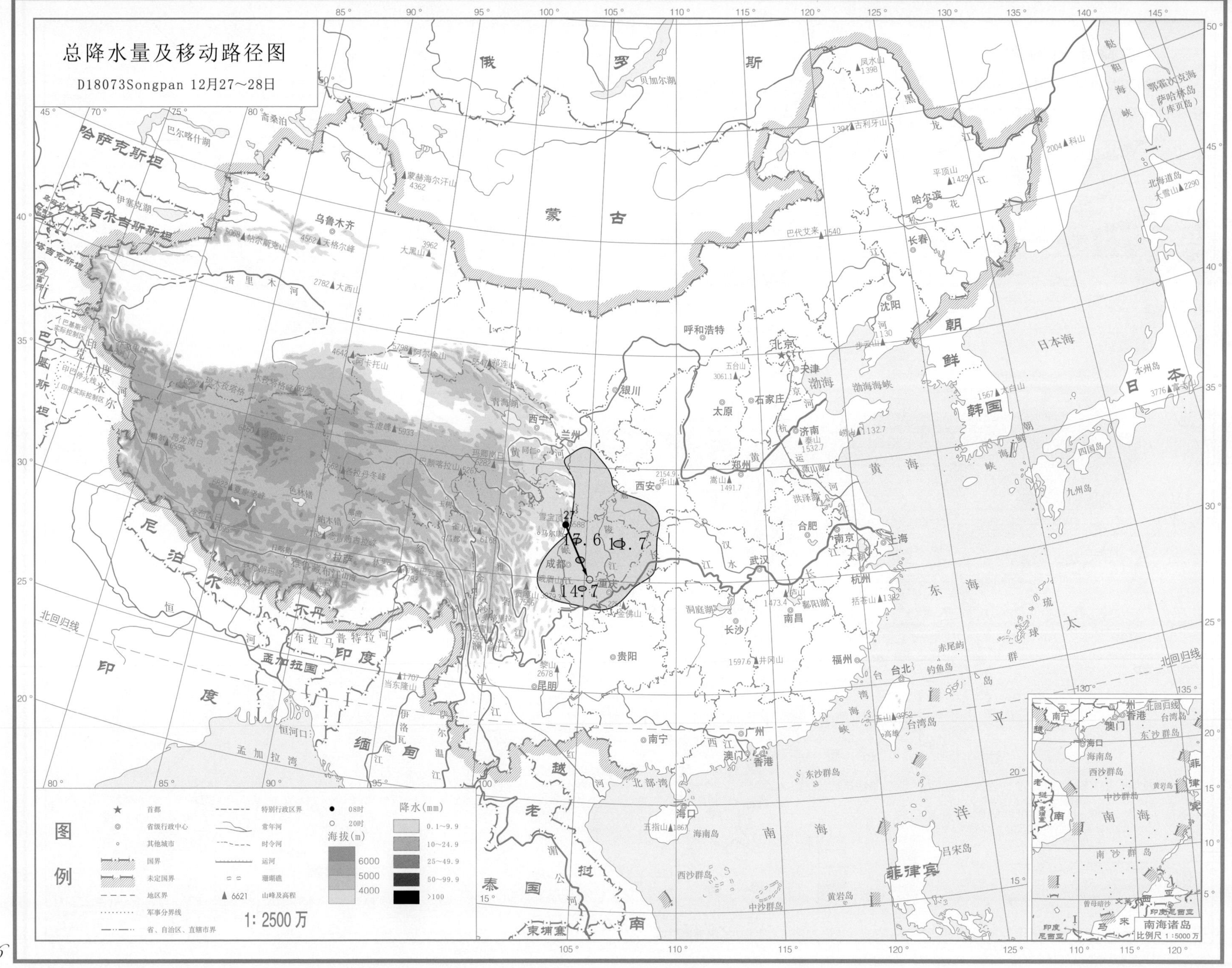
总降水量及移动路径图
D18073Songpan 12月27～28日
17.6
14.7
14.7
图例
1:2500万
南海诸岛
比例尺 1:5000万

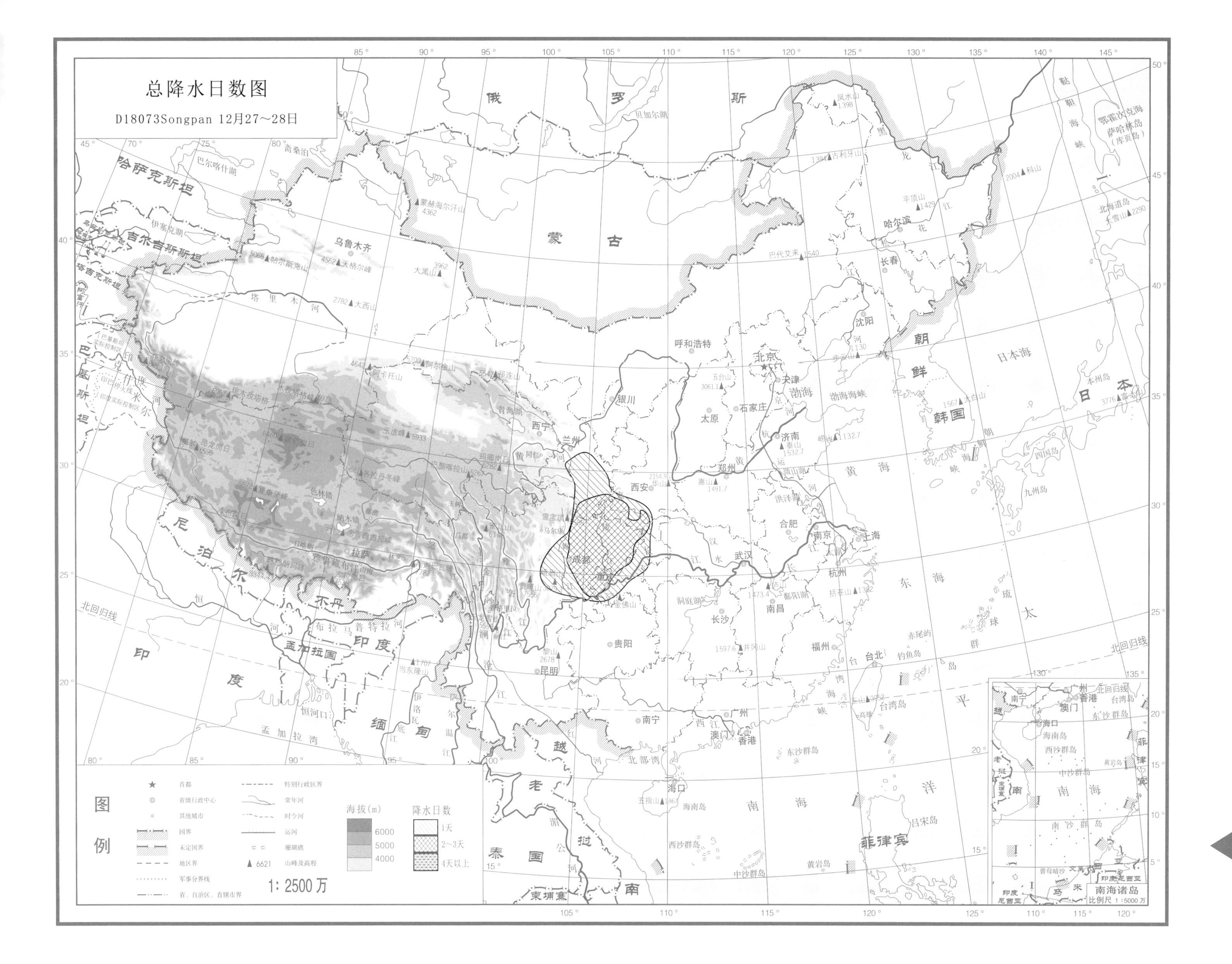

总降水日数图
D18073Songpan 12月27～28日
图例
首都
省级行政中心
其他城市
国界
未定国界
地区界
军事分界线
省、自治区、直辖市界
特别行政区界
常年河
时令河
运河
珊瑚礁
山峰及高程
海拔(m)
6000
5000
4000
降水日数
1天
2～3天
4天以上
1:2500万
南海诸岛
比例尺 1:5000万

2018年西南低涡中心位置资料表

月	日	时	中心位置		位势高度/位势什米
			东经/(°)	北纬/(°)	
①1月2~3日 (D18001)南部，Nanbu					
1	2	20	105.79	31.42	305
	3	08	106.17	32.03	305
消失					
②1月10日 (D18002)丽江，Lijiang					
1	10	08	100.31	27.21	309
消失					
③1月15日 (D18003)遂宁，Suining					
1	15	20	105.45	30.53	301
消失					
④1月28日 (D18004)南部，Nanbu					
1	28	08	106.28	31.33	301
消失					
⑤2月1~2日 (D18005)木里，Muli					
2	1	20	100.92	28.60	302
	2	08	99.58	26.80	306
消失					
⑥2月4日 (D18006)德江，Dejiang					
2	4	08	108.05	28.55	304
消失					
⑦2月9~10日 (D18007)营山，Yingshan					
2	9	08	106.60	31.16	299
		20	106.04	31.32	300
	10	08	108.02	31.94	304
消失					
⑧2月12日 (D18008)九龙，Jiulong					
2	12	08	101.92	29.14	311
消失					
⑨2月18~19日 (D18009)巴中，Bazhong					
2	18	08	106.56	31.74	303
		20	107.08	34.11	303
	19	08	108.20	35.07	303
消失					
⑩2月27日~3月1日 (D18010)康定，Kangding					
2	27	20	101.60	29.84	303
	28	08	101.69	29.82	307
		20	104.48	32.22	302
3	1	08	107.12	32.01	302
消失					
⑪3月3~4日 (D18011)松潘，Songpan					
3	3	20	103.70	32.35	297
	4	08	105.75	31.07	299
		20	109.56	31.61	303
消失					
⑫3月13~14日 (D18012)石柱，Shizhu					
3	13	20	108.18	30.20	306
	14	08	110.53	32.04	305
		20	115.54	34.58	306
消失					

2018年西南低涡中心位置资料表（续-1）

月	日	时	中心位置		位势高度/位势什米
			东经/(°)	北纬/(°)	
⑬3月18日（D18013）巴中，Bazhong					
3	18	08	106.84	31.94	304
		20	107.77	32.20	305
消失					
⑭3月21日（D18014）盐边，Yanbian					
3	21	08	101.59	27.30	310
消失					
⑮3月22日（D18015）德昌，Dechang					
3	22	20	102.29	27.16	307
消失					
⑯3月25日（D18016）盐边，Yanbian					
3	25	08	101.60	27.27	312
消失					
⑰3月26~27日（D18017）木里，Muli					
3	26	08	100.60	28.11	311
		20	101.37	27.52	311
	27	08	103.04	27.29	312
		20	103.05	26.56	310
消失					
⑱3月28～29日（D18018）资中，Zizhong					
3	28	08	105.02	29.81	308
		20	106.44	29.03	307
	29	08	107.79	28.31	308
		20	107.96	28.40	309
消失					
⑲3月30日（D18019）南充，Nanchong					
3	30	08	106.31	30.70	309
消失					
⑳3月30日～4月1日（D18020）康定，Kangding					
3	30	20	101.14	29.38	305
	31	08	102.08	29.59	310
		20	106.28	30.67	311
4	1	08	108.37	32.04	310
消失					
㉑4月4~5日（D18021）平武，Pingwu					
4	4	20	104.00	32.59	304
	5	08	108.56	31.52	303
消失					
㉒4月10~11日（D18022）九龙，Jiulong					
4	10	20	101.21	29.07	304
	11	08	102.43	29.88	307
消失					

2018年西南低涡中心位置资料表（续-2）

月	日	时	中心位置		位势高度/位势什米
			东经/(°)	北纬/(°)	
㉓ 4月13～14日（D18023）雅江，Yajiang					
4	13	08	101.14	29.88	305
		20	105.81	30.63	307
	14	08	106.15	31.23	307
消失					
㉔ 4月20～21日（D18024）丹巴，Danba					
4	20	20	101.91	30.90	299
	21	08	102.01	30.91	306
消失					
㉕ 4月22～23日（D18025）綦江，Qijiang					
4	22	08	106.77	29.10	306
		20	111.15	29.48	307
	23	08	116.00	29.58	307
消失					
㉖ 4月23～25日（D18026）丹巴，Danba					
4	23	08	101.90	30.99	309
		20	106.20	30.81	310
	24	08	106.96	30.49	311
		20	106.44	30.96	310
	25	08	107.16	32.17	309
消失					
㉗ 4月25日（D18027）木里，Muli					
4	25	20	101.36	28.39	307
消失					
㉘ 4月27日（D18028）盐源，Yanyuan					
4	27	20	100.79	27.81	312
消失					
㉙ 4月28～29日（D18029）九龙，Jiulong					
4	28	20	101.24	29.19	307
	29	08	101.33	29.17	311
消失					
㉚ 4月30日（D18030）九龙，Jiulong					
4	30	20	101.43	29.26	307
消失					
㉛ 5月5～6日（D18031）通江，Tongjiang					
5	5	20	107.42	31.96	305
	6	08	108.63	31.93	305
消失					
㉜ 5月11日（D18032）雅江，Yajiang					
5	11	20	100.95	29.30	305
消失					

2018年西南低涡中心位置资料表（续-3）

月	日	时	中心位置		位势高度/位势什米
			东经/(°)	北纬/(°)	
㉝5月15日（D18033）荥经，Yingjing					
5	15	08	102.85	29.75	303
消失					
㉞5月17～18日（D18034）渠县，Quxian					
5	17	20	107.01	31.00	307
	18	08	106.73	30.77	307
消失					
㉟5月25～26日（D18035）南充，Nanchong					
5	25	20	105.92	30.64	306
	26	08	106.35	30.91	309
		20	108.66	31.20	311
消失					

月	日	时	中心位置		位势高度/位势什米
			东经/(°)	北纬/(°)	
㊱5月30~31日（D18036）蓬安，Peng'an					
5	30	08	106.52	30.84	310
		20	109.31	31.47	310
	31	08	113.20	30.83	310
消失					
㊲6月1日（D18037）木里，Muli					
6	1	20	100.69	28.43	310
消失					
㊳6月3日（D18038）木里，Muli					
6	3	20	100.93	28.14	309
消失					
㊴6月7日（D18039）康定，Kangding					
6	7	20	101.11	29.30	304
消失					

月	日	时	中心位置		位势高度/位势什米
			东经/(°)	北纬/(°)	
㊵6月12日（D18040）桐梓，Tongzi					
6	12	08	106.58	28.05	306
消失					
㊶6月17~18日（D18041）三台，Santai					
6	17	08	104.98	31.16	307
		20	105.56	31.15	305
	18	08	106.14	32.05	304
消失					
㊷6月18日（D18042）木里，Muli					
6	18	20	100.41	27.99	304
消失					
㊸6月21日（D18043）九龙，Jiulong					
6	21	08	101.72	29.11	309
		20	101.20	27.29	307
消失					

2018年西南低涡中心位置资料表（续-4）

月	日	时	中心位置		位势高度/位势什米
			东经/(°)	北纬/(°)	
㊹6月22～24日 （D18044）遵义，Zunyi					
6	22	20	107.33	27.74	307
	23	08	105.45	25.92	308
		20	105.92	26.95	307
	24	08	105.27	25.53	308
消失					
㊺6月23～24日 （D18045）木里，Muli					
6	23	08	100.71	28.30	307
		20	101.04	29.32	302
	24	08	100.74	28.58	307
消失					
㊻6月26日 （D18046）康定，Kangding					
6	26	08	101.07	29.17	306
消失					

月	日	时	中心位置		位势高度/位势什米
			东经/(°)	北纬/(°)	
㊼6月29~30日 （D18047）九龙，Jiulong					
6	29	20	101.23	28.93	305
	30	08	104.92	30.45	307
		20	109.06	31.62	308
消失					
㊽7月2~6日 （D18048）汉源，Hanyuan					
7	2	08	102.45	29.71	303
		20	104.65	29.56	303
	3	08	105.35	29.95	304
		20	104.81	30.05	302
	4	08	105.51	31.06	303
		20	105.46	29.85	304
	5	08	106.21	31.26	305
		20	106.17	31.15	307
	6	08	106.15	31.03	308
消失					

月	日	时	中心位置		位势高度/位势什米
			东经/(°)	北纬/(°)	
㊾8月2～3日 （D18049）木里，Muli					
8	2	20	100.60	28.60	306
	3	08	101.36	27.56	308
		20	102.69	24.57	306
消失					
㊿8月7日 （D18050）黔西，Qianxi					
8	7	08	106.20	27.21	311
消失					
(51)8月25日 （D18051）维西，Weixi					
8	25	20	99.48	27.50	308
消失					
(52)9月12日 （D18052）乡城，Xiangcheng					
9	12	08	99.70	28.99	309
		20	99.85	28.76	310
消失					

2018年西南低涡中心位置资料表（续-5）

月	日	时	中心位置		位势高度/位势什米
			东经/(°)	北纬/(°)	
㊼9月12日（D18053）南部，Nanbu					
9	12	08	106.24	31.19	311
		20	106.53	31.47	310
消失					
㊽9月20日（D18054）万源，Wanyuan					
9	20	08	108.01	31.86	310
消失					
㊾9月24日（D18055）遂宁，Suining					
9	24	08	105.63	30.39	312
消失					
㊿9月25～26日（D18056）广安，Guang'an					
9	25	20	106.67	30.70	309
	26	08	107.36	30.49	311
		20	106.45	31.70	312
消失					

月	日	时	中心位置		位势高度/位势什米
			东经/(°)	北纬/(°)	
57 10月2日（D18057）盐源，Yanyuan					
10	2	20	100.87	27.87	312
消失					
58 10月22日（D18058）九龙，Jiulong					
10	22	08	101.24	28.96	312
消失					
59 10月23日（D18059）南部，Nanbu					
10	23	08	106.06	31.21	313
消失					
60 11月4日（D18060）九龙，Jiulong					
11	4	08	101.27	28.99	310
消失					

月	日	时	中心位置		位势高度/位势什米
			东经/(°)	北纬/(°)	
61 11月5～7日（D18061）旺苍，Wangcang					
11	5	08	106.16	32.10	309
		20	106.44	31.49	309
	6	08	107.94	32.10	311
		20	106.64	31.67	310
	7	08	106.84	31.80	309
消失					
62 11月11日（D18062）西充，Xichong					
11	11	20	105.98	31.08	310
消失					
63 11月21日（D18063）彭水，Pengshui					
11	21	08	108.14	29.51	311
消失					
64 11月24日（D18064）南岸，Nan'an					
11	24	08	106.66	29.52	311
消失					

2018年西南低涡中心位置资料表（续-6）

月	日	时	中心位置 东经/(°)	中心位置 北纬/(°)	位势高度/位势什米
⑥⑤ 11月28～29日（D18065）茂县，Maoxian					
11	28	20	103.88	31.86	311
	29	08	103.34	31.37	311
消失					
⑥⑥ 11月30日（D18066）蓬溪，Pengxi					
11	30	08	105.35	30.56	309
		20	105.48	29.70	311
消失					
⑥⑦ 12月2日（D18067）阆中，Langzhong					
12	2	20	106.03	31.62	304
消失					
⑥⑧ 12月5日（D18068）松潘，Songpan					
12	5	20	103.98	32.73	305
消失					
⑥⑨ 12月11日（D18069）蓬安，Peng'an					
12	11	08	106.45	31.02	308
消失					
⑦⓪ 12月18日（D18070）汉源，Hanyuan					
12	18	20	102.61	29.34	307
消失					
⑦① 12月21日（D18071）江油，Jiangyou					
12	21	20	104.72	31.78	304
消失					
⑦② 12月24~25日（D18072）剑阁，Jian'ge					
12	24	20	105.46	32.08	302
	25	08	105.87	31.24	302
消失					
⑦③ 12月27日（D18073）松潘，Songpan					
12	27	08	103.79	32.56	304
		20	105.32	30.07	305
消失					